新型工业化·人工智能高质量人才培养系列

AI

General Introduction to Artificial Intelligence

人工智能通识导论

黄河燕　主编

李　侃　宋大为　史树敏　毛先领　副主编

電子工業出版社

Publishing House of Electronics Industry

北京·BEIJING

内 容 简 介

本教材围绕人工智能的核心概念、主要技术脉络、核心关键算法、典型应用场景等设立对应章节，阐述了人工智能的基本概念和历史沿革，论述了人工智能理论和技术体系的基本框架，介绍了人工智能主要分支领域的基本知识，并体现了人工智能技术的最新进展，以及人工智能伦理的思考。全书共 10 章，内容包括人工智能与智能社会、知识与知识表示、推理技术、搜索算法、专家系统、机器学习、神经网络、人工智能应用研究、智能机器人、人工智能伦理与未来展望。

本教材通俗易懂，理例结合，可作为高等院校非计算机大类专业师生教材，也可作为人工智能相关专业低年级本科生和广大人工智能技术爱好者的参考用书。

图书在版编目（CIP）数据

人工智能通识导论 / 黄河燕主编. -- 北京 : 电子工业出版社, 2024. 8. -- ISBN 978-7-121-48755-2

I. TP18

中国国家版本馆 CIP 数据核字第 2024PW2080 号

责任编辑：章海涛　　　　文字编辑：孟泓辰
印　　刷：河北鑫兆源印刷有限公司
装　　订：河北鑫兆源印刷有限公司
出版发行：电子工业出版社
　　　　　北京市海淀区万寿路 173 信箱　　邮编　100036
开　　本：787×1092　1/16　　印张：14　　字数：305 千字
版　　次：2024 年 8 月第 1 版
印　　次：2025 年 7 月第 3 次印刷
定　　价：56.00 元

凡所购买电子工业出版社图书有缺损问题，请向购买书店调换。若书店售缺，请与本社发行部联系，联系及邮购电话：（010）88254888，88258888。

质量投诉请发邮件至 zlts@phei.com.cn，盗版侵权举报请发邮件至 dbqq@phei.com.cn。

本书咨询联系方式：192910558（QQ 群）。

前　言

在新一波人工智能浪潮席卷之下，跨学科交叉融合成为信息时代的新特征。在新工科背景下，诸多新专业涌现，随着新农科、新医科和新文科建设的陆续启动，“四新”建设改革人才培养范式成为高校学科发展中不可忽视的内容。“AI+X”专业的建设与教育教学改革也从初步探索逐渐步入稳健发展阶段。“智能素养（AI素养）”已经从一个概念名词发展成各学科高度关注的焦点。如何帮助广大非计算机大类专业的群体更好地了解、理解人工智能领域的基本知识、发展脉络、核心关键技术，以及最新发展与挑战，是高校教师亟待解决的现实问题。

教材是传播知识的主要载体，也是教育教学改革成果落到实处的重要体现。本书作者均长期耕耘在人工智能领域的教学和科研一线，在近几年与不同层次学生的交流与互动中深刻体会到，对于广大跨领域初学者来说，拥有一本能够帮助其从纷繁复杂、晦涩难懂的人工智能研究中，快速找到相对清晰、正确的人工智能核心方法与实质的通识导论教材是十分必要的。这种“迫切被需要”的使命感是本书的编写初衷。

本书瞄准国家“人工智能赋能产业、服务社会”的战略布局，响应《新一代人工智能发展规划》和《高等学校人工智能创新行动计划》要求，以实际行动落实党的二十大报告中“实施科教兴国战略，强化现代化建设人才支撑”的指示精神，立足人工智能技术及复合型人才培养目标，探索以“产教融合、科教融汇”为基础的知识载体建设。本书语言叙述流畅，通俗易懂，风格鲜明，兼具可读性和趣味性。不同于其他人工智能导论教材，本书定位于人工智能通识知识，围绕人工智能的核心概念、历史沿革、主要技术脉络、核心关键算法、典型应用场景，以及伦理与机器道德方面的思考等，设立相应章节，旨在激发学生对人工智能的兴趣，启发学生积极主动思考，潜移默化地提升学生智能素养。通过建立对人工智能领域整体现状的初步认识，为后续人工智能专业课程的开展奠定基础。

本书内容难度适宜，可作为低年级本科生以及对人工智能领域感兴趣的读者的人工智能入门教材和参考学习资料。

本书共10章。其中，第1、2章由黄河燕编写，第3、10章由史树敏编写，第4、5章由宋大为编写，第6、9章由李侃编写，第7、8章由毛先领编写，全书由黄河燕统稿。

本书编写过程中，部分研究生为本书写作提供了资料收集整理、图表制作分析、参考文献规范化处理等协助，在此一并向他们表示衷心的感谢。

其作始也简，其将毕也必巨。本书编写过程中，人工智能技术迅猛发展，研究成果层出不穷，特别是围绕大语言模型的研究进展尤为显著，可谓日新月异，ChatGPT、Sora、Claude3 先后问世，在给人工智能领域的发展带来前所未有的活力与希望的同时，也给同类研究工作带来了巨大的挑战和机遇。本书虽然没有涉及上述成果的具体内容，但读者通过对本书的学习，可以更好地理解新技术的发展与演化脉络，为后续深入研究奠定良好的基础。

众所周知，人工智能涉及众多研究内容，限于篇幅和学识，本书无法一一涵盖，仅根据教学团队教研过程中的真实体验，拣选关键内容，以学生为中心，为不同专业领域的学子在人工智能技术盛行其道、飞速发展的浪潮下播下一粒人工智能通识知识的“种子”，在助力其成为“更全面人才”的成长道路上出一份力；同时希望与“不忘初心”的同仁们携手向未来，踔厉奋发，共同在“上下而求索”的自我发展中体味人工智能赋能教育的快乐。

由于编者水平、时间和精力有限，书中一定存在疏漏或错误之处，衷心欢迎专家和读者给予批评指正。

作　者

于北京理工大学

目　录

第 1 章

AI

人工智能与智能社会：人类新时代

1.1 人类智能与知识型社会

物质、能量和信息的转化和发端既构成了人类智能的起源，又开创了人类智能活动对物质进行转化的整体雏形。自认知革命、农业革命和工业革命以来，人类几千年的全部活动表明，人类认识自然、改造自然的对象无非是三类最基本的东西：物质、能量、信息。迄今人类掌握的主要技术都同改造这三类东西有关，都是在材料技术、能源技术、信息技术的基础上发展起来的。

近年来，这三个基本领域的技术不断发展，大众作为用户也能更好地参与到科技创新的进程中，进一步带动创新形态、社会形态的嬗变，在知识社会环境下，下一代创新推动了创新民主化。知识社会是创新成为社会主要驱动力的社会，知识和创新成为社会的核心，知识社会的经济以大众创新、共同创新、开放创新为特征，知识在社会中的“组织”作用使得其本身的性质发生了变化，由边缘转向了中心；知识的发展日益成为各领域发展的先导，也日益成为一个社会发展的战略源泉与动力。

1.2 人工智能的第一缕霞光

1949 年，赫布出版了《行为的组织》一书，书中描述了赫布学习规则，提出了权值的概念，为机器学习中人工神经网络算法奠定了基础。1950 年，被视为“计算机科学之父”的图灵发表了一篇题为《机器能思考吗》的著名论文，该论文提出了机器思维的概念，并提出了图灵测试（如果一台机器能够通过电传设备与人类展开对话而不被辨别出其机器身份，那么称这台机器具有人类智能）。因此，图灵又被称为“人工智能之父”。为了纪念图灵的贡献，美国计算机协会设立图灵奖，以表彰在计算机科学中做出突出贡献的人，图灵奖被誉为“计算机界的诺贝尔奖”。1950 年，图灵发表论文《计算机器与智能》，提出的“机器能否思考”的问题为人工智能的诞生埋下了伏笔。1952 年，阿瑟·萨缪尔开发了一个跳棋程序，该程序具有自我学习的能力，甚至在训练后可以战胜人类专业跳棋选手，并提出了“机器学习”的概念，定义为“不显式编程地给予计算机一定的功能”。

1956 年夏季，当时达特茅斯大学的年轻数学助教、现任斯坦福大学教授的麦卡锡（J. McCarthy）联合哈佛大学的年轻数学和神经学家、麻省理工学院教授的明斯基（M. L. Minsky）、IBM 公司信息研究中心的负责人罗切斯特（N. Rochester）、贝尔实验室信息部的数学研究员香农（C. E. Shannon）共同发起在达特茅斯大学召开的为时两个月的学术研讨会，并邀请了普林斯顿大学的莫尔（T. Moore）和 IBM 公司的萨缪尔（A. L. Samuel）、麻省理工学院的塞尔夫里奇（O. Selfridge）和索罗莫夫（R. Solomonff）以及卡内基梅隆大学的纽厄尔（A. Newell）、西蒙（H. A. Simon）等，共同讨论关于机器智能的问题。会上经麦卡锡提议，正式采用了“人工智能”这一术语，麦卡锡因此成为另一个“人工智能之父”。这是一次具有历史意义的重要会议，它标志着人工智能作为一门新兴学科正式诞生了，会议也成为人工智能发展历程中的第一缕霞光。此后，美国形成了多个人工智能研究组织，如纽厄尔和西蒙的 Carnegie-RAND 协作组、明斯基和麦卡锡的 MIT 研究组、萨缪尔的 IBM 工程研究组等。

1.3 人工智能是什么

人工智能作为一门前沿交叉学科，对其定义一直存有不同的表述。《人工智能——一种现代方法》[1]中将已有的一些人工智能分为四类：像人一样思考的系统、像人一样行动的系统、理性地思考的系统、理性地行动的系统。维基百科上定义为“人工智能就是机器展现出的智能”，即只要某种机器具有某种或某些“智能”的特征或表现，都应该算作人工智能。《大英百科全书》则定义人工智能是数字计算机或者数字计算机控制的机器人在执行智能生物体才有的一些任务上的能力。百度百科定义人工智能是研究、开发用于模拟、延伸和扩展人的智能的理论、方法、技术及应用系统的一门新的技术科学，将其视为计算机科学的一个分支，指出其研究包括机器人、语音识别、图像识别、自然语言处理和专家系统等。

1.4 人工智能的“进化史”

在人工智能的概念诞生（1956 年）后的半个多世纪中，由于受到智能算法、计算速度、存储水平等因素的影响，人工智能技术和应用发展经历了多次高潮和低谷。2006 年以来，以深度学习[2]为代表的机器学习算法在机器视觉和语音识别等领域取得了极大的成功，识别准确性大幅提升，使人工智能再次受到学术界和产业界的广泛关注。云计算、大数据等技术在提升运算速度、降低计算成本的同时，也为人工智能发展提供了丰富的数据资源，协助训练出更加智能化的算法模型。人工智能的发展模式也从过去追求“用计算机模拟人工智能”，逐步转向机器与人结合成的增强型混合智能系统，机器、人、网络结合成的新的群智系统以及机器、人、网络和物结合成的更加复杂的智能系统。

人工智能的发展阶段如图 1-1 所示。在人工智能发展的第一次繁荣期（1956—1970 年）中，人工智能刚诞生，基于抽象数学推理的可编程数字计算机已经出现，符号主义（Symbolism）快速发展；1959 年，Arthur Samuel 提出了机器学习；1957 年，感知机（Perceptron）被罗森布拉特发明；1974 年，受限于硬件性能，进入第一个寒冬；1976 年，机器翻译等项目的失败和一些学术报告的负面影响，人工智能的经费普遍减少，人工智能项目逐渐遭受质疑与批评，其缺点包括运算能力不足、计算复杂度较高、尝试与推理实现难度较大等，尤其是专家系统的问题逐渐暴露。

20 世纪 80 年代中期，随着美国、日本等立项支持人工智能的研究，机器学习方法不断发展，提出了可视化效果很强的决策树模型以及突破了早期简单感知机局限的多层神经网络，人工智能进入了第二个阶段（20 世纪 80—90 年代）。在该阶段，计算机硬件的性能依然是限制人工智能研究的一个关键瓶颈，复杂度更高、规模更大的神经网络难以被模拟和训练；1987 年，技术领域再次陷入瓶颈，抽象推理不再被继续关注，基于符号处理的模型遭到反对，人工智能的研究进入了第二次寒冬。

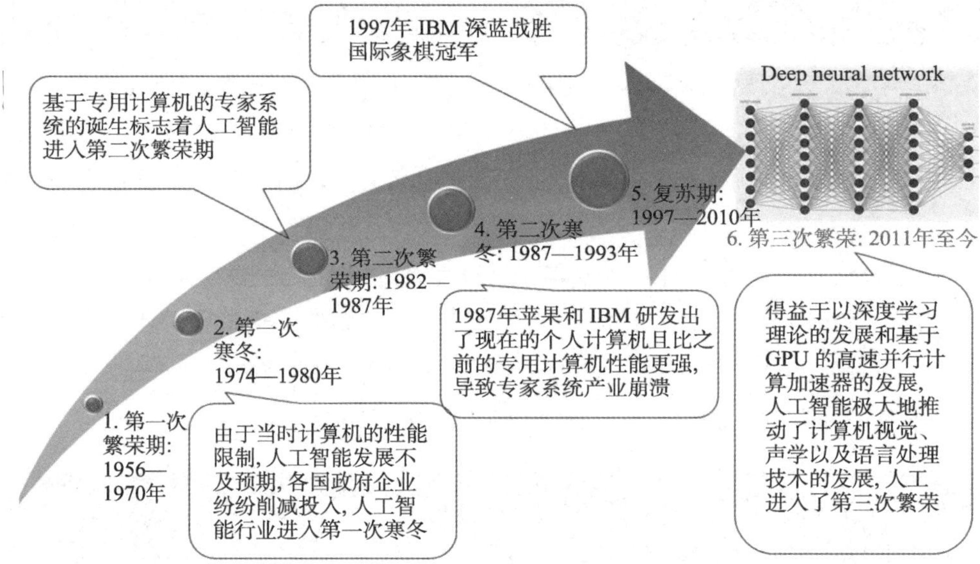

图 1-1　人工智能发展阶段

1997 年，IBM 公司的深蓝（Deep Blue）战胜国际象棋世界冠军 Garry Kasparov。这是一次具有里程碑意义的成功，它代表了基于规则的人工智能的胜利。2006 年，在 Hinton[2]和他的学生的推动下，深度学习开始备受关注，为后来人工智能的发展带来了重大影响。从 2010 年开始，人工智能进入爆发式的发展阶段，其最主要的驱动力是大数据时代的到来，运算能力和机器学习算法得到提高。人工智能快速发展，产业界也不断涌现出新的研发成果：2011 年，IBM Waston 在综艺节目《危险边缘》中战胜了最高奖金得主和连胜纪录保持者；2012 年，谷歌大脑在没有人类指导的情况下，模仿人类大脑，利用非监督深度学习算法从大量视频中成功学习到识别出一只猫的能力；2014 年，微软推出了实时口译系统，可以模仿说话者的声音并保留其口音，并发布全球第一款个人智能助理微软小娜；亚马逊发布目前最成功的智能音箱产品 Echo 和个人助手 Alexa；2016 年，谷歌 AlphaGo 机器人在围棋比赛中击败了世界冠军李世石；2017 年，苹果公司在原来个人助理 Siri 的基础上推出了智能私人助理 Siri 和智能音箱 Home Pod。

在经过无数的波折后，21 世纪人工智能的发展进入了一个崭新的阶段，新一代神经网络算法在学习任务中表现出了惊人的性能。各种图像和音频识别软件的准确率越来越高，语言加工程序的智能程度与日俱增。于是，人工智能这种无止境的延伸，一方面在改变着、转化着整个自然界，另一方面也在改变着社会，改变着人与人工智能之间的关系，改变着智能主体——人的本身。经过一系列跌宕起伏的发展，人工智能在计算能力、数据量以及算法三方面都有极大的发展，取得了重要突破，但仍然存在着诸多瓶颈，从专用智能到通用智能，从弱人工智能到强人工智能，既是下一代人工智能发展的必然趋势，也是研究与应用领域的重大挑战。

1.5 人工智能研究什么

人工智能主要通过机器学习与深度学习等方法指导自然语言处理、人机交互、计算机视觉、生物特征识别等方面的研究[3]。

自然语言处理是计算机科学领域与人工智能领域的一个重要研究方向，主要研究内容包括实现人与计算机之间使用自然语言进行有效通信的各种理论和方法等，其涉及的领域较为复杂，包括信息检索、机器翻译、智能问答等。

人机交互主要研究人和计算机之间的信息交换，包括人到计算机和计算机到人之间的两部分信息交换，是人工智能重要的外围技术。该方面的许多研究都试图通过提高计算机接口的可用性来改善人机交互，并使其与社会和文化价值相关联。传统的人机交互方法包括鼠标、键盘、显示器、打印机等耳熟能详的功能硬件，除此之外，随着人工智能的发展，交互方法也扩展到语音交互、体感交互以及脑机交互等。

计算机视觉是使用计算机模拟人类视觉系统的科学，使用摄像机和计算机代替人脸对目标进行图像采集，获取对应的图片或者视频并对其进行后续的处理、理解与分析。其较为基础和热门的研究方向包括物体识别和检测、语义分割、运动跟踪、三维重建、视觉问答和动作识别等。

生物特征识别是指计算机利用人体所固有的生理特征或者行为特征进行个人身份鉴定的技术，当今信息化时代，如何鉴定一个人的身份、保护信息安全已经成为必须解决的关键问题，其主要识别方法包括指纹识别、虹膜识别、人脸识别、步态识别等。

虚拟现实（VR）/增强现实（AR）是以计算机为核心的新型视听技术，结合相关科学技术，在一定范围内生成与真实环境在视觉、听觉、触觉等方面高度近似的数字化环境。用户借助必要的装备与数字化环境中的对象进行交互，相互影响，获得近似于真实环境的感受和体验，通过显示设备、跟踪定位设备、触（力）觉交互设备、数据获取设备、专用芯片等实现。

社会计算也称社交网络分析技术，是指在互联网环境下，以现代信息技术为手段，以社会科学理论为指导，通过分析社交网络上的数据进而分析社会用户关系、挖掘社会知识、研究社会规律、破解社会难题。

大数据的广泛使用大幅提升了人们线上和线下生活的便利程度，但同时也导致个人信息泄露的情况频繁发生。人工智能可基于其采集到的无数个看似不相关的数据片段，通过深度挖掘和分析，得到更多与用户隐私相关的信息，识别出个人行为特征甚至性格特征，从而使个人隐私变得更易被挖掘和暴露。在如今这个人工智能时代，个人隐私保护、个人敏感信息识别保护的重要性日益凸显。为了保护数据主体的权益，各国政府、跨国组织一直都在积极寻找应对策略。最近几年，在制定相关法律法规、树立相关伦理价值观或标准、建立相关伦理委员会等方面已经取得了长足的进步。

1.6 百花齐放的人工智能应用

人工智能已经逐渐走进我们的生活，并广泛应用于各领域，它不仅给许多行业带来了巨大的经济效益，也为我们的生活带来了许多改变，拥有广阔的前景，目前“AI+”已经成为公式。下面将分别介绍人工智能的一些主要应用场景。

无人驾驶汽车：无人驾驶汽车是智能汽车的一种，也称轮式移动机器人，主要依靠车内以计算机系统为主的智能驾驶控制器来实现无人驾驶，利用车载传感器来感知车辆周围环境，并根据感知所获得的道路、车辆位置和障碍物信息来控制车辆的转向和速度，从而使车辆能够安全、可靠地在道路上行驶。无人驾驶汽车集自动控制、体系结构、人工智能、视觉计算、程序设计、组合导航、信息融合等科技于一体。

人脸识别：人脸识别也称人像识别、面部识别，是基于人的脸部特征信息进行身份识别的一种生物识别技术。人脸识别涉及的技术主要包括计算机视觉、图像处理等。人脸识别已经广泛应用于各行各业，如门禁、地铁、机场等出入口，以及小区安防、超市营销等场景。

机器翻译：机器翻译是计算语言学的一个分支，是利用计算机将一种自然语言转换为另一种自然语言的过程。机器翻译用到的技术主要是神经机器翻译技术，该技术当前在很多语言上的表现已经超过人类。随着经济全球化进程的加快及互联网的迅速发展，机器翻译技术在促进政治、经济、文化交流等方面的价值日益凸显，也给人们的生活带来了许多便利。

声纹识别：声纹识别是一种生物鉴权技术，也称说话人识别，也是生物识别技术中的一种，包括说话人辨认和说话人确认。声纹识别的工作过程为，系统采集说话人的声纹信息并将其录入数据库，系统将采集到的新声纹信息自动与数据库中已有的声纹信息进行对比，从而识别出说话人的身份。目前，声纹识别技术有声纹核身、声纹锁和黑名单声纹库等多项应用案例，可广泛应用于金融、安防、智能家居等领域，落地场景丰富。

智能客服机器人：智能客服机器人是一种利用机器模拟人类行为的人工智能实体形态，能够实现语音识别和语义理解，具有业务推理、话术应答等能力。当用户访问网站并发出会话时，智能客服机器人会根据系统获取的访客地址、IP 地址和访问路径等，快速分析用户意图，回复用户的真实需求。同时，智能客服机器人拥有海量的行业背景知识库，能对用户咨询的常规问题进行标准回复，提高应答准确率。

智能外呼机器人：智能外呼机器人是人工智能在语音识别方面的典型应用，能够自动发起电话外呼，以语音合成的自然人声形式，主动向用户群体介绍产品。在外呼期间，它可以利用语音识别和自然语言处理技术获取客户意图，然后采用针对性话术与用户进行多轮交互会话，最后对用户进行目标分类，并自动记录每通电话的关键点，以成功完成外呼工作，能够在互动过程中不带有情绪波动，并且自动完成应答、分类、记录和追踪。

智能音箱：智能音箱是语音识别、自然语言处理等人工智能技术的电子产品类应用与载体，其迅猛发展使其被视为智能家居的未来入口。究其本质，智能音箱就是能完成对话环节的拥有语音交互能力的机器。通过与它直接对话，家庭消费者能够完成自助点歌、控制家居设备和唤起生活服务等操作。

个性化推荐：个性化推荐是一种基于聚类与协同过滤技术的人工智能应用，建立在海量数据挖掘的基础上，通过分析用户的历史行为建立推荐模型，主动给用户提供匹配他们需求与兴趣的信息，如商品推荐、新闻推荐等。个性化推荐既可以为用户快速定位需求产品，弱化用户被动消费意识，提升用户兴趣和留存黏性，又可以帮助商家快速引流，找准用户群体与定位，做好产品营销。广泛存在于各类网站和 App 中，依托推荐引擎算法实现精确的个性化推荐。

医学图像处理：医学图像处理是目前人工智能在医疗领域的典型应用，它的处理对象是由各种不同成像机理（如在临床医学中广泛使用的核磁共振成像、超声成像等）生成的医学影像。利用计算机图像处理技术，可以对医学影像进行图像分割、特征提取、定量分析和对比分析等，进而完成病灶识别与标注、手术环节的三维影像重建等。该应用可以辅助医生对病变体及其他目标区域进行定性甚至定量分析，从而大大提高医疗诊断的准确性和可靠性。

智能服务机器人：数智化时代，机器人能够双向行驶，具有大载重，送餐稳定且安全，具有智能避障、自动选择送餐路线、自主移动、大屏信息展示、智能语音交互、多机器人协作、统一云平台管理与大数据会员服务系统等功能，真正实现无接触配送，提供将菜肴从厨房出餐口送到客人餐桌的智能化服务，减少传菜员的重复劳动，提升服务质量。

本章小结

作为新一轮产业变革的核心驱动力，人工智能在催生新技术、新产品的同时，对传统行业也具备较强的赋能作用，能够引发经济结构的重大变革，实现社会生产力的整体跃升。人工智能将人从枯燥的劳动中解放出来，越来越多的简单性、重复性、危险性任务由人工智能系统完成，在减少人力投入、提高工作效率的同时，还能够比人类做得更快、更准确；人工智能还可以在教育、医疗、养老、环境保护、城市运行、司法服务等领域得到广泛应用，能够极大提高公共服务精准化水平，全面提升人民生活品质；同时，人工智能可帮助人类准确感知、预测、预警基础设施和社会安全运行的重大态势，及时把握群体认知及心理变化，主动做出决策反应，显著提高社会治理能力和水平，同时保障公共安全。需要指出的是，所有这些智能系统的出现并不意味着对应行业或职业的消亡，仅意味着职业模式的部分改变（如减少教师教授书本知识的时间），即由以往的只由人类完成变为人机协同完成。

参考文献

[1] Stuart Russell, Peter Norvig. 人工智能：一种现代方法[M]. 北京：人民邮电出版社，2004.

[2] Hinton GE, Osindero S, Teh YW. A Fast Learning Algorithm for Deep Belief Nets[J]. Neural Computation, 2006, 18(7). 1527-1554.

[3] 中国电子技术标准化研究院. 人工智能标准化白皮书（2021 版）[R]. 北京：中国电子技术标准化研究院，2021.

思考题

1. 请分析图灵测试在人工智能早期发展阶段对推动人工智能研究的重要作用。

2. 深度学习模型在处理大规模数据时表现优异，但它们也有可能捕捉到训练数据中的偏见。如何有效识别和纠正人工智能系统中的数据偏见，以避免在应用过程中产生社会不公？

3. 人工智能在个性化推荐系统中的应用广泛，但同时引发了信息茧房和隐私问题。如何在提高推荐准确性的同时，确保用户信息不被过度利用或滥用？

第 2 章

CT

知识与知识表示：智能的“血液”

在当今互联网快速发展的时代，信息量急剧膨胀，如何快速、精准地从互联网上获取想要的信息已经成为一个具有重要研究意义和实用价值的问题。同时，伴随着人工智能技术的进步和计算机算力的提升，数据的获取需要更高的精准度与可靠度。知识图谱这种结构化的表示方式能够有效地为搜索及问答等应用提供支持，在问答系统、精准营销、个性化推荐等应用中占据越来越重要的地位，是人工智能领域非常热门的课题之一。

互联网上的知识大都以非结构化或者半结构化的形式存在于文本、表格和图片中，对知识的抽取以及应用较为困难。谷歌认为完美的搜索引擎应该能够准确理解用户的意图并且正确返回用户所期望的信息，应该更加类似人的记忆，即偏重关联类似，搜索结果中也体现着关联，以“链接”为中心的系统在开放的互联网环境中更容易生长和扩展。传统的语义网连接的是文档，实际上网络中有多种类型的事物，事物之间有多种连接类型。把文档作为链接的语义网得到的搜索结果仅仅是文档的链接而不是用户需要的比文档细粒度更高的准确答案，以关键词匹配和文档排序为基本特点的搜索引擎急需一场革命。在这种背景下，为了改善搜索引擎效果，谷歌公司于 2012 年提出“知识图谱”的概念：把互联网文本内容组织成为以实体为基本语义单元（节点）的图结构，其中图上的边表示实体之间的语义关系。

谷歌的搜索引擎会根据查询中提及的人名、地名、机构名等实体信息进行基于知识的检索，同时向用户展示这些实体的相关信息。如图 2-1 所示，当用户输入“艾伦 · 图灵”时，谷歌不仅返回相关网页，还会直接展示他的出生日期（Born）、死亡日期（Died）等信息。此外，通过使用知识图谱进行逻辑推理，谷歌还能够直接回答用户提出的一些简单问题，如“艾伦 · 图灵的国籍是什么”等，显著提升搜索引擎的用户使用体验。与此同时，人工智能技术与家居、医疗、教育、金融、法律等垂直领域的深度结合，点燃了人们对大规模知识图谱以及在此之上的智能问答和推理等应用的旺盛需求，知识智能已经成为当前人工智能领域最热门的方向之一。

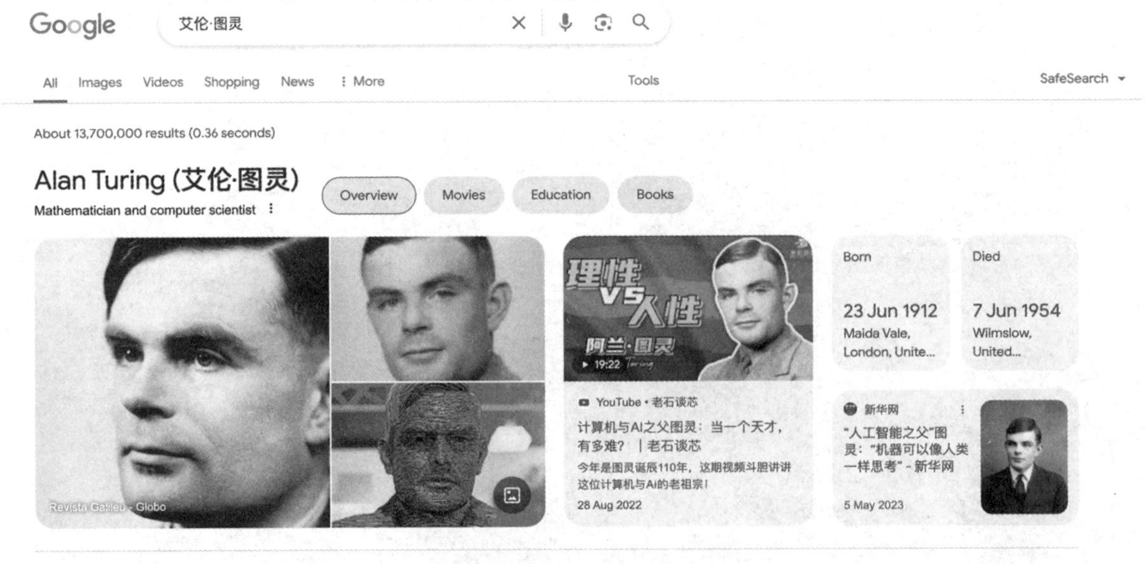

图 2-1　谷歌知识图谱样例

知识表示作为人工智能的核心技术和认知智能的基石得到快速长足发展。通过近些年研究人员的研究探索和不懈努力，知识表示学习方法百花齐放、发展迅速，并且形成了不同类型的技术阵营。本章将从六方面介绍知识表示，分别是概念与本体、知识的计算机表示、产生式表示法、框架表示法、语义网络和知识图谱。

2.1 概念与本体：人类知识的基础构架

语言是用于承载知识与信息的表达系统，而概念与本体是用来描述系统内部知识体系的构架。近些年，随着计算机技术的发展，概念与本体在实际生活中得到了广泛应用[1]。

2.1.1 概念与概念系统

概念（Concept）是人类思维的重要组成部分，是反映事物的特有属性的思维单元。世界上的事物之所以千差万别，就是因为每个事物都有自己的属性。任何事物都有许多属性，有的属性是这类事物中每个成分都必须具有的、把该事物与其他事物区别开来的特有属性，有的属性则只是其中部分成分所具有的偶有属性。概念只是反映事物的特有属性，不反映事物的偶有属性，因此，概念具有抽象性，它是去掉了事物的偶有属性之后形成的抽象表现。

例如，“计算机”这个概念，如果将现存的全部计算机中非本质的偶有属性去掉，如新旧程度、计算机品牌、计算机颜色等，则可以发现所有的计算机都具有如下的共同的特有属性。

（1）本质上，它们是机器，是能够进行科学计算的多个零件组成的组装物。

（2）形式上，所有的计算机都包括控制器、运算器、储存器、输入设备和输出设备等。

这就是“计算机”这一名称所代表的概念的抽象表现。

概念是知识的基本单元，是人们一定阶段认识的总结，是人们认识成果的结晶。任何科学研究的成果都要以概念的形式固定下来。数学中的正数、负数、微分、积分，化学中的化合、分解，物理学中的力、加速度，都是人们对具体事物认识的概括。在科学史上，许多新概念的提出，都有力地推动了科学发展的进程。

概念又是思维的最小单元。思维活动中进行判断、推理，都是以概念为基本单位来进行的。离开了概念，任何判断和推理都不能进行。

通过逻辑关系或知识本体关系联系起来的概念的集合即为概念系统。在概念系统中，各个概念之间可以发生纵向联系和横向联系，或者至少发生纵向联系或横向联系中的一种。一个概念系统可以同一座建筑物类比，其中，概念好比是砖，而概念之间的关系就好比是灰浆。著名术语学家费尔伯指出，概念系统中，概念之间的关系主要有逻辑关系（Logical Relation）和知识本体关系（Ontological Relation）两种，概念之间还存在着其他关系，如因果关系、工具关系、继承关系等。根据概念之间的相似性，可以把概念之间的逻辑关系分为以下几种。

（1）同一关系：两个概念的外延完全相同，它们之间的逻辑关系就是同一关系。例如，“机器翻译”和“自动翻译”这两个概念之间具有同一关系，因为它们有相同的外延，都表示利用计算机进行的语言翻译。

（2）属种关系：如果两个概念其中的一个概念把另一个概念的外延完全包含在它自己的外延中，那么这两个概念之间的关系就是属种关系。例如，“交通工具”和“汽车”这两个概念之间的关系就是属种关系。

（3）交叉关系：两个概念的外延有一部分相同，而另一部分不相同，这两个概念的逻辑关系就是交叉关系。例如，“作家”和“教授”这两个概念在逻辑上具有交叉关系，有一部分作家是教授，而有一部分作家不是教授，有一部分教授是作家，而有一部分教授不是作家。

（4）全异关系：如果两个概念的外延完全不相同，它们在逻辑上的关系就是全异关系。例如，“小麦”和“玉米”这两个概念的外延没有任何相同的地方，具有全异关系。

（5）否定关系：一个概念的否定属性构成了另一个概念的属性，那么，这两个概念在逻辑上就具有否定关系。例如，“加压”和“减压”这两个概念就具有否定关系。

对于一个概念系统来说，在上述各种关系中，同一关系和属种关系最为重要。

2.1.2 知识本体

如果我们对于一个领域中的客体进行分析，找出这些客体之间的关系，获得这个领域中不同客体的集合，这个集合可以明确地、形式化地、可共享地描述该领域中各客体所代表的概念的体系，那么它实际上就是概念体系的规范，这样的概念体系规范就可以看成这个领域的“知识本体”（Ontology）。

人们很早就开始研究知识本体，因此，知识本体有很多定义，这些定义有的是从哲学思辨出发的，有的是从知识的分类出发的，最近的一些定义则是从实用的计算机推理出发的。

牛津英语词典对于知识本体的定义是“对于存在的研究或科学”，这个定义显然是非常广泛的，因为它试图研究存在的一切事物，为存在的一切事物建立科学。不过，这个定义确实是关于知识本体的经典定义，它来自哲学研究。什么是事物（Things）？什么是本质（Essence）？当事物发生改变时，本质是否仍然存在于事物之中？概念是否存在于我们的心智（Mind）之外？怎样对世界上的实体（Entities）进行分类？这些都是知识本体要回答的问题，所以，知识本体是“对于存在的研究或科学”。

20 世纪末和 21 世纪初，知识本体的研究开始成为计算机科学的一个重要领域。它的主要任务是研究世界上的各种事物（如物理客体、事件等）以及代表这些事物的范畴（如概念、特征等）的形式特性和分类。计算机科学对于知识本体的研究当然是建立在上述经典知识本体研究的基础之上的，不过有了很大的发展。因此，我们有必要重新给知识本体下定义。下面介绍在计算机科学中对于知识本体的定义，即知识本体是对概念体系的明确的、形式化的、可共享的规范。

所谓“概念体系”，是指所描述的客观世界的现象中有关概念的抽象模型；所谓“明确”，是指对于所使用的概念的类型以及概念用法的约束都明确地加以定义；所谓“形式化”，是指这个知识本体应该是机器可读的；所谓“可共享”，是指知识本体中所描述的知识不是个人专有的而是集体共有的。具体地说，如果我们把每个知识领域抽象成一个概念体系，再采用一个词表来表示这个概念体系，这个词表，要明确地描述词的含义、词与词之间的关系，并在该领域的专家之间达成共识，使得大家能够共享这个词表，那么，这个词表就构成了该领域的一个知识本体。知识本体已经成为提取、理解和处理领域知识的工具，它可以被应用于任何具体的学科和专业领域，知识本体经过严格的形式化之后，借助计算机强大的处理能力，可以对人类的全部知识进行整理和组织，使之成为一个有序的知识网络。人们对于知识本体的认识可能存在差别，因此有不同类型的知识本体。

（1）通用知识本体（Common Ontology）常常从哲学的认识论出发，概念的根结点往往是很抽象的，例如时间、空间、事件、状态、对象等。

（2）领域知识本体（Domain Ontology）对领域的知识进行抽象，概念比较具体，容易进行形式化和共享。

（3）语言知识本体（Language Ontology）常常表现为一个词表，描述单词和术语之间的概念关系，词网（WordNet）就是一个语言知识本体。

（4）形式知识本体（Formal Ontology）对于概念和术语的分类很严格，要按照一定的原则和标准，明确地定义概念之间的显性和隐性关系，明确概念的约束和逻辑联系。领域知识本体或术语知识本体经过进一步的抽象和提炼，就可能发展成形式知识本体。

知识本体可以帮助我们对领域知识进行系统分析，把领域知识形式化，使之便于计算机处理。知识本体还可以实现人和人之间以及人和计算机之间知识的共享，实现在一定领域中知识的重复使用。在自然语言处理的语义分析中，知识本体可以给我们提供单词的各种信息，帮助我们揭示单词之间的各种语义关系，是语义分析的知识来源。

2.2 知识的计算机表示：计算机心里的知识

在人工智能领域，语言的理解是智能化信息处理的重要支撑，对推进人类与机器的有效沟通和自由交互具有重要的意义。语言是人类交流思想、表达情感最主要的工具。语言是复杂的符号系统，包括语音系统、词汇系统和语法系统。对自然语言的数字化处理，包括语义计算和深度理解等，是人工智能研究领域的核心难题。一方面，自然语言具有歧义性和非规范性表达等特点，对语言的理解需要丰富的知识积累并在此基础上进行思维推理，这些特点和挑战成为阻碍自然语言处理取得更大突破的拦路石；另一方面，随着网络的兴起，文本数据量急剧膨胀，如何从原始的、海量的文本数据中自动分辨出有效的语义信息并自动挖掘规律，是影响机器走向智能的重大挑战。深度学习的兴起和计算能力的提升为自然语言处理（Natural Language Processing，NLP）的研究和发展提供了重要的机会。在自然语言处理中，语义表示学习（Semantic Representation Learning）将自然语言转换成计算机所能处理的多维实数向量，并将语义特征蕴含在向量中，利用向量计算实现语义计算。语义表示学习是机器处理自然语言的第一步，其性能优劣直接影响下游任务的效果。鉴于此，如何学习高质量的语义表示成为自然语言处理领域首要的研究任务。

研究人员对语义表示方法进行了众多的尝试，设计了多种高质量的语义表示模型。尽管这些工作的原理各不相同，但具有三个共同特点：① 在输入形式上，语义表示学习的输入主要是大规模文本数据、结构化的知识库等；② 在输出形式上，语义表示学习的输出主要是将每个词汇表示成低维度的实数向量；③ 在模型方面，深度神经网络是目前主流的模型结构，如图 2-2 所示，文本的语义表示通过神经网络等模块将离散的文字内容转换为向量化表示，该神经网络通过下游的相关任务进行优化和参数更新。为了提升语义表示的效果，研究人员在多个方面对语义表示方法进行改进和提升。例如，深入挖掘不同类型资源中蕴含的文本的语义特征；利用更大规模的数据并设计合理的神经网络模型和优化任务对文本的语义特征进行表示；迁移实际任务需要的特征到语义向量表示空间中，包括情感分类任务中的词汇情感特征和词性标注、命名实体识别等任务中的语法信息等。

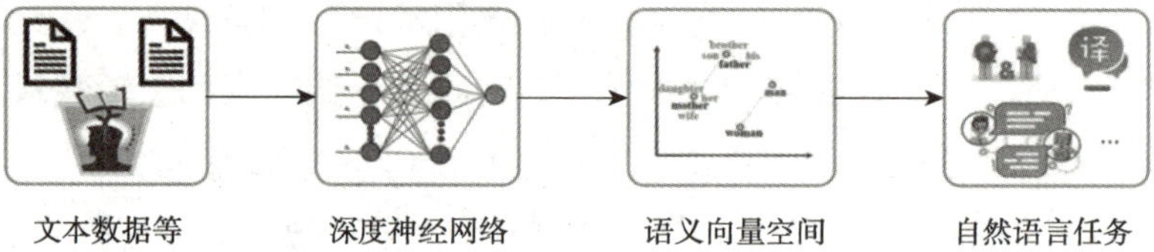

图 2-2　基于深度神经网络的语义表示学习及应用示意图

总结来说，语义表示学习作为自然语言处理领域的基础任务，需要设计合适的神经网络对不同粒度、不同类型的文本数据进行语义表示，充分考虑文本在不同情境下的语义特征，以实现对下游任务的精准支撑，提升实际任务的效果。语义表示大致可以分为两类，分别是分布表示方法和预训练语言模型。

2.2.1　分布表示方法

在语义表示学习领域，词汇语义表示是主要的研究内容，也是其他粒度文本（如句子、段落、文档等）表示的基础。分布表示方法旨在从大规模的无标注语料中，学习词表中每个词汇的向量化表示。分布表示方法的理论基础是分布假说[5]，即具有相似上下文的词汇具有相似的语义。学习方法主要分为两类：一类是基于矩阵分解的方法，即将语料建模为蕴含语义特征的共现矩阵，并借助数学方法（如矩阵分解）进行特征学习；另一类是基于预测任务的方法，即基于语言模型中的预测任务，通过给定上下文信息预测词汇的任务学习语义特征。本节对这两类方法进行介绍。

1．基于矩阵分解的方法

基于矩阵分解的方法将语料中文档、句子、模式等不同粒度的统计信息构建成不同的矩阵，如词－文档共现矩阵、词－词共现矩阵等。

词－文档共现矩阵将词所在的文档作为上下文，统计词与文档之间的相关性，矩阵中每行对应一个词，每列对应一个文档，矩阵中的每个元素表示统计的语料中词和文档的共现信息。这种分布表示方法基于词袋假说[6]，即文档中词出现的频率反映词与文档之间的相关程度，通过矩阵分解的方法将词和文档映射到同一个低维语义空间，从而获得词的向量化表示。代表性的方法是潜在语义分析（Latent Semantic Analysis，LSA）[7]。

词－词共现矩阵将目标词附近的几个词作为上下文，统计目标词与上下文中的每个词的相关性。通常，词-词共现矩阵中每行对应一个目标词，每列代表上下文中的词，矩阵中的元素代表语料中两个词的共现信息，如果由一个词可以联想到另外一个词，就表明这两个词是语义相关的，反之为语义无关。早期的代表性方法是 Brown Clustering 方法[8]，该方法利用层级聚类构建目标词与其上下文之间的关系，根据两个词的公共类别判断这两个词的语义相近程度。2014 年，Jeffrey Pennington 等人提出了 GloVe 方法[4]，是目前最具有代表性的基于词-词共现矩阵的词汇语义表示方法。

2．基于预测任务的方法

基于预测任务的方法通常利用滑动窗口对语料进行建模，以训练语言模型为学习目标，在优化模型的过程中学习词汇的语义表示。这类方法具有两个特点：① 利用上下文窗口信息，是一种利用局部信息的语义特征学习方法；② 神经网络结构对模型的发展具有决定性作用，词向量通常由作为神经网络的副产品训练获得。

早期，Bengio 等人提出了神经网络语言模型（Neural Network Language Models，NNLM）。如图 2-3(a)所示，NNLM 方法在语料建模过程中将语料中固定长度为 n 的词序构建为一个窗口，使用前 n–1 个词预测第 n 个词。为了提升方法时效率与效果，Mikolov 等人[9]提出了基于循环神经网络的语言模型（Recurrent Neural Network Language Model，RNNLM）。SENN 方法是一种利用局部信息学习词向量的构造方法[10]，其预测任务是判断一个词序是否正确，即模型目标函数是对句子打分，最大化正确句子的分数。在建模过程中，语料中的词序作为正确词序，使用随机词对的方法生成噪音词序。2013 年，Mikolov 等人提出的 word2vec 方法[2][3]引起了学术界和工业界的高度重视，是分布语义表示发展过程中里程碑式的研究。如图 2-3(b)所示，该方法包含 CBOW 模型和 Skip-gram 模型，两个模型在语料建模过程中选取固定长度为 n 的词序作为窗口，窗口中心词设定为目标词，其余词为目标词的上下文。

综上所述，表 2-1 总结了常用的基于预测任务的分布表示方法。总之，基于预测任务的分布表示方法主要基于语言模型任务，通过设置不同的预测方式和模型结构优化语言模型。词汇的向量表示是模型中的一类参数，在优化语言模型的过程中对词汇的分布表示进行优化。

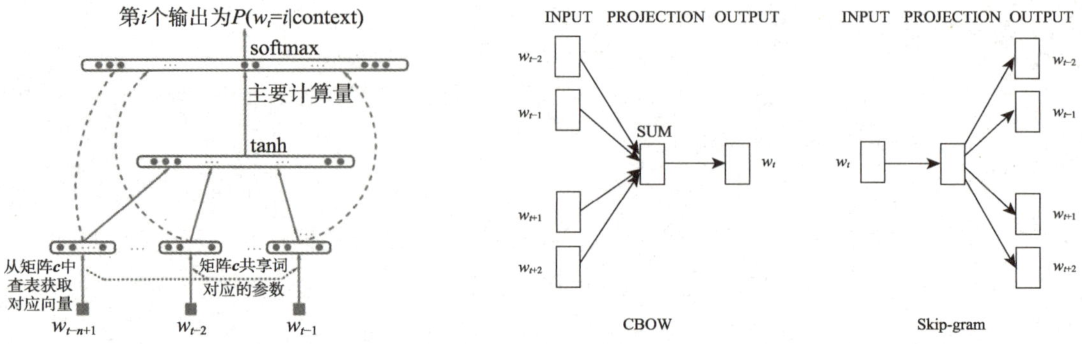

(a) NNLM　　　　(b) word2vec

图 2-3　基于神经网络的语言模型

表 2-1　常用的基于预测任务的分布表示方法

模型名称	语料构建方式	神经网络结构
NNLM	目标词：窗口最后一个词 上下文：目标词左侧的 n–1 个词 利用上下文预测目标词	三层神经网络
RNNLM	目标词：窗口最后一个词 上下文：目标词左侧的 n–1 个词 利用上下文预测目标词	循环神经网络
SENNA	对每个序列随机生成错误序列 最大化正确序列的预测概率 最小化错误序列的预测概率	卷积神经网络
HLBL	目标词：窗口最后一个词 上下文：目标词左侧的 n–1 个词 利用上下文预测目标词	无非线性层的神经网络
CBOW	目标词：窗口中心词 上下文：目标词周围的词 利用上下文预测目标词	基于层次 Softmax 方法或者负采样方法的单层神经网络
Skip-gram	目标词：窗口中心词 上下文：目标词周围的词 利用目标词预测上下文	基于层次 Softmax 方法或者负采样方法的单层神经网络

2.2.2　预训练语言模型

尽管分布表示方法可以从大规模语料中训练低维、稠密的语义表示向量空间，但是这些方法是与上下文无关的，不能动态地根据语境调整语义表示，无法捕获文本的语法结构、语义角色、指代等复杂的特征和关系。

为解决上述问题，研究人员开发了预训练语言模型。随着算力的提升，预训练语言模型设计了更深层的结构，使用更大的数据集来充分训练模型参数，从而模型的泛化能力，提供了更好的模型初始化。在下游任务中，根据具体任务对模型进行精调（Fine-Tuning），为下游任务提供了高质量的背景知识，避免了模型的随机初始化。本节将介绍一些具有代表性的预训练语言模型，包括 ELMo、GPT、BERT、RoBERTa、XLNet 等。

预训练语言模型已经成为自然语言处理领域的新范式，表 2-2 对上述预训练语言模型从特征抽取器、语境、训练任务几方面进行了对比总结。

表 2-2　预训练语言模型的对比总结

模型	特征抽取器	语境	训练任务
ELMo	BiLSTM	单向	两个单向语言模型进行拼接
GPT	Transformer	单向	适用于生成任务
BERT	Transformer	双向	利用掩码词汇的双向语言模型
RoBERTa	Transformer	双向	动态掩码，调参更加精细
XLNet	Transformer-XL	双向	排列语言模型和双注意力流
ERNIE	Transformer	双向	将实体特征与文本特征相融合
SpanBERT	Transformer	双向	预测跨度（Span）边界

预训练语言模型的目标是通过在大规模文本信息中学习语言固有的通用知识，因此需要更深层的神经网络结构，是一种训练成本较高的语义表示方法。在应用中，预训练语言模型主要用于初始化模型，将语义知识传递给下游任务，方便下游任务快速、高效地利用大规模文本信息的潜在特征，通过精调过程对预训练模型的参数进行修正，适应新的任务。

2.3　产生式表示法：因果知识的表示

产生式系统（Production System）是 1943 年 Post 提出的一个计算形式体系里所使用的术语，主要使用类似于文法的规则，对符号串进行替换运算。到了 20 世纪 60 年代，产生式系统成为认知心理学研究人类心理活动中信息加工过程的基础，并用来建立人类认知的模型。目前，产生式系统已发展成为人工智能系统中最典型、最普遍的一种结构，例如，目前大多数的专家系统都采用产生式系统的结构来建造。

将产生式系统作为人工智能系统的主要结构，有以下两点原因：① 用产生式系统结构求解问题的过程和人类求解问题的思维过程很相似（下面将举例说明），因而可以用来模拟人类求解问题的思维过程；② 可以把产生式系统作为人工智能系统的基本结构单元或基本模式，就像是积木世界中的积木块一样，因而研究产生式系统的基本问题就具有一般意义。

2.3.1　产生式规则

1．产生式规则的基本概念

动态数据库、产生式规则库和推理机被称为产生式系统的三要素。这里的动态数据库只是借用了数据库这样一个名词，与我们通常所说的数据库概念并不一致。它是一个数据的集合，用于存放推理过程中的已知条件、推导出的中间结果和最终结论等。一组产生式规则（规则库）

相当于系统的知识库，产生式规则的一般形式为

〈前件〉→〈后件〉

其中，前件是前提，后件是结论或动作，前件和后件可以是由逻辑运算符 AND、OR、NOT 组成的表达式。

产生式规则的语义是，如果前件满足，就可得到结论或者执行相应的动作，即后件由前件来触发。所以，前件是规则的执行条件，后件是规则体。

例如，下面是几个产生式规则的示例。

（1）如果该动物会飞并且会下蛋，那么该动物应该是鸟。

（2）如果该动物吃肉，那么该动物是肉食动物。

（3）如果该动物是哺乳动物且有蹄子，那么该动物应该是蹄类动物。

在自然语言表达中，人们广泛使用的各种“原因→结果”“条件→结论”“前提→操作”“事实→进展”“情况→行为”等结构，都可归结为产生式规则的知识表达形式，如表 2-3 所示。

表 2-3　产生式规则的结构示例

语　句	结　构
天下雨，地上湿	原因→结果
如果把冰加热到 0 ℃以上，冰就会融化为水	条件→结论
夜来风雨声，花落知多少	事实→进展
如果能找到一根合适的杠杆，就能撬起那座大山	前提→操作
才饮长沙水，又食武昌鱼	事实→进展
刚才开机了，意味着机器发出了捕获目标图像的信号	情况→行为

2. 产生式推理

由产生式规则的含义可知，利用产生式规则可以实现有前提条件的指令性操作，也可以实现逻辑推理。实现操作的方法是，当测试到一条规则的前件满足时，就执行其后件的动作，这称为规则被触发或点燃。利用产生式规则实现逻辑推理的方法是，当有事实能与某规则的前件匹配（规则的前提成立）时，就得到该规则后件的结论（结论也成立）。

实际上，这种基于产生式规则的逻辑推理模式，就是逻辑上所说的假言推理（对常量规则而言）和三段论推理（对变量规则而言）。其实，我们也可以把上面的有前提条件的操作和逻辑推理统称为推理，那么，产生式的一般形式也就是基于产生式规则的一般推理模式，也就是说，产生式系统中的推理是更广义的推理。

2.3.2 产生式系统

1. 系统结构

产生式系统由三部分组成：产生式规则库、推理机和动态数据库，其结构如图 2-4 所示。

图 2-4　产生式系统结构

产生式规则库，又名产生式规则集，由领域规则组成，在机器中以某种动态数据结构进行组织。一个产生式规则库中的规则，按其逻辑关系，一般可形成一个称为推理网络的结构图，常简称规则库。

推理机，又名控制执行机构，它是一个程序模块，负责产生式规则的前提条件测试或匹配、规则的调度与选取、规则体的解释和执行，即推理机实施推理，并对推理进行控制，它也就是规则的解释程序。

动态数据库，又名全局数据库、综合数据库、工作存储器、上下文、黑板等，它是一个动态数据结构，用来存放初始事实数据、中间结果和最后结果等。

2．运行过程

产生式系统运行时，除了需要产生式规则库，还需要有初始事实（或数据）和目标条件。目标条件是系统正常结束的条件，也是系统的求解目标。产生式系统启动后，推理机就开始推理，按所给的目标进行问题求解。推理机的一次推理过程可如图 2-5 所示。

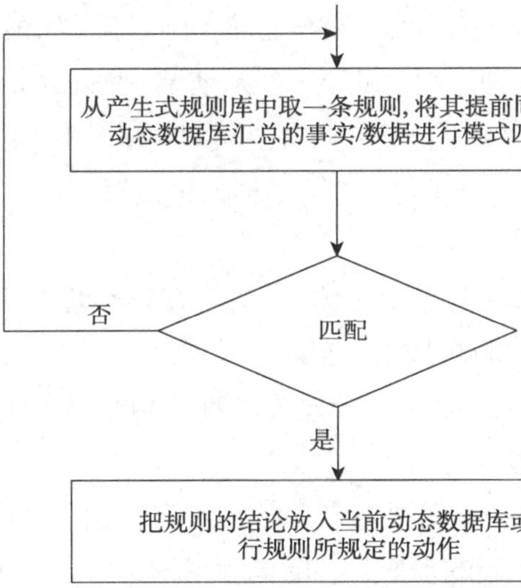

图 2-5　推理机的一次推理过程

一个实际的产生式系统，其目标条件一般不会只经一步推理就可满足，往往要经过多步推理才能满足或者证明问题无解。所以，产生式系统的运行过程，就是推理机不断运用规则库中的规则，将其作用于动态数据库，不断进行推理并不断检测目标条件是否满足的过程。当推理到某一步时，若目标条件被满足，则推理成功，系统运行结束；若再无规则可用，但目标条件仍未满足，则推理失败，系统也运行结束。

综上所述，产生式系统的运行过程也就是从初始事实出发，寻求到达目标条件的通路的过程。所以，产生式系统的运行过程也是一个搜索的过程。

3．控制策略和常用算法

产生式系统的推理可分为正向推理和逆向推理两种基本方式。简单来讲，正向推理就是从初始事实数据出发，正向使用规则进行推理（用规则的前提条件与动态数据库中的事实匹配，或用动态数据库中的数据测试规则的前提条件，然后产生结论或执行动作），朝目标方向前进；逆向推理就是从目标出发，反向使用规则进行推理（用规则结论与目标匹配，又产生新的目标，然后对新目标再做同样的处理），朝初始事实或数据方向前进。下面我们给出产生式系统常用的正向推理和逆向推理算法步骤。

1）正向推理

步骤 1：将初始事实或数据置入动态数据库。

步骤 2：用动态数据库中的事实或数据来匹配或测试目标条件，若目标条件满足，则推理成功，结束。

步骤 3：用产生式规则库中各规则的前提条件匹配动态数据库中的事实或数据，将匹配成功的规则组成待用规则集。

步骤 4：若待用规则集为空，则运行失败，退出。

步骤 5：将待用规则集中各规则的结论加入动态数据库，或者执行其动作，转步骤 2。

随着推理的进行，动态数据库的内容或者状态将不断变化。如果我们把动态数据库的每个状态作为一个节点，那么上述推理过程也就是一个从初始状态（初始事实或数据）到目标状态（目标条件）的状态图搜索过程。如果我们把动态数据库中每个事实或数据作为一个节点的话，上述推理过程就是一个“逆向”（自底向上）与或树搜索过程。

2）逆向推理

步骤 1：将初始事实或数据置入动态数据库，将目标条件置入目标链。

步骤 2：若目标链为空，则推理成功，结束。

步骤 3：取出目标链中的第一个目标，用动态数据库中的事实或数据同其匹配，若匹配成功，则转步骤 2。

步骤 4：用产生式规则库中的各规则的结论同该目标匹配，若匹配成功，则将第一个匹配成功且未用过的规则的前提作为新的目标，并取代原来的父目标而加入目标链，转步骤 3。

步骤 5：若该目标是初始目标，则推理失败，退出。

步骤 6：将该目标的父目标移回目标链，取代该目标及其兄弟目标，转步骤 3。

与正向推理不同，这次的推理树是自顶向下扩展而成的，而且在推理过程中还发生过回溯。逆向推理也称为后向推理、反向链、目标驱动的推理等。从上面的两个算法可以看出，正向推理是自底向上的综合过程，而逆向推理是自顶向下的分析过程。除了正向推理和逆向推理，产生式系统还可进行双向推理。双向推理就是同时从初始数据和目标条件出发进行推理，如果在中间某处相遇，那么推理搜索成功。

4．程序实现

1）产生式规则的程序实现

首先讨论产生式规则的结构问题。一般来讲，产生式规则的前提和结论可以是一个复杂的逻辑表达式，但为了使表达简单规范、便于推理，在实践中，人们往往把规则的前提部分写成

条件 1 AND 条件 2 AND … AND 条件 n

或者

条件 1 OR 条件 2 OR … OR 条件 n

而结论部分形如

断言 1/动作 1 AND 断言 2/动作 2 AND … AND 断言 k/动作 k

或者

断言 1/动作 1 OR 断言 2/动作 2 OR … OR 断言 k/动作 k

至于规则的语言表示是否一定要有“IF-THEN”或者“AND”“OR”等连接符，这倒不一定。但原则是，在程序执行时必须能体现出规则前提和结论的对应关系，必须能体现出前提和结论中的逻辑关系。产生式规则的程序语言形式与规则的解释程序（推理机）密切相关，也就是说，规则的解释程序与规则的语言形式必须是相符的。所以，一般不能单方面地、孤立地谈论规则的语言形式，而要与解释程序一同考虑。

2）产生式规则库的程序实现

产生式规则库的程序实现分为内存和外存两方面。在内存中，产生式规则库可用链表实现，在外存中产生式规则库则是以规则为基本单位的数据文件。若用 PROLOG 程序，对于用 PROLOG 规则表示的产生式规则，产生式规则库就是程序的一部分；对于用 PROLOG 事实表示的产生式规则，则产生式规则库在内存中就是动态数据库，在外存中就是数据库文件。还需说明的是，产生式规则库实际上还需配一个管理程序，即知识库管理系统，专门负责产生式规则及产生式规则库的各项管理工作。知识库管理系统的设计也与规则的表示形式密切相关。

3）动态数据库的程序实现

动态数据库由推理时所需的初始事实数据、推理的中间结果、最后结果以及其他控制或辅助信息组成。这些事实数据的具体表示方法与上面所述的规则条件与结论的语言表示方法基本一样，区别就是动态数据库中的事实数据中不能含有变量。动态数据库在内存中可由（若干）链表组成并实现。在 PROLOG 程序中实现动态数据库，不必编写链表程序，可以利用 PROLOG 提供的动态数据库直接实现。

4）推理机的程序实现

推理机的程序实现通常包括控制策略的设计、算法的编写、模式匹配以及变量的替换与合一机制。模式匹配是推理过程中的第一步，通过检查数据和预定义模式之间的匹配来进行推理。规则中通常包含变量，而这些变量需要通过合一算法来匹配和替换。合一算法提供了一种通用的方法来处理模式匹配中的变量替换问题，从而使得推理机可以高效地执行推理任务。

2.3.3 产生式表示法的优缺点及适用领域

1. 优点

（1）自然性：产生式系统采用了人类常用的表达因果关系的知识表示形式，既直观、自然，又便于进行推理。

（2）模块性：产生式规则是产生式规则库中的最基本的知识单元，形式相同，易于模块化管理。

（3）有效性：能表示确定性知识、不确定性知识、启发性知识、过程性知识等。

（4）清晰性：产生式规则有固定的格式，既便于规则设计，又易于对产生式规则库中的知识进行一致性、完整性检测。

2. 缺点

（1）效率不高：产生式系统求解问题的过程是一个反复进行“匹配→冲突消解→执行”的过程。由于产生式规则库一般都比较庞大，而匹配又是一项十分费时的工作，因此其工作效率不高。此外，在求解复杂问题时容易引起组合爆炸。

（2）不能表达具有结构性的知识：产生式系统对具有结构关系的知识无能为力，它不能把具有结构关系的事物间的区别与联系表示出来，因此，人们经常将它与其他知识表示方法（如框架表示法、语义网络表示法）相结合。

3. 适用领域

（1）由许多相对独立的知识元组成的领域知识，彼此之间关系不密切，不存在结构关系，如化学反应方面的知识。

（2）具有经验性及不确定性的知识，而且相关领域对这些知识没有严格、统一的理论，如医疗诊断、故障诊断等方面的知识。

（3）领域问题的求解过程可被表示为一系列相对独立的操作，而且每个操作可被表示为一条或多条产生式规则。

2.4 框架表示法：把知识装进“框”

框架表示法是明斯基（M.Minsky）在 1975 年提出的，用于描述人们感官信息（如视觉图像信息、自然语言的文本信息等行为信息）的结构特性，作为描述它们知识信息的基础，框架表示法被广泛应用于复杂对象的知识表示。明斯基基于人的认知过程，以一种框架模型来模拟人类在学习过程中知识的存储方式。人类对于事物进行分类判断，往往将事物与记忆中存储的各种框架模型的结构进行一一比对，找出最适合的模型，并对这个模型中具体属性进行进一步推理分析，而认识新事物的过程可看作对框架模型属性值的填充，这些具体的框架模型称为实例框架。把一组相关的框架连接起来，组成一个相关框架的集合，这个集合称为这些框架的框架系统。

2.4.1　框架的构成

在框架系统中，框架之间的联系实际上是通过在槽中填入相应的框架名来实现的，至于框架之间究竟为何种关系，是由槽名来指定的。为了提供一些常用且可公用的槽名，通常在框架系统中定义一些标准槽名，称为系统预定义槽名。常用的预定义槽名有以下几种：① ISA 槽，用来指出一个具体事物与其抽象概念间的类属关系；② AKO 槽，用来指出事物间的抽象概念上的类属关系；③ subclass 槽，用来指出子类和类之间的类属关系；④ instance 槽，用来建立 AKO 槽逆关系。框架是一种数据结构，主要用于叙述性知识的表示，用来描述事物中不会动态变化的若干方面。这种表示方法有着明显的层次结构，可以将研究的对象和事物序列进行关联，形成一种结构或组织。框架通常由描述事物各方面的槽构成，每个槽可以拥有若干侧面，每个侧面又可以拥有若干值。这些内容可以根据问题的具体需求来取舍，在框架系统中每个框架都有自己的名字，称为框架名，每个槽与其侧面都有自己的名字，框架的一般结构如表 2-4 所示。

表 2-4　框架的一般结构

Frame<框架名>		
槽名 1：	侧面名 1_1	值 1_{11}，值 1_{12}，…
	侧面名 1_2	值 1_{21}，值 1_{22}，…
	⋮	
槽名 2：	侧面名 2_1	值 2_{11}，值 2_{12}，…
	侧面名 2_2	值 2_{21}，值 2_{22}，…
	⋮	
⋮		
槽名 n：	侧面名 n_1	值 n_{11}，值 n_{12}，…
	侧面名 n_2	值 n_{21}，值 n_{22}，…
	⋮	

例如，一个刑事案件可以用犯罪意图、犯罪结果、被杀者和知情人等 7 方面进行描述，因而可以用这些名词组成框架的槽，当描述一个具体的案件时，再将这些名词的具体指代填入相应的槽中，如表 2-5 所示。

表 2-5　案件实例

框架名	刑事案件	知情人	$\{z_i \mid i \in I\}$
犯罪意图	intent	罪犯	T
犯罪结果	result	条件一	有某个 z_i 指控 T
被杀者	y	条件二	T 招认

2.4.2 框架系统

框架是知识的基本单位，把一组有关的框架连接起来便可形成一个框架系统（框架网络）。构成网络的边分为两种，分别是横向联系和纵向联系。如图 2-6 所示，住址框架和工资框架表示当前框架之外的框架，它们之间的联系是横向联系；大学教师和教师之间是纵向联系。

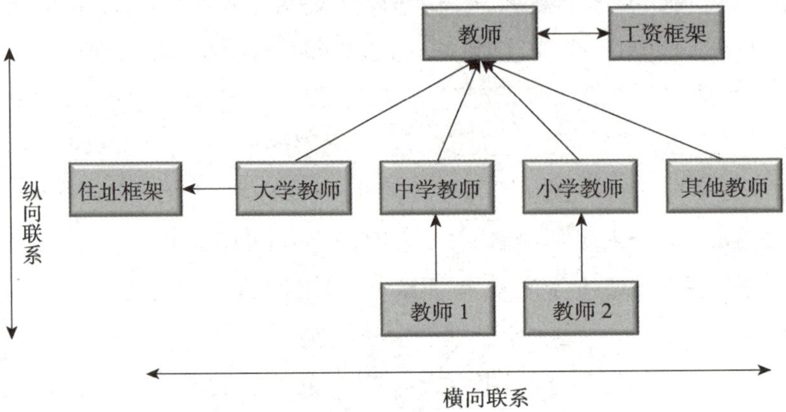

图 2-6　教师框架系统

2.4.3 框架的应用案例

在日常的生活工作中，为了提高效率，常常使用框架系统对某些内容进行处理。例如请假信息和产品信息等。

1．应用 1：某研究院请假表格

某研究院的员工如果要请假，则需要提交自己的信息，包括部门、姓名、工号、民族、家庭住址、联系电话、请假起止时间以及本人请假理由，并需要经过主管部门领导、综合管理部领导、常务副院长和院长的同意才能成功请假。学生要提交社会实践考核报告、实习报告也都需要相关的信息，全部采用人工一对一处理明显效率低下，这个时候学校可以采取什么办法？

解决方案：请假对于每个员工来说，需要提交对应的信息，例如姓名、工号、本人请假理由等，社会实践考核报告、实习报告也一样，无论谁来，都需要提交对应的信息。因而研究院可以制定出每项事务对应的框架，员工只需要按照框架根据个人情况填入相应的值然后提交就可以了。例如，请假框架和请假表的构建如下：

- 框架名：请假申请表。
- 部门槽。
- 姓名槽。
- 工号槽。

❖ 民族槽。

❖ 家庭住址槽。

❖ 联系电话槽。

❖ ……

2. 应用 2：产品信息描述

某品牌电脑的基本信息包括品牌、CPU、光驱类型、厚度、颜色分类、重量、内存容量、硬盘容量、显存容量、固态硬盘等信息，框架可以如表 2-6 所示。

表 2-6　产品信息描述框架

品牌	XXX	重量	1.09kg
CPU	英特尔 酷睿 i7-1165G7	内存容量	8GB、16GB、32GB
光驱类型	无光驱	硬盘容量	512GB、1TB、2TB 固态硬盘
厚度	10.0mm（含）~15.0mm（不含）	显存容量	共享系统内存
颜色分类	黑色	固态硬盘	512GB

2.5　语义网络：知识的“网”状化表示

语义网络是知识表示领域最著名的模型之一。语义网络是一种基于图的数据结构，通过自定义节点和关系类型方便地表达和存储自然语言，在人类可理解性和存储与推理的效率之间取得平衡。

目前，语义网络的研究已经取得了一些进展，然而国内图书情报学领域尚缺乏对这些研究的系统分析和总结，语义网络的强大理论和方法还未得到有效利用。因此，有必要对语义网络的研究进行综合整理，深入理解和探索语义网络的概念、内涵、特征、方法、优势等。本节基于语义网络在信息科学领域的现有研究成果，对语义网络的相关研究进行回顾，从而展示语义网络的基础理论和发展动态，为其在信息科学及图书情报学领域的应用提供参考，具体包括如下内容。

❖ 语义网络的定义和特征。

❖ 语义网络的分类。

❖ 语义网络的构建方法。

❖ 语义网络的优势。

❖ 语义网络应用面临的困难和挑战。

围绕上述问题，本节对信息科学领域的期刊和会议文献进行了梳理和分析，对语义网络的发展历史和现状进行综合诠释。

2.5.1 语义网络的发展历史

语义网络的根本理念是抽象图结构可以帮助我们理解和推论。最早的抽象图结构出现在19世纪的高等数学领域。英格兰的数学家认为，某些相互关联的方程可以用抽象的结构来解决，并采用树结构建立了代数关系网，证明了无论关系的意义如何，只需分析结构本身就可以解决核心问题。这一激动人心的发现与“图论”的早期发展同时出现。1886 年，Kempe 在《数学形式理论回忆录》中描述了他的图表系统：节点作为概念单元，连线用来区分“混淆的概念单元”。Peirce 从 1882 年开始记录图形逻辑的表达式，几十年来一直致力于开发自己的图系统，并称其为存在图（Existential Graph），该系统包括一阶谓词的二维图形并具有一些扩展逻辑。1956 年，剑桥语言研究部的 Richens 创建了计算机领域的第一个语义网络系统 NUDE，并将其用于自然语言机器翻译。1976 年，Sowa 在存在图的基础上提出了概念图（Conceptual Graph），用来表示数据库系统中的概念模式。

20 世纪 60 年代，人工智能相关研究出现，语义网络迅速成为研究热点，并成为人工智能领域研究的主流，代表性人物有 Quillian 和 Simmons。1968 年，Quillian 研究人类长期记忆模型时，描述了人类长期记忆的一般结构模型，认为记忆由概念之间的联系来实现并存储在复杂的网络中，并基于此提出了语义网络的概念。20 世纪 70 年代，学者们开始研究语义网络与一阶谓词逻辑之间的关系。Simmons 认为，语义网络是一种以网格格式表达人类知识构造的方法，使用相互连接的点和边表示知识，节点表示对象和概念，边表示节点之间的关系，并提供了将语义网络转化为谓词演算形式的算法。Schubert 解决了语义网络表示中逻辑连词、量词的描述和构造问题，并进一步强化了语义网络的知识表示能力。20 世纪 80—90 年代，语义网络的研究重点由知识表示转向具有严格逻辑的语义推理，包括术语逻辑（Term Logic）、描述逻辑（Description Logic）等。Brachman 等人经过长期研究开发了 KL-ONE 系统，KL-ONE 系统是语义网络和框架系统结合的知识表示系统，该系统试图弥补语义网络的知识表示中语义模糊的缺陷，将概念信息明确地表示为结构化继承网络。Brachman 等人在后续研究中又提出了 CLASSIC 语言，将语义网络从纯逻辑转向实用工具。Horrocks 实现了 FaCT 推理机，为现在的本体语言 OWL DL 的推理服务提供了支持。

2.5.2 语义网络的定义和特征

目前学界尚未对语义网络概念形成一般性定义，语义网络极易与概念网络等混淆。很多学者从不同角度对语义网络的概念进行了定义：

- 语义网络是一种用于计算机处理和操作的计算语言学理论结构。
- 语义网络是语义单元/语义基元的结构图形。
- 语义网络是一种使用图形符号来表示概念的知识或底层结构的方法。

❖ 语义网络用节点和线互连的模式表示知识的图结构。

研究者们设计并实现了若干版本的语义网络，尽管不同版本之间的定义名称和符号差异很大，但具有以下共同特征。

（1）语义网络中的节点表示实体、属性、事件和状态等概念。语义网络中的连线通常称为概念关系，表示概念节点之间的关系，连线上的标签表示关系类型。关系可表示实例，例如实施者、接受者或工具等，也可表示空间关系、时间关系、因果关系和逻辑关系等。

（2）概念节点可以按照层次进行组织。层次结构通常称为类型层次结构或分类层次结构，也称为包含层次结构。典型代表是 UMLS 的语义网络中的 127 种语义类型和 54 种语义关系，即按照概念层次结构进行组织。后续研究中，这些语义类型和语义关系得到不断修改和完善，还被用于构建医学领域种子本体和检索模型，帮助进行临床决策支持。

（3）特定类型的概念属性由子类型通过层次结构继承。继承是语义网络实现推理的重要特性，被广泛应用于自动问答分级、语义检索和知识发现中。语义网络常用的推理算法包括激活扩散和带点积的向量空间等。

（4）拓扑结构具有小世界网络特征。

2.5.3 语义网络的分类

早期的语义网络理论中混合了多种类型的关系链接，这些关系链接被不加选择地应用于语义网络系统，因此被学者们认为是语义网络的设计缺陷。之后，语义网络理论结合逻辑论、集合论和模型论对语义表示进行了严格的形式化，尤其整理了不同链接类型的含义。为了分离和分析语义网络中涉及的不同概念，Branchman 提出了五种不同层次的节点和链接，这些节点和链接包含了从低级的数据位置和指针到高级的语言词汇和描述，如表 2-7 所示。语义网络描述可以同时存在于所有层次，每个层次的对象和关系使用较低层次的结构来实现。例如，最低的实施层次是数据结构之间的简单链接，一个节点原子可以包含指向另一个节点原子的直接指针，即指向机器存储器或存储器中的实际或虚拟地址。

表 2-7 Branchman 关于节点和链接的五个层次

层 次	构成要素	结 构
语言	自定义概念，词，表达	句子，描述
概念	语义或概念关系，基元对象和行动	概念依赖，深层语义网络
认知	概念类型，概念子类型，继承和机构类型	关联关系，Instance-Of 关系，IS-A 链接系统
逻辑	命题，谓词，逻辑运算符	布尔逻辑节点，隔断，否定情景
实施	原子，指针	数据结构，框架

语义网络是陈述式的图形表达，经过定义和规范链接关系，语义网络的逻辑系统高度形式化。Sowa 根据语义逻辑关系进行分类，归纳了 6 种基本类型：定义网络、断言网络、蕴涵网络、执行网络、学习网络和混合网络。

2.5.4 语义网络的构建方法

目前语义网络常用的构建方法是半自动或自动方法，主要包括概念抽取和关系抽取两个步骤。

统计数据分析是概念抽取的典型方法，其假设如果两个概念在文档中频繁共同出现，则两个概念密切相关。如果它们共同出现的文档数量较高，则关系强度成比例增加，并且相应生成的图形变为共现图。在统计语义网络中，概念之间的关系强度是统计推导出来的。绝对频率、相对频率、共现、字距等被广泛用于创建语义网络，经典算法包括术语频率、反向文档频率（TF-IDF）、潜在语义分析（LSA）、BM25 技术等。字距是文档中两个概念之间的字数，两个概念越接近，它们之间的关系就越强。统计生成的语义网络使用节点表示概念，统计权重表示关系，但它们之间的关系没有被明确定义。还有部分文献使用命名实体识别技术提取概念，该方法的特点是，在抽取概念时就已知概念的语义类型，例如人名、组织名、地名等，其基本思想是构建一个实体类型词表，词表可以手工定义，也可以根据一些种子数据自动生成。

关系抽取的常用方法是模式匹配，通常是自定义语义模式，用于发现特定的语义关系。例如，An 通过收集两个概念之间的介词，定义了包含（利用）、目标、效果、过程和相似五种语义关系，用于构建专利文献语义网络。无监督模式聚类算法也被用于抽取相似语义关系。Pantel 和 Pennacchiotti 构建的算法（Espresso）自动从语料库中进行搜索，得到相关联名词的较小种子集，并成功发现了名词之间的 IS-A（子类）和 meronymic（部分）关系，用于化学领域的化学反应和产生关系。

自动构建语义网络的工具包括 CATPAC、Naetica、Concept Space 等。其中，CATPAC 通过设置参数（如频率、字距、聚类系数等），自动识别文本中最常见的单词，并根据共现确定相似性模式，其输出的语义网络常被用于分析组织文化、辩论等。

2.5.5 语义网络的优势

语义网络作为一种强大的知识表示方法，融合了计算机科学、语言学、认知科学、人类学和工业研究中关系语义学等学科的理论发展和应用。一些研究表明，语义网络的潜在优势可以归纳为概念化、可视化、语境化和推理化。

概念化。Chein 等人认为，语义网络最重要的功能是生成一个认知概念的地图，赋予概念意义，并通过关联最终理解每个概念。概念是一个信息单元，可以用单词或短语表示，其含义体现在与其他概念的关系中。另一方面，关系是描述概念之间联系的一类特殊概念。一个实例，或者有时称为命题，是由两个概念及其关系组成的单元。由于每个概念都可以与若干个其他概念相关联，因此语义网络具有复杂性和多维性。

可视化。可视化是语义网络的强大优势之一。大型语义网络可能很复杂，但直观的可视化用户界面可以显著降低用户的认知负荷。可视化使语义网络成为知识表示与信息管理之间的一座桥梁，既可以增强用户对大型信息空间结构的感知，又可以提供导航设施。根据 Gershon 的观点，可视化还使人们能够使用自然的观察和处理工具，即眼睛和大脑，更有效地提取知识并形成见解。

语境化。相比线性文本的知识表示，语义网络的图结构可以更好地表示自然语言的情境，从而更好地提取自然语言的语义。首先，基于所呈现信息的背景和领域，语义网络提供了一个解释框架，即语义网络通过将信息有意义地连接为与人类信息处理更兼容的网络结构而不是顺序表示的方式提供了信息解释的框架。使用语义网络进行知识表示可以通过信息和概念的关联提供更丰富的上下文情景。Khalifa 使用主观和客观指标比较了线性知识表示与语义网络知识表示两种模式的优劣，结果表明，语义网络知识表示促进了更高水平的情境感知和更好的相互理解。

推理化。网络结构为语义知识和推理建模提供了直观且高效的表示。Len 认为，语义网络的逻辑语法和推理机制从根本上是类似的，因此语义网络有助于展示知识的潜在逻辑结构。Lokendra 持类似的观点，认为语义网络不仅是其他语言或逻辑的符号变体，其表达机制可以决定推理的有效性。他认为，语义网络的结构有助于判定某些推理的有效性和执行计算的最佳方法。当语义网络在大规模并行网络的架构下得以实施时，它可以提供一个恰当的框架来建模逆向推理过程，可以快速、轻松地进行推理，且无须有意识地努力。

2.5.6 语义网络应用面临的困难和挑战

在信息时代中，语义网络作为一种强大的知识表示和处理工具，其理论和应用研究正日益深入。然而，在推动其在信息科学及图书情报学领域应用的进程中，我们不可避免地面临一系列困难和挑战。这些问题不仅是技术层面的难题，更是跨学科融合的考验，涉及知识表示的复杂性、数据处理的可扩展性、行业内部的标准化、数据质量与一致性，以及推理和逻辑推导的复杂性。

知识表示的复杂性。语义网络旨在模拟自然语言和现实世界中现象的复杂关系。然而，要精确捕捉这些关系的细微差别需要非常复杂的表示方法。这不仅涉及概念的多维性，还包括如何设计能够表达丰富语义的图结构，以及如何让这些结构保持灵活性以适应不断变化的语境和知识。

数据处理的可扩展性。随着数据量的增加和关系复杂性的提升，可扩展性成了重要的挑战。这直接关系到计算资源的分配、算法设计的效率，以及如何在保证网络性能的同时，处理和分析庞大的语义图。

行业内部的标准化。目前尚缺乏关于语义网络术语和协议的统一标准，这限制了不同系统间的互操作性，并且阻碍了其广泛应用。标准化的缺失使得数据的整合变得困难，也使得用户难以跨平台使用语义网络技术。

数据质量与一致性。语义网络的有效性高度依赖于底层数据的质量与一致性。如何确保数据的完整性，并处理来自不同数据源的信息不一致性问题，是实施语义网络必须解决的难题。

推理和逻辑推导的复杂性。有效的推理和逻辑推导机制对于语义网络的实用性至关重要。然而，开发能够在大规模数据上高效运行的推理机制是一个技术上的挑战。此外，如何让这些机制理解和处理自然语言的多义性和复杂性，也是当前研究的一个难点。

2.6 知识图谱：知识的“谱”系化表示

随着互联网的蓬勃发展，数据呈现爆炸式增长，人们对快速准确地获取高质量信息的诉求越来越强烈，越来越多为知识赋予智能的应用需求也推动了知识图谱的诞生和发展。特别是在谷歌搜索引擎使用知识图谱进行智能搜索大获成功以后，知识图谱无论是在学术界还是在工业界都备受关注，国内外众多互联网公司开始构建自己的知识图谱。例如，微软公司构建知识图谱 Satori 用于各种智能服务（如新闻推荐）；IBM 公司构建知识图谱用于智能问答；Facebook 公司构建社交知识图谱用于支撑智能搜索好友的服务；百度“知心”用来提高搜索结果的准确性；搜狗“知立方”用于支撑智能搜索服务。知识图谱发展至今，其内容已经远远超出语义网络和知识工程的范围，在实际应用中被赋予了越来越丰富的内涵。在如今大数据时代的背景下，知识图谱作为一种技术体系，代表着一系列关键技术的总和，包括知识图谱构建、知识表示、知识推理与补全、实时监测和自动问答等相关技术。这些关键技术在发展过程中仍存在着大大小小的问题，而知识图谱是帮助它们不断发展完善的基础，不仅如此，知识图谱表示技术也是将知识图谱应用到下游智能任务的有效手段。

2.6.1 知识图谱的发展

知识图谱中的知识为问答系统提供了多种选择知识的来源。目前已有的大规模知识库（如 DBPedia、FreeBase 等）多以“实体-关系-实体”的图结构表示知识。2014 年以来，知识图谱的出现将人们对问答系统的研究提升到了一个新的水平。当用户向搜索引擎提出问题时，搜索引擎会反馈给用户想要的精确而简短的正确答案，而不是包含所问问题答案的链接。其中的重点内容是知识图谱的表示方法和知识图谱的构建。随着机器学习与深度学习的发展，知识图谱的表示方法逐步从基于距离等规则的表示方法发展为基于神经网络的表示方法。知识融合技术帮助我们解决了不同来源的知识的异构性问题，实现了不同知识库的有效整合。知识推理使得知识图谱不仅是静态的信息存储库，还是能够对知识进行动态演绎和扩展的系统。最后，知识补全作为构建过程的关键部分，不断地填补知识图谱中的空白，确保知识的连贯性和完整性，为用户提供更加全面和深入的答案。

随着深度学习的火爆发展，知识图谱采用的技术也不断变革，其中出现了不少令人耳目一新的方法。Dong[1]等人提出采用卷积神经网络对分布式嵌入进行增强；Zhang[18]等人提出 VRN

变分推理模型，通过概率模型识别自然语言问句中的实体，避免语义解析可能带来的误差；Zhang[19]等人还在 ARC 问答数据集上采用知识图谱的方式取得了最优结果，证明了知识图谱问答系统的高效性；Yu[20]等人改进了传统的基于 RNN 进行训练和推理的方式，提出采用自注意力网络层加卷积网络层进行训练和推理，取得了相当不错的结果。

2.6.2 知识图谱表示方法

1. 基于距离的知识表示方法

基于距离的知识表示方法的代表工作是 Structured Embedding（SE）。SE 设定实体是 d 维实数向量，对于一个事实$(\boldsymbol{h},\boldsymbol{r},\boldsymbol{t})$，SE 通过与关系相关的不同映射矩阵将头实体和尾实体映射到同一个向量空间 R^d 并要求它们距离相近。头实体和尾实体的语义相关性越强，它们之间的距离就越小，越有可能具有关系。

2. 基于翻译的知识表示方法

基于翻译的知识表示方法将事实三元组中的关系看作头实体和尾实体在向量空间中的翻译操作。该类方法的提出受到了词嵌入方法 word2vec 的启发，在使用 word2vec 时，Mikolov 等人发现词向量在向量空间中的平移不变现象，例如 $\boldsymbol{v}_{\text{man}} - \boldsymbol{v}_{\text{woman}} \approx \boldsymbol{v}_{\text{king}} - \boldsymbol{v}_{\text{queen}}$，即 $\boldsymbol{v}_{\text{man}} \approx \boldsymbol{v}_{\text{king}} - \boldsymbol{v}_{\text{queen}} + \boldsymbol{v}_{\text{woman}}$，这表明单词 king 和 queen 词向量之间的语义关系可以作为一个平移操作，将单词 woman 变成 man，这个平移操作可以看成 woman 词向量到 man 词向量的翻译。

Bordes 等人受到该现象的启发提出 TransE 模型。TransE 模型将实体和关系表示成向量空间 R^d 的向量。给定一个事实$(\boldsymbol{h},\boldsymbol{r},\boldsymbol{t})$，它们应该满足 $\boldsymbol{h}+\boldsymbol{r}\approx\boldsymbol{t}$，也就是说，通过关系向量 $\boldsymbol{r}$ 翻译后的头实体向量 $\boldsymbol{h}+\boldsymbol{r}$ 应该与尾实体向量 $\boldsymbol{t}$ 距离相近，如图 2-7(a)所示。TransE 模型虽然简单高效，但是它无法支持一对多、多对一或者多对多类型的关系，而这些关系在现实生活中是十分常见的。例如，张艺谋既是电影《红高粱》的导演又是电影《活着》的导演。

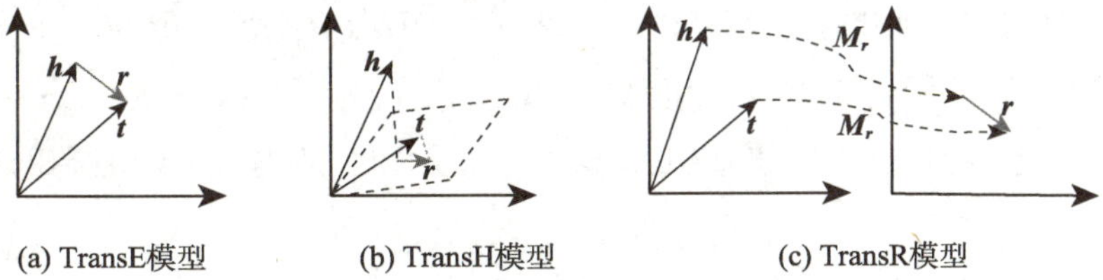

图 2-7 TransE 模型、TransH 模型和 TransR 模型的示意图

为了解决 TransE 模型的问题，TransH 模型引入了特定关系的超平面。如图 2-7(b)所示，对于不同的关系，头实体和尾实体映射到不同的超平面上，然后像 TransE 模型那样进行翻译操作。TransR 模型为了解决 TransE 模型的问题，引入关系的向量空间，它将实体和关系定义在不同的向量空间中，通过空间变换操作把头实体和尾实体映射到关系的向量空间中再进行翻

译操作，如图 2-7(c)所示。由于 TransR 模型的变换矩阵参数较多，时空复杂度高，因此，TransD 模型通过将矩阵分解成两个向量的方式减少 TransR 模型的复杂度。

3．基于双线性的知识表示方法

基于双线性的知识表示方法将实体表示为向量，关系表示为矩阵，对于一个事实三元组，头实体或者尾实体向量通过关系进行线性变换以后在向量空间与尾实体或者头实体向量重合。RESCAL 是首个双线性方法，给定事实 $(\boldsymbol{h},\boldsymbol{r},\boldsymbol{t})$，它定义实体 $\boldsymbol{h},\boldsymbol{t}\in R^d$，关系 $\boldsymbol{r}$ 对应的线性变换矩阵 $\boldsymbol{M_r}\in R^{d\times d}$，如图 2-8(a)所示。接着，RESCAL 使用如下 logistics 损失函数作为目标函数，实体和关系的分布式表示为

$$\sum_{(\boldsymbol{h},\boldsymbol{r},\boldsymbol{t})\in\mathcal{T}\cup\mathcal{T}'}\log\left(1+\exp\left(-y\,f\left(\boldsymbol{h},\boldsymbol{r},\boldsymbol{t}\right)\right)\right) \tag{2-1}$$

其中，$y=\pm1$，表示 $(\boldsymbol{h},\boldsymbol{r},\boldsymbol{t})$ 是正样本或者负样本。

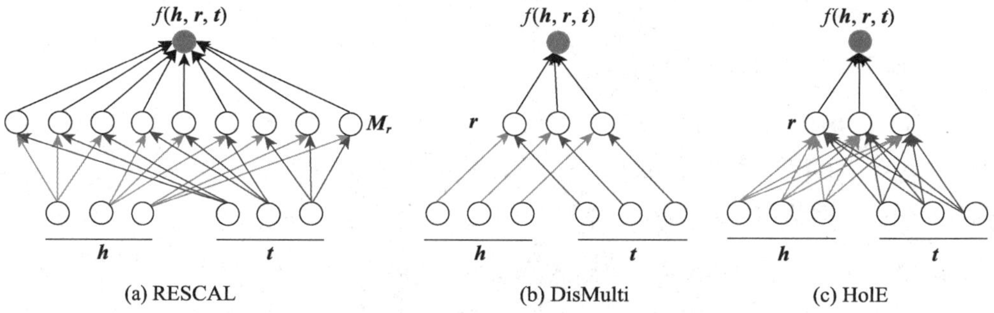

图 2.8　RESCAL、DistMult 和 HolE 示意图

为了简化 RESCAL 的时空复杂度，DistMult 提出使用对角矩阵替换矩阵 $\boldsymbol{M_r}$，即为每个关系定义一个向量 $\boldsymbol{r}\in \mathrm{R}^d$，通过该向量可以得到线性变换矩阵 $\boldsymbol{M_r}=\mathrm{diag}(\boldsymbol{r})$（diag 函数将向量转换成对角矩阵），如图 2-8(b)所示，于是得到 DistMult 的评分函数

$$f\left(\boldsymbol{h},\boldsymbol{r},\boldsymbol{t}\right)=\boldsymbol{h}^{\mathrm{T}}\mathrm{diag}\left(\boldsymbol{r}\right)\boldsymbol{t} \tag{2-2}$$

HolE 使用循环互相关操作（Circular Correlation Operation）解决 DistMult 只支持对称关系的问题。同样，它将实体和向量使用实数向量表示，即 $\boldsymbol{h},\boldsymbol{t},\boldsymbol{r}\in R^d$。给定一个事实 $(\boldsymbol{h},\boldsymbol{r},\boldsymbol{t})$，首先通过循环互相关操作将头实体和尾实体组合成一个新的向量 $\boldsymbol{h}\star\boldsymbol{t}\in R^d$，$\star$ 为循环互相关操作的符号，然后衡量该向量与关系向量的相似度，作为事实的得分，如图2-8(c)所示，HolE 的评分函数为

$$f\left(\boldsymbol{h},\boldsymbol{r},\boldsymbol{t}\right)=\boldsymbol{r}^{\mathrm{T}}\left(\boldsymbol{h}\star\boldsymbol{t}\right)=\sum_{i=0}^{d-1}[\boldsymbol{r}]_i\sum_{k=0}^{d-1}[\boldsymbol{h}]_k[\boldsymbol{t}]_{k+i\ \mathrm{mode}\ d} \tag{2-3}$$

循环互相关操作是不可交换的，即 HolE 可以建模非对称关系。

4．基于神经网络的知识表示方法

基于神经网络的知识表示方法能够利用多层神经网络强大的自适应学习能力和支持非线

性映射等优点，对知识图谱中实体和关系之间存在的语义关联进行建模。

能量模型（Semantic Matching Energy，SME）使用线性神经网络架构对实体和关系进行语义匹配。给定一个事实$(\boldsymbol{h},\boldsymbol{r},\boldsymbol{t})$，SME 将实体和关系的向量作为神经网络的输入层，并定义两种评分函数，分别为线性和双线性形式：

$$f(\boldsymbol{h},\boldsymbol{r},\boldsymbol{t})=\left(\boldsymbol{M}_u^1\boldsymbol{h}+\boldsymbol{M}_u^2\boldsymbol{r}+\boldsymbol{b}_u\right)^{\mathrm{T}}\left(\boldsymbol{M}_v^1\boldsymbol{t}+\boldsymbol{M}_v^2\boldsymbol{r}+\boldsymbol{b}_v\right) \tag{2-4}$$

$$f(\boldsymbol{h},\boldsymbol{r},\boldsymbol{t})=\left(\boldsymbol{M}_u^1\boldsymbol{h}\Diamond\boldsymbol{M}_u^2\boldsymbol{r}+\boldsymbol{b}_u\right)^{\mathrm{T}}\left(\boldsymbol{M}_v^1\boldsymbol{t}\Diamond\boldsymbol{M}_v^2\boldsymbol{r}+\boldsymbol{b}_v\right) \tag{2-5}$$

其中，$\boldsymbol{M}_u^1,\boldsymbol{M}_u^2,\boldsymbol{M}_v^1,\boldsymbol{M}_v^2\in R^{d\times d}$ 是权重矩阵；$\boldsymbol{b}_u,\boldsymbol{b}_v\in R^d$ 是偏置向量；$\Diamond$表示 Hadamard 乘积，即按位相乘。接着，SME 使用如下 sigmoid 交叉熵损失函数作为目标函数，学习实体和关系的分布式表示：

$$\sum_{(\boldsymbol{h},\boldsymbol{r},\boldsymbol{t})\in\mathcal{T}\cup\mathcal{T}'}-\Big(y\log\big(\sigma\big(f(\boldsymbol{h},\boldsymbol{r},\boldsymbol{t})\big)\big)+(1-y)\log\big(1-\sigma\big(f(\boldsymbol{h},\boldsymbol{r},\boldsymbol{t})\big)\big)\Big) \tag{2-6}$$

其中，$y=\pm1$，表示$(\boldsymbol{h},\boldsymbol{r},\boldsymbol{t})$是正样本或者负样本。

神经张量网络（Neural Tensor Network，NTN）使用非线性神经网络架构建模实体和关系之间的语义关联。给定一个事实$(\boldsymbol{h},\boldsymbol{r},\boldsymbol{t})$，NTN 将实体的向量$\boldsymbol{h},\boldsymbol{t}\in R^d$ 作为神经网络的输入层，然后使用关系 $\boldsymbol{r}$ 相关的一个张量 $\bar{\boldsymbol{M}}_r\in R^{d\times d\times k}$ 将头实体和尾实体向量结合在一起，再输入到一个非线性的隐藏层，最后通过输出层得到该事实的得分，于是定义 NTN 的评分函数

$$f(\boldsymbol{h},\boldsymbol{r},\boldsymbol{t})=\boldsymbol{r}^{\mathrm{T}}\tanh\left(\boldsymbol{h}^{\mathrm{T}}\bar{\boldsymbol{M}}_r\boldsymbol{t}+\boldsymbol{M}_r^1\boldsymbol{h}+\boldsymbol{M}_r^2+\boldsymbol{b}_r\right) \tag{2-7}$$

其中，$\boldsymbol{M}_r^1,\boldsymbol{M}_r^2\in R^{k\times d}$ 是权重矩阵；$\boldsymbol{b}_r\in R^k$ 是偏置向量；tanh 是激活函数。

多层感知器（Multi-Layer Perceptron，MLP）是比 NTN 更简单的一种基于神经网络的方法。给定一个事实$(\boldsymbol{h},\boldsymbol{r},\boldsymbol{t})$，MLP 先将实体和关系的向量$\boldsymbol{h},\boldsymbol{r},\boldsymbol{t}$ 拼接起来作为神经网络的输入层，然后经过一层非线性隐藏层，最后接入一个线性输出层，于是可以得到 MLP 的评分函数

$$f(\boldsymbol{h},\boldsymbol{r},\boldsymbol{t})=\boldsymbol{w}^{\mathrm{T}}\tanh\left(\boldsymbol{M}[\boldsymbol{h},\boldsymbol{r},\boldsymbol{t}]\right) \tag{2-8}$$

其中，$\boldsymbol{M}\in R^{d\times3d},\boldsymbol{w}\in R^d$ 分别是隐藏层的权重矩阵和输出层的权重向量；tanh 是激活函数。

神经联想模型（Neural Association Model，NAM）使用深度神经网络架构进行建模。给定一个事实$(\boldsymbol{h},\boldsymbol{r},\boldsymbol{t})$，NAM 首先将头实体向量和关系向量拼接起来作为输入层，然后接入一个由 L 层非线性隐藏层组成的深度神经网络，最后将第 L 层的结果与尾实体向量一同输入到线性输出层，于是我们可以得到 NAM 的评分函数

$$\begin{gathered}f(\boldsymbol{h},\boldsymbol{r},\boldsymbol{t})=\boldsymbol{t}^{\mathrm{T}}\boldsymbol{z}^L\\ \boldsymbol{z}^l=\mathrm{ReLU}\left(\boldsymbol{M}^l\boldsymbol{z}^{l-1}+\boldsymbol{b}^l\right),l=1,\cdots,L\\ \boldsymbol{z}^0=[\boldsymbol{h};\boldsymbol{r}]\in R^{2d}\end{gathered} \tag{2-9}$$

其中，$\boldsymbol{M}^l$ 表示隐藏层第 l 层的权重矩阵，$\boldsymbol{b}^l$ 表示第 l 层的偏置向量。

ConvE 则使用卷积神经网络架构进行建模。给定一个事实$(\boldsymbol{h},\boldsymbol{r},\boldsymbol{t})$，ConvE 首先将头实体

向量和关系向量进行二维重塑，然后接入一个卷积层，再接入一个全连接层，最后将其结果与尾实体向量一同输入到线性输出层，于是我们可以得到 ConvE 的评分函数

$$f(\boldsymbol{h},\boldsymbol{r},\boldsymbol{t}) = g\left(\mathrm{vec}\left(g\left(\mathrm{concat}\left(\hat{\boldsymbol{h}},\hat{\boldsymbol{r}}\right) * \boldsymbol{\omega}\right)\right)\boldsymbol{W}\right)\boldsymbol{t} \tag{2-10}$$

其中，$\hat{\boldsymbol{h}}$ 和 $\hat{\boldsymbol{r}}$ 分别表示 $\boldsymbol{h}$ 和 $\boldsymbol{r}$ 的二维重塑矩阵，$\mathrm{concat}(\cdot)$ 函数将矩阵 $\hat{\boldsymbol{h}}$ 和 $\hat{\boldsymbol{r}}$ 拼接，$\boldsymbol{\omega}$ 表示一组卷积过滤器，*则表示执行一个卷积操作，$\mathrm{vec}(\cdot)$ 函数将卷积层输出的张量转换成一个向量，$g(\cdot)$ 表示一个非线性函数，$\boldsymbol{W}$ 为可训练参数。

2.6.3 知识图谱的构建

知识图谱的构建需要应用多方面信息处理技术。知识融合可以解决不同知识图谱的异构问题，通过知识融合，可以使不同数据源的异构知识图谱相互沟通、相互操作，提高知识图谱的质量。知识推理是知识精细化工作以及辅助决策的实现方式，通过已有的数据和关系推导出新的知识点，揭示数据之间隐含的、不易察觉的联系，从而实现知识的深度挖掘和智能化应用。知识补全的目标是填补知识图谱中的空缺，强化知识图谱的连贯性和完整性，识别知识图谱中的不完整部分，如缺失的实体属性、未链接的关系，或潜在的模式。本节根据知识图谱的体系架构详细介绍知识融合、知识推理和知识补全的相关研究

1. 知识融合

知识图谱的构建数据来源十分广泛，不同数据源之间的知识缺乏深入的关联，知识重复问题很严重。知识融合就是将来自不同数据源的异构化、多样化的知识在同一个框架进行消歧、加工、整合等，达到数据、信息以及人的思想等多个角度的融合。知识融合的核心在于映射的生成，目前知识融合的技术可以分为两方面，分别是本体融合和数据融合。

1）本体融合

在知识融合技术中，本体层占据着重要的地位。到目前为止，研究者们已经提出了多种解决本体异构的方法，通常分为两大类，分别为本体集成和本体映射。本体集成是将多个不同数据源的异构本体集成为一个统一的本体，本体映射则是在多个本体之间建立好映射规则，使信息在不同的本体之间进行传递。

2）数据融合

数据方面的知识融合包括实体合并、实体对齐、实体属性融合等方面。其中，实体对齐是多源知识融合的重要方面，用于消除实体指向的不一致性与冲突，知识图谱的对齐算法可分为三类，分别是成对实体对齐、局部实体对齐和全局实体对齐。

（1）成对实体对齐：传统概率模型和机器学习的实体对齐方法。

（2）局部实体对齐：引入实体属性并为其分配不同的权重，再进行加权求和，计算实体的相似度。

（3）全局实体对齐：综合考虑多种匹配策略来判别实体相似度，包括基于相似性传播和概率模型的实体对齐方法。

2．知识推理

知识推理根据已有的实体关系信息来推断出新的事实结论，进一步丰富知识图谱，满足上游任务的需求。对知识推理方法的研究分析主要分为三种类型，分别为基于语言模式匹配的推理、基于分布式特征表示的推理和基于深度学习的推理。

1）基于语言模式匹配的推理

这类方法主要通过预定义的规则或词法-句法模式从大规模的语料库中挖掘具有上下位关系的概念对。这些语言模式要么由人工进行设计，要么通过自枚举的方式从语料中自动学习。Hearst 模式（Hearst Patterns）作为这类方法中的典型代表，被广泛应用于多个大规模分类体系的构建任务中，如 Probase、WebIsA 语料库等。表 2-8 给出了几个典型的 Hearst 模式。

表 2-8　典型的 Hearst 模式

模　式	举例说明
NP such as {NP,}*{(or|and)} NP	companies such as IBM，Apple
NP{,} including {NP,} *{(or | and)} NP	algorithms including SVM，LR，and RF
NP {,NP} *{,} or other NP	animals，dogs，or other cats
NP {,NP} *{,} and other NP	representatives in North America，Europe，Japan，China，and other countries
NP {,} especially {NP,} *{(or | and)} NP	developing countries，especially China and India

但是，由于 Hearst 模式的高度固定性，更多的研究工作尝试从精准度、覆盖率两个方面进行改进。例如，Luu 等人设计了多种灵活的抽取模式，保证这些模式中的部分词是可以替换的，进而通过初始输入的种子实例在大规模语料库中自动挖掘可能具有上下位关系的候选概念对。Navigli 等人提出了*模式（Star Pattern），将语言模式中频繁出现的词或短语替换为通配符，通过不断地对 Star Pattern 做聚类，可获得更多的、泛化性能更强的词法-句法模式。Nakashole 等人设计了 PATTY 系统，该系统在与词相关的依存路径的基础上，进一步融入了词性标注（Part-Of- Speech Labeling，POS）、通配符、本体类别（Ontological Types）等额外的知识来提高模式的泛化性。Snow 等人首次利用 Word Net 中的上下位词对文本中的句法路径进行采样，进而自动生成句法模式来抽取上位词。模式匹配方法的最大缺陷在于概念的共现性约束，即只有当概念对中的两个词同时出现在一个句子中时，它们之间的上下位关系才能被正确抽取。然而对于表达灵活、语言模式不固定的语言（如中文），相关研究工作曾证明这类方法的效果并不理想。再者，在真实的语言场景中，仅仅依靠固定的语言模式来刻画复杂的语言现象显然是很困难的。

在线百科网站的标签系统通常被视为蕴含上下位关系的理想数据源。现有的基于百科知识的抽取方法仍然主要遵循基于语言模式的匹配思路：首先从标签系统中筛选出高质量的概念（概念型标签），然后通过词法-句法模式识别百科类别词条中的上下位关系，或是与 Word Net

等外部知识库建立联系来识别特定标签是否与知识库的概念之间具有上下位关系。Suchanek 等人发现概念标签间或概念标签与其类别标签间的单复数形式可作为判定它们是否具有上下位关系的关键依据。例如，“british computer scientists”和“computer scientists”两个标签名称中的中心词均为“scientists”，并且为复数形式，则认为它们具有较大的概率满足上下位关系，“Crime Comics”和“Crime”之间为错误的上下位关系。实际上，“Crime”是不可数的，常用于表达概念所属的主题，属于主题标签。Suchanek 等人提出在识别出维基百科中的概念型标签后，将它们与 Word Net 知识库中的概念建立上下位关系，进而构建了一个包含庞大概念层级体系的知识库 YAGO。不难发现，基于在线百科的方法虽然在一定程度上扩大了用于抽取、检测上下位关系的高质量语料库，但其有效适用范围主要局限在英文版的在线百科，并且与百科上下文的语言特征紧密相关。

2）基于分布式特征表示的推理

基于分布式特征表示的推理包括基于翻译模型的知识推理和基于张量分解的知识推理。

基于翻译模型的知识推理的经典模型有 TransE 模型、TransR 模型等。但 TransE 模型、TransR 模型等认为三元组之间是独立的，2018 年，TransN 模型以整合三元组邻域的信息、采用对象嵌入和上下文嵌入表示实体与关系的方式提升了知识推理的性能。由于 TransE 模型、TransR 模型等都无法完全满足所有关系的建模，2019 年，Rotate 模型将关系看作头实体向量向尾实体向量的旋转角度，它可以建模和推断各种关系模式，并提出了一种较为新颖的自对抗负采样技术，使模型效果大幅提升。在 TransE 模型的基础上引入了三元组邻域的信息，提出聚合邻域信息的表示模型 TransE-NA 模型，为实体选择最相关的属性作为邻域信息，有效缓解数据稀疏问题。2021 年，宋浩楠等人针对知识推理可解释性差的问题，将知识表示与强化学习相结合，提出 RLPTransE 模型，将知识推理问题转化为马尔可夫序列决策问题，增强了知识推理的可解释性。

在基于张量分解的知识推理中，一般将知识图谱中的实体关系三元组通过张量分解方法进行表示学习，将分解得到的向量重构为张量，其元素值高于一定阈值的作为候选推理结果。2011 年，RESCAL将高维关系数据分解为三阶张量，降低了数据维度的同时又保持了数据原有特征，在知识推理中取得较好的效果。由于 RESCAL 计算复杂，所占内存很大，因此又提出了新的知识推理模型 TRESCAL，引入了实体类型信息来约束并排除不满足关系的三元组，显著降低了训练时间并提高了预测性能。2017 年，吴运兵等人通过对知识图谱进行路径张量分解，解决知识图谱推理中忽略实体间的关系路径问题，可以高效地挖掘实体间的关系与新事实，有助于完善知识图谱。

3）基于深度学习的推理

随着深度神经网络的迅猛发展，它被广泛应用于 NLP 领域，并取得了显著的成效。神经网络可以自动捕捉特征，通过非线性变换将输入数据从原始空间映射到另一个特征空间并自动学习特征表示；适用于知识推理这种抽象的任务。2013 年，神经张量网络模型（Neural Tensor

Network，NTN）被用来建模关系信息，用双线性张量层直接将两个实体向量跨多个维度联系起来，刻画实体之间复杂的语义联系，显著地提高了推理性能。Das 等人提出了一种具有单一性和高容量性的 RNN 模型，该模型的所有目标关系共享 RNN 的关系类型表示和组合矩阵，减少了训练参数数量，在大规模知识图谱推理中具有更高的准确性和实用性。2018 年，知识图谱的深度序列模型（Deep Sequential model for KG，DSKG）分别用独立的 RNN 单元处理实体层和关系层，取得了较好的效果。2020 年，针对实体句中的词序特征，提出了基于 LSTM 的知识图谱嵌入方法（Learning Knowledge Graph Embedding with Entity Descriptions Based on LSTM Networks，KGDL），将用 LSTM 实体描述的句子编码，然后联合 TransE 模型与 LSTM 模型，将用实体描述的句子嵌入三元组，编码为向量表示，实现知识推理。除 RNN 外，CNN 也被引入知识推理任务，2018 年，有研究者提出了用于知识推理的一种卷积神经网络模型 ConvE，该模型采用二维卷积嵌入来对知识图谱中的新链接进行推理，在现有的知识图谱数据集中获得了较好的结果。由于 ConvE 的交互数量有限，InteractE 通过特征置换、特征重塑和圆形卷积来捕捉额外的异构特征，增加实体关系间的交互次数。李少杰等人认为，ConvE 丢失了三元组的整体的结构信息，因此提出了基于 CNN 的知识表示模型（Convolutional Knowledge Embeddings，ConvKE），将三元组的各元素整合到一起，提取整体的结构信息，通过维度变换策略增加卷积滑动窗口步数，增强知识之间的信息交互。

3．知识补全

近些年来，包括 Freebase、YAGO、DBpedia 在内的不少具有代表性的大型知识图谱已逐渐形成体系，它们作为高价值的资源被广泛地应用于诸多下游任务，并且获得了显著的性能提升。虽然这些知识图谱包含了数量庞大的实体和关系事实，但就其所包含的事实知识的语义丰富度而言，它们是远远不够完善的，尤其是其中已有的大量长尾实体，并没有多少关系事实与它们相互关联。产生这一问题的主要原因在于，这些实体、关系事实主要来源于未经标注的半结构化、非结构化文本语料，依赖先进的机器学习与信息抽取技术将它们编织成知识并扩展到知识图谱之中。然而，在现实的场景中，没有任何一种数据源能够保证拥有全部精良的数据，以充分满足信息抽取算法对数据质量的要求。同样，也没有任何一种或多种信息抽取技术堪称足够完美，以充分满足规模巨大、语义丰富、质量精良、结构良好的知识图谱的构建要求。因此，在知识工程及相关领域，知识补全依然是一项长期存在的，并且在不断发展的研究课题。

1）静态知识图谱

静态知识图谱（Static Knowledge Graph，SKG）是一种大规模的语义网络，表现为一种有向图结构，可被定义为$\mathcal{G}=\{\mathcal{E},\mathcal{R}\}$。其中，$\mathcal{E}$和$\mathcal{R}$分别表示实体和关系的集合，$\mathcal{G}$中的元素称为事实或关系实例，又或三元组实例，其主要表现为三元组的形式$(\boldsymbol{h},\boldsymbol{r},\boldsymbol{t})$，其中$\boldsymbol{h}\in\mathcal{E},\boldsymbol{t}\in\mathcal{E},\boldsymbol{r}\in\mathcal{R}$，分别表示头实体、尾实体以及它们之间的关系。

2）时序知识图谱

时序知识图谱（Temporal Knowledge Graph，TKG）被认为是静态知识图谱在时间维度上的自然扩展，被定义为$\mathcal{G}=\{\mathcal{E},\mathcal{R},\mathcal{T}\}$。其中，$\mathcal{E}$和$\mathcal{R}$分别表示实体和关系的集合，$\mathcal{T}$表示和事实相关的时间戳集合。$\mathcal{G}_t$中的每个元素表现为四元组的形式$(\boldsymbol{e}_{\mathrm{s}},\boldsymbol{r},\boldsymbol{e}_{\mathrm{o}},t_{\boldsymbol{r}})$。其中，$\boldsymbol{e}_{\mathrm{s}}\in\mathcal{E},\boldsymbol{e}_{\mathrm{o}}\in\mathcal{E},\boldsymbol{r}\in\mathcal{R}$，分别表示两个实体以及它们之间的关系，三元组实例$(\boldsymbol{e}_{\mathrm{s}},\boldsymbol{r},\boldsymbol{e}_{\mathrm{o}})$在时间间隔$t_{\boldsymbol{r}}=[t_{\mathrm{start}}:t_{\mathrm{end}}]\in\mathcal{T}$内成立。

时序知识图谱和静态知识图谱的差异如图 2-9 所示。图 2-9(a)为一个关于“足球运动员（Soccer Layer）”主题的知识图谱示例，其中的 5 个顶点表示 5 个实体（如“大卫・贝克汉姆”“英国”），4 条有向边上的标签表示 4 种关系类型（如“效力于”“出生在”）；图 2-9(b)为一个由图 2-9(a)扩展而形成的时序知识图谱示例，其中每条边上的关系都有一个时间戳$[t_{\mathrm{start}}:t_{\mathrm{end}}]$，表示该关系连接的事实发生在$t_{\mathrm{start}}$，结束于$t_{\mathrm{end}}$。例如，事实("大卫・贝克汉姆""效力于""曼彻斯特联队")仅在 1996—2003 年这个时间间隔内有效。

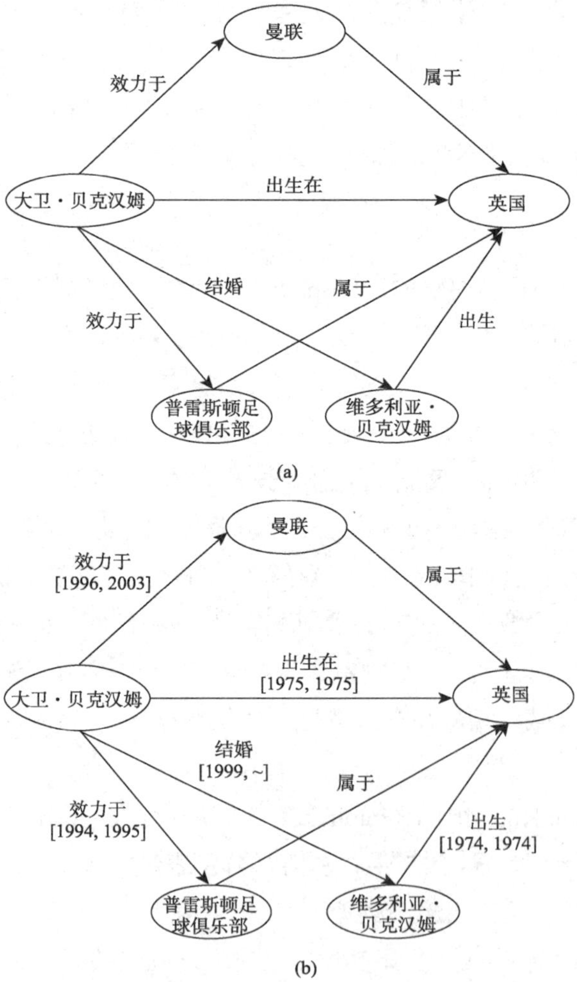

图 2-9　时序知识图谱和静态知识图谱的差异

3）时序知识图谱补全

给定一个时序知识图谱 TKG，TKG 补全任务的目的在于向其中添加缺失的四元组实例 $(\boldsymbol{e}_s,\boldsymbol{r},\boldsymbol{e}_o,t_r)$。对于新增加的元素，无论是头实体 $\boldsymbol{e}_s$、尾实体 $\boldsymbol{e}_o$，还是它们之间的关系 $\boldsymbol{r}$，都已存在于知识图谱之中。换言之，新增的事实并不会给知识图谱带来额外的节点，或是从未出现过的边，而是让知识图谱的图结构更加稠密。与静态知识图谱补全任务类似，上述任务可分为两个子任务，分别为实体预测和关系预测。在实体预测中，$(?,\boldsymbol{r},\boldsymbol{e}_o,t_r)$ 表示在 t 间隔内，已知关系 $\boldsymbol{r}$ 与尾实体 $\boldsymbol{e}_o$，预测缺失的头实体 $\boldsymbol{e}_s$；$(\boldsymbol{e}_s,\boldsymbol{r},?,t_r)$ 表示在 t 间隔内，已知头实体 $\boldsymbol{e}_s$ 和关系 $\boldsymbol{r}$，预测缺失的尾实体 $\boldsymbol{e}_o$。在关系预测中，已知头实体 $\boldsymbol{e}_s$ 与尾实体 $\boldsymbol{e}_o$，判定 $(\boldsymbol{e}_s,\boldsymbol{r},\boldsymbol{e}_o,t_r)$ 在 t 间隔内是否为合理的事实。

本章小结

随着人工智能逐渐迈向认知智能，当今大数据时代重要的数据化形式之一就是知识表示，它被广泛应用在智能搜索、问答系统和个性化推荐等领域，为它们进行知识赋能。本章深入探讨了知识及其在人工智能系统中的表示方法，介绍了概念与本体，进而探讨了知识的计算机表示，特别是在自然语言处理领域中的应用。知识表示从本体表示发展到语义网络，再到知识图谱，内容不断丰富，知识之间的联系不断加强。在当前数据量急速增加的时代，传统的本体表示、产生式表示法以及框架表示法很难被使用，即使被使用也会消耗大量的人力和物力。知识表示方法的多样性体现在从产生式表示法的基本逻辑结构，到框架表示法和语义网络的复杂关系构建，最终到知识图谱的综合整合与应用。这些方法不仅展示了从基本规则到复杂实体间关系的逐步演进，也反映了人工智能领域对于模拟人类认知过程的深入研究。特别强调了知识图谱在整合分散信息、提高信息检索效率和推动智能应用发展中的关键作用。通过构建结构化的知识模型，使机器能够更有效地理解、推理和处理大规模的信息，为搜索引擎、智能推荐系统和问答系统等提供了强大的支持。总之，本章通过对从基础到高级的知识表示方法的讨论，不仅提供了对人工智能系统中知识处理的全面理解，也展示了知识表示先进技术如何在当前的大数据和互联网时代发挥关键作用。未来，随着技术的不断进步，知识表示方法将继续演进，以支持更加智能化的应用开发和服务。因此，对未来的知识表示工作提出如下展望。

（1）不同知识类型知识表示学习。借鉴认知科学的结论指导知识库中知识类型的划分与处理，未来需要结合人工智能和认知智能，开展不同复杂关系类型的知识表示学习研究。

（2）多源信息融合知识表示学习。融合知识库中实体与关系的其他信息、互联网文本信息、多知识库信息、可信度度量。

（3）复杂推理模式知识表示学习。一阶逻辑是对复杂推理模式的较佳表示方案，未来我们需要探索一阶逻辑的分布式表示及其融入知识表示学习中的技术方案。

（4）大规模知识库在线快速学习。大规模知识库的稀疏性很强，特别是对低频实体和关系的学习效果非常差，而且知识库的规模不断扩大，我们需要设计高效的在线学习方案。

参考文献

[1] 冯志伟. 术语学中的概念系统与知识本体[J]. 术语标准化与信息技术, 2006(01): 9-15.

[2] Mikolov T, Chen K, Corrado G, et al. Efficient Estimation of Word Representations in Vector Space [J]. CoRR, 2013, abs/1301.3781.

[3] Mikolov T, Sutskever I, Chen K, et al. Distributed Representations of Words and Phrases and their Compositionality [C]//In Proceedings of NIPS, 2013.

[4] Pennington J, Socher R, Manning C D. Glove: Global Vectors for Word Representation [C]//In Proceedings of EMNLP, 2014: 1532–1543.

[5] Salton G, Wong A, Yang C. A Vector Space Model for Automatic Indexing [J]. Commun. ACM, 1975, 18 (11): 613-620.

[6] Deerwester S C, Dumais S T, Landauer T K, et al. Indexing by Latent Semantic Analysis [J]. JASIS, 1990, 41 (6): 391–407.

[7] Brown P F, Pietra V J D, de Souza P V, et al. Class-Based n-gram Models of Natural Language [J]. Computational Linguistics, 1992, 18 (4): 467-479.

[8] Mikolov T, Kombrink S, Burget L, et al. Extensions of recurrent neural network language model [C]//In Proceedings of IEEE ICASSP, 2011: 5528-5531.

[9] Collobert R, Weston J, Bottou L, et al. Natural Language Processing (Almost) from Scratch [J]. JMLR, 2011, 12: 2493-2537.

[10] Brachman R J. On the epistemological status of semantic networks[J]. associative networks, 1979.

[11] Liu Q, Lu J, Zhang G, et al. Domain-specific meta-embedding with latent semantic structures[J]. Information Sciences, 2021, 555: 410-423.

[12] Evens M W. Relational models of the lexicon : Representing knowledge in semantic networks[M]. Cambridge: Cambridge University Press, 2009.

[13] Chein M, Mugnier M L. Conceptual graphs are also graphs[C]//International Conference on Conceptual Structures. Springer, Cham, 2014.

[14] Gershon N, Eick S G. Visualization's new tack : making sense of information[J]. IEEE spectrum, 1995, 32(11): 38-40.

[15] Khalifa M, Liu V. Semantic network discussion representation: applicability and some potential benefits[J]. IEEE transactions on professional communication, 2006, 49(1): 69-81.

[16] Schubert L K. Semantic Nets are in the Eye of the Beholder[J].Principles of Semantic Networks, 1991: 95-107.

[17] Suchanek F M, Kasneci G, Weikum G. Yago : a core of semantic knowledge[C]// Proceedings of the 16th international conference on World Wide Web, 2007, 697-706.

[18] Hoffart J, Suchanek F M, Berberich K, et al. YAGO2 : A spatially and temporally enhanced knowledge base from Wikipedia[J]. Artificial intelligence, 2013, 194: 28-61.

[19] Geffet M, Dagan I. The distributional inclusion hypotheses and lexical entailment[C]//Proceedings of the 43rd Annual Meeting of the Association for Computational Linguistics (ACL'05), 2005, 107-114.

[20] Bordes A, Weston J, Collobert R, et al. Learning structured embeddings of knowledge bases[C]//Proceedings of the AAAI conference on artificial intelligence, 2011, 25(1): 301-306.

[20] Bordes A, Usunier N, Garcia-Duran A, et al. Translating embeddings for modeling multi-relational data[J]. Advances in neural information processing systems, 2013.

[20] Ji G, He S, Xu L, et al. Knowledge Graph Embedding via Dynamic Mapping Matrix[C]//Meeting of the Association for Computational Linguistics & the International Joint Conference on Natural Language Processing, 2015.

[20] Yang B, Yih W T, He X, et al. Embedding Entities and Relations for Learning and Inference in Knowledge Bases[J]. 2014.DOI:10.48550/arXiv.1412. 6575.

[20] Dong X, Gabrilovich E, Heitz G, et al. Knowledge vault : a web-scale approach to probabilistic knowledge fusion[J]. ACM, 2014.

[20] Navigli R, Velardi P. Learning Word-Class Lattices for Definition and Hypernym Extraction[J]. Association for Computational Linguistics, 2010.

[20] Nakashole U, Weikum G, Suchanek F. PATTY : A Taxonomy of Relational

Patterns with Semantic Types[C]//Joint Conference on Empirical Methods in Natural Language Processing & Computational Natural Language Learning, 2012.
[20] 宋浩楠，赵刚，王兴芬. 融合知识表示和深度强化学习的知识推理方法[J]. 计算机工程与应用，2021.
[20] 吴运兵，朱丹红，廖祥文，等. 路径张量分解的知识图谱推理算法[J]. 模式识别与人工智能，2017，30(5)：473-480.

思考题

1. 谷歌于2012年提出了“知识图谱”的概念，该概念在搜索引擎中如何传统语义网络和文档链接模式的局限性？结合具体示例进行分析，并探讨这种结构化知识表示对用户体验的提升有何贡献。

2. 语义表示学习在自然语言处理中被视为关键基础技术，具体而言，它是如何通过神经网络模型实现对文本语义的多粒度表示的？结合分布表示方法和预训练语言模型两种方法，讨论其各自的优势和局限性。

3. 计算机在处理自然语言时，需要将词汇表示为向量以便进行数值计算。假设在使用word2vec中的Skip-gram模型来训练词向量，其中上下文窗口大小为5，语料库中“machine”和“learning”两个词分别出现的次数为1000和800，而它们的共现次数为200。请计算它们的共现概率，并讨论Skip-gram模型如何利用这些概率来优化词向量的表示。

第 3 章

CT

推理技术：机器真的能举一反三吗

3.1　先来入个门

3.1.1　概况

推理是运用知识求解问题的过程。推理本身也是人类思维的一个重要活动，人类解决问题的方式之一就是基于自身既有的知识，通过推理得出结论。自动推理技术是人工智能的核心技术之一。自动推理技术的研究早期主要发端于机器定理证明问题。证明定理也是人类特有的智能行为，不仅需要根据假设进行逻辑演绎，往往也需要借助人类的“直觉”意识。机器定理证明就是利用机器自动实现人类证明定理的过程，也就是通过一套符号体系，将其形式化表达后，利用计算机自动实现符号演算过程。

1956 年，著名的达特茅斯会议提出的七个议题之一就是让机器能够使用语言，并且假定人类思维的很大一部分是依据推理或者推测规则来使用语言。如今，自动推理（技术）已经成为文本理解、计算机视觉、专家系统、机器人操作、科学规划以及关乎国计民生的实用化、智能化产品中不可或缺的组成部分。

3.1.2　基本概念

1．推理的逻辑基础

现实世界中，逻辑与推理这两个过程常常是密不可分的。逻辑是人类思维活动规律的反映。以自然语言语句推理为例，推理是具有逻辑联系的语句所组成的集合。任何推理都包括前提和结论两部分，一个具有逻辑联系且有效的推理应该是一个前提为真，且推理符合逻辑规则，因而结论也为真的推理。逻辑学的一个重要任务就是研究有效的推理形式和必然为真的语句，数理逻辑也是用数学方法研究形式逻辑的一个分支。

2．推理的类型

从推理的有效性角度划分有两种：一种是结论蕴含在前提之中，因此从前提必然能得出结论的演绎推理（Deductive Inference）；一种是结论超出前提的范围，因而从前提可以预测出高概率结论的归纳推理（Inductive Inference）。研究演绎推理的逻辑是演绎逻辑；研究归纳推理的逻辑是归纳逻辑。

正如人类真实思维的多样性，作为模仿人类思维的人工智能，其推理方式也有多种，下面以自然语言处理中的演绎逻辑为例，说明一些常见的推理形式。主要包括直接推理、假言推理、选言推理、联言推理。

（1）直接推理（Immediate Inference）：以一个直言命题为前提的演绎推理。

例如：

① 所有天鹅都是白的；
因此，有天鹅是白的。

$$\begin{array}{c} \text{SAP} \\ \hline \text{SIP} \end{array}$$

② 并非所有天鹅都是白的
因此，有天鹅不是白的。；

$$\begin{array}{c} \neg(\text{SAP}) \\ \hline \text{SOP} \end{array}$$

上述推理中，左边是语言表达式，右边是其对应的逻辑形式。在每个推理形式中，横线上面的语句是前提，下面的语句是推理结论。

（2）假言推理（Hypothetical Inference）：以假言命题作为前提或结论的推理。

① 如果月亮是一块奶酪，每个人都高兴；
月亮是一块奶酪；
所以，每个人都高兴。

$$\begin{array}{c} p \rightarrow q \\ p \\ \hline q \end{array}$$

② 如果月亮是一块奶酪，每个人都高兴；
不是每个人都高兴；
所以，月亮不是一块奶酪。

$$\begin{array}{c} p \rightarrow q \\ \neg q \\ \hline \neg p \end{array}$$

在上述推理中，作为前提的语句并不一定是真的，但推理却是“有效”的，也就是说推理中可以使用假设。

（3）选言推理（Disjunctive Inference）：以选言命题作为前提或结论的推理。

① 哥伦布或埃里克森首先发现了美洲；
不是哥伦布首先发现的美洲；
所以，埃里克森首先发现了美洲。

$$\begin{array}{c} p \cup q \\ \neg p \\ \hline q \end{array}$$

② 马冬梅或者韩雷雷将赢得2024年度学生会主席选举；
韩雷雷未能如愿；
所以，马冬梅赢得了这次选举。

$$\begin{array}{c} p \cup q \\ \neg q \\ \hline p \end{array}$$

（4）联言推理（Conjunctive Inference）：以联言命题作为前提或结论的推理。

① 韩冬梅是一名青年教师；
因此，韩冬梅是一位青年。

$$\begin{array}{c} p \cap q \\ \hline p \end{array}$$

② 韩冬梅是一名青年教师；
因此，韩冬梅是一位教师。

$$\begin{array}{c} p \cap q \\ \hline q \end{array}$$

3.2 确定性推理：让机器帮你做决策

人类的推理本质是利用知识求解问题的过程，是根据观察所得到的证据结合既定规则得出结论的过程。一个智能系统实现推理的过程实际上就是一个机器“思维”的过程。按照 3.1 节中的介绍，如果推理过程利用的是确定性知识，那么称推理为确定性推理；相对而言，如果知识是非确定性的，那么称推理为非确定性推理。

3.3 节介绍两种最常见的确定性推理方法。

3.3 正向推理和逆向推理：在事实与结论之间来回奔跑

根据推理方向的不同，推理可以分为正向推理和逆向推理。

3.3.1 正向推理

正向推理（前向推理）也称为数据驱动推理，是一种从已知事实出发，正向使用推理规则的推理方式。其基本思想是，根据用户提供的初始事实，在已有的规则数据库中搜索能与之匹配的规则，即可用规则，当规则的条件部分与已知事实匹配时，就把该规则作为可用规则放入候选规则队列中，然后通过冲突消解，在候选规则队列中选择一条规则作为启用规则进行推理，并将其结论放入规则数据库中，作为下一步推理的事实。如此重复这个过程，直到再无可被选用的规则或者求得了所要求的解为止。正向推理过程算法描述如下。

Procedure Production Forward

① DATA ← 初始数据库

② Until DATA 满足结束条件，Do

③ Begin

④ 在规则数据库中，选出一条可适用于 DATA 的规则 R

⑤ DATA←R 应用于 DATA 得到的结果

⑥ End

3.3.2 逆向推理

与正向推理相比，逆向推理又称为目标驱动推理或者反向推理，是一种以某个假设目标作为出发点的推理。其基本思想是，首先提出某个假设，然后寻找支持该假设的证据，如果所需的证据都能找到，就说明原假设是正确的；如果无论如何都找不到所需要的证据，就说明原假设不成立，此时需要另做新的假设。

正向推理原理简单、易于实现，而逆向推理过程更为复杂。但逆向推理的一个优点是不必使用与目标无关的知识，目的性很强。二者各有优缺点，在解决实际问题时，往往会把二者结合起来加以运用，采用混合推理的方式。

混合推理是将正向推理和逆向推理结合起来，使其各自发挥自己的优势。一般过程是，先根据初始事实进行正向推理以提出假设，再用逆向推理进一步寻找支持假设的证据，重复这个过程，直到得出结论为止。混合推理避免了正向推理效率低、推理过程可能推出许多与问题求解无关的子目标，以及逆向推理选择初始假设盲目性的弊端，但控制策略较为复杂。

3.4 推理方法与冲突消解策略：糟糕，选择困难症又犯了

在刚刚介绍的正向推理和逆向推理中，往往存在推理冲突的情况。在正向推理中出现一条事实能与多条规则匹配，或者多个事实能与同一条规则匹配的情况；在逆向推理中出现同一个假设目标能与多条规则匹配，或多个假设目标能与同一条规则匹配的情况，这种情况我们称之为推理冲突。

按一定的策略从匹配成功的多条规则中挑出一条规则用于当前的推理的过程即为冲突消解，在多条冲突的规则中有效地选择规则进行推理的控制策略则称之为冲突消解策略。冲突消解策略实际上就是确定规则的启用顺序。

下面简要介绍几种常见的冲突消解策略。

（1）专一性排序。如果某条规则的条件部分所规定的情况比另一条规则的条件部分所规定的情况更具体，则这条规则具有较高的优先级。本策略优先使用针对性更强的产生式规则。

例如：

Rule1:　if A and B and C then E

Rule2:　if A and B and C and D then F

如果规则数据库中 A～D 均为正，这时 Rule1 和 Rule2 都与规则数据库相匹配，但由于 Rule2 的条件部分包括了更多的限制，即所规定的情况更具体，因此具有较高的优先级。

（2）规则排序。规则排序表示启用了优先级。

（3）数据排序。数据排序就是把规则条件部分的所有条件按优先级排列起来，当发生冲突时，首先使用在条件部分包含较高优先级数据的规则。

（4）就近排序。就近排序就是把最近使用的规则放在最优先的位置。如果某条规则经常被使用，那么它再次被使用的可能性很大，则倾向于更多地使用该条规则。

（5）上下文限制。上下文限制就是把产生式规则按所描述的上下文条件分组，在某种上下文条件下，只能从与其相对应的那组规则中选择可应用的规则。这种策略不仅能够减少冲突，还缩减了搜索范围，因此推理效率更高。

（6）匹配度排序。在不精确匹配中，为了确定两个模式是否可以进行匹配，需要计算这两个模式的相似度，当其相似度达到某个预先规定的值时，即认为它们是可匹配的，此时相似度

又称为匹配度。若有多条规则匹配成功，则按照匹配度大小决定哪个规则优先被应用。

（7）条件规模排序。如果有多条产生式规则生成的结论相同，则要求条件最少的产生式规则被优先应用。因为条件越少，匹配时间越少。

在具体使用上，不同的系统模型可能采取的策略不一样，也可能使用上述多种策略的组合，其宗旨就是减少冲突的发生，提高推理的速度。选择冲突消解策略的方法需要由启发式知识决定。

3.5 不确定性推理靠谱吗

现实世界中存在着大量不确定性问题。不确定性来自人类主观认知与客观实际之间的“差异性”。不确定性是智能性的一种表现，无论是人工智能还是人类智能都面临大量的不确定性判定的问题。

需要明确的一点是，不确定并不意味着未知，而是指针对既有的观测事实或者规则而言的一种“状态”。现实生活中存在大量不确定性问题，其产生的原因和表现形式也多种多样。例如，事件发生的随机性所导致的不确定性、自然语言中的歧义与模糊状态所导致的不确定性、人类知识不完备所导致的不确定性等。

一个智能系统面对“小明发烧了”这件事，其实就是要解决一个不确定性问题，因为发烧可能是因为流感，可能是新型冠状病毒感染，也可能是因为其他炎症。人类知识很多都是源自主观推断，是不确定和含糊的（含糊并不意味着错误）。由这些不确定的推理规则进行推理，形成的结论往往也是不确定的，这种推理被称为不确定性推理。我们已知的很多专家系统都是基于不确定性推理的。

某种程度上，人类智力的体现以及智能系统智能化的水平往往表现在处理不确定性问题的推理方面。因此，不确定性推理技术是人工智能一直以来的核心问题，也是本书后续章节专家系统的基础技术之一。关于不确定性推理，先后产生了众多的理论与推理方法，在人工智能领域比较有代表性的主要有概率论、证据理论、模糊集合论等。接下来以模糊推理为例，带领大家体会不确定性推理的妙处。

3.5.1 模糊逻辑与模糊推理：推理技术发展中的一面大旗

一个概念有其内涵和外延之分。所谓内涵，是指符合此概念的对象所具有的共同属性；所谓外延，是指符合此概念的对象组成的集合。集合可以用来表示概念，集合的运算可以用来表示推理。

传统集合论认为，论域（Universe of Discourse）上的对象要么完全属于某个概念的外延，要么完全不属于该概念的外延，二者必居其一，且仅为其一。也就是说，传统意义上的集合只能表征“非此即彼”的确切概念或确定性现象。这里的论域可以理解为一组对象的集合。例如，在一个数学文本中，论域可能是所有的数；在一个物理学文本中，论域可能是所有的物理现象；在一个语言学文本中，论域可能是所有的语言符号等。

论域可以形式化地记为 U，即设论域 U 为一组对象的集合，记作 $U=\{u_1,u_2,\cdots,u_n\}$，u_i 表示 U 的元素。

在传统二值逻辑框架下，集合要求界限分明，元素 u_i 属于集合的隶属（程）度，只能取“0”或者“1”这两个数值，“1”表示属于，“0”表示不属于。在传统二值逻辑中，真假状态界限分明，这种外延的分明对应的就是内涵的确定性。但现实中总会存在一些对象既不“完全属于”又不“完全不属于”某个概念的外延，因此无法解释临界状态时的不确定性。大量模糊的概念没有明确的外延，例如，基于传统的集合论无法“精确化”地刻画“中等身材”“温水”或者“老人”这类词语的概念，于是产生了模糊集合论。

1965 年，扎德（Zadeh A. Lotfi）创立了模糊集合论，成为经典集合论的重要扩充。扎德为了运用自然语言进行推理，对自然语言中的模糊概念进行了量化描述，提出了模糊集合、语言变量、语言值和可能性分布等一系列概念及理论。“模糊集合”概念的提出与传统的集合论相对应，模糊集合论把语义概念看作一个模糊集合，具有边界开放和不确定的性质，其集合元素属于集合的隶属（程）度除了 0、1 两种取值，还可以是二者之间的任意实数值。

模糊逻辑（Fuzzy Logic）以多值逻辑为基础，利用模糊集合和模糊规则来处理“模糊性”信息所带来的不确定性推理问题。所谓模糊性，主要指信息对象差异不分明，也就是客观事物在差异的中间过渡时所呈现的“亦此亦彼”性。例如，水的温度是非常确定的客观信息，然而温水（水温适中）却不是，即温度多少度才算水温适中，这个边界并不确定，不同人的主观认知可能会不一样，因此具有模糊性和主观性。

模糊逻辑利用隶属函数的概念来区分模糊集合、处理模糊关系和推理。经典的推理模型要求规则是明确的，同时输入必须与规则前提相同，才能得到与后面结果相同的结论。然而在现实生活中，有许多推理过程是基于模糊信息和模糊规则的近似处理过程。

模糊推理是建立在模糊集合和传统二值逻辑三段论的基础上发展起来的一种不确定性推理方法，利用模糊语言规则，推导出一个近似的模糊判断结论。模糊推理方法主要包括 Zadeh 法、Baldwin 法、Tsukamoto 法和 Yager 法等。

3.5.2 模糊思维表达：模糊集合的“精确”存在

事实上，模糊推理是模糊思维的一种数学表达。模糊推理的实现基础是，模糊集合可以通过一系列“计算”精确得到。为了更好地理解该过程，我们需要熟悉几个基本定义。

1. 模糊隶属函数（Membership Function）

模糊隶属函数是论域 U 在[0, 1]区间的任一映射 μ_F：$U\rightarrow[0, 1]$，如果可以通过映射确定 U

的一个模糊集合（Fuzzy Set）F，那么 μ_F 称为 F 的隶属函数（Membership Function），$\mu_F(u_i)$ 表示 u_i 对模糊集合 F 的隶属度（Grade of Membership），也就是 u_i 属于模糊集合 F 的程度或等级。

对于模糊集合 F，可将其表示为元素 u_i 与其隶属函数 $\mu_F(u_i)$ 的序偶集合，记为

$$F=\{(u_i,\mu_F(u_i))\mid u_i\in U\}$$

显然，当 $\mu_F(u_i)$ 仅取 0 和 1 两个值时，模糊集合 F 便退化为一个普通集合了。隶属度越接近 1，属于的程度越高；隶属度越接近 0，属于的程度越低。

例如，若以人的年龄作为论域，以 O 和 Y 为年老和年轻两个模糊集合，它们的隶属函数分别是

$$\mu_O(x)=\begin{cases}0, & 0\leqslant x\leqslant 50\\ \left[1+\left(\dfrac{x-50}{5}\right)^{-2}\right]^{-1}, & x>50\end{cases}$$

$$\mu_Y(x)=\begin{cases}1, & 0\leqslant x\leqslant 25\\ \left[1+\left(\dfrac{x-25}{5}\right)^{2}\right]^{-1}, & x>25\end{cases}$$

需要注意的是，模糊集合与传统集合都由隶属函数定义，二者的区别是，前者是连续隶属函数，后者是离散隶属函数。

在隶属函数问题上，本质上不存在不确定性问题，因为这两个函数都是确定性函数，只不过一个是连续，一个是离散而已。

2．模糊集合（Fuzzy Set）

对一个离散且有限的论域 $U=\{u_1,u_2,\cdots,u_n\}$，一个模糊集合可表示为 $F=\{\mu_F(u_1),\mu_F(u_2),\cdots,\mu_F(u_n)\}$。

例如，在“水温适中”情景中，对于不同的温度数值，为每个元素指定一个隶属度，表示为

$$\{\{\mu_F(0)=0.0,\mu_F(10)=0.0,\mu_F(20)=0.33,\mu_F(30)=0.0,\mu_F(40)=1.0\}$$
$$\mu_F(10)=0.0,\mu_F(20)=0.33,\mu_F(30)=0.67,\mu_F(40)=1.0,\mu_F(50)=1.0,$$
$$\mu_F(60)=0.75,\mu_F(70)=0.5,\mu_F(80)=0.25,\mu_F(90)=0.0,\mu_F(100)=0.0\}$$

则其模糊集合可表示为

$$F=\{0.0, 0.0, 0.33, 0.67, 1.0, 1.0, 0.75, 0.5, 0.25, 0.0, 0.0\}$$

但该表示方法没有表示出论域中的元素与其隶属度之间的对应关系，因此可以引入进一步的模糊集合表示方式（Zadeh 表示法），它为论域中的每个元素都标上其隶属度，再用“+”把它们连接起来，即

$$F=\mu_F(u_1)/u_1+\mu_F(u_2)/u_2+\cdots+\mu_F(u_n)/u_n$$

按照这种表示方式，“水温适中”的模糊集合则可写为

$$F = 0.0/0 + 0.0/10 + 0.33/20 + 0.67/30 + 1.0/40 + 1.0/50 + 0.75/60 + 0.5/70 + 0.25/80 + 0.0/90 + 0.0/100$$

注意，该式不是分数式的连续求和运算，仅仅是Zadeh表示模糊集合的一种记号，可以理解为“温度数值”这个论域 U（上面这个例子中 $U = \{0, 10, \cdots, 100\}$）的各种温度隶属情况的一个概括。每项中的“/”表示“对应于”或“属于”，分母位置放置的是论域 U 的元素，分子位置放置的是该元素的隶属度。在一些模糊系统的具体应用上，这样的表示方式比较方便。

3．语言变量

语言变量用于定量表示一种概念或一个论域，实现对定性概念的定量化和定量数据的定性模糊化。一个语言变量可定义为多元组 $\{x, T(x), U, G, M\}$，其中 x 为语言值；$T(x)$为 x 的词集，即语言值名称的集合；U 为论域；G 为产生语言值名称的语法规则；M 为与各语言值含义有关的语法规则。

语言变量的每个语言值对应一个定义在论域 U 中的模糊集合。语言变量的基本词集将模糊概念与精确值相联系。例如，在某温度控制系统中，把温度作为一个语言值，其词集 T(温度)可为

$$T(\text{温度}) = \{\text{超高，很高，高，适中，较低，很低}\}$$

3.5.3 模糊关系及其运算：把 0~1 的灰色地带表示出来

在现实世界中，事物通常不是“非此即彼”的，存在一定的“灰色地带”。

1．模糊关系

给定两个集合

$$A = \{\text{巧克力，草莓}\}$$

$$B = \{\text{蛋糕，牛奶，糖果}\}$$

其笛卡儿积 $A \times B$ 为

$$A \times B = \{(\text{巧克力，蛋糕}), (\text{巧克力，牛奶}), (\text{巧克力，糖果}), (\text{草莓，蛋糕}), (\text{草莓，牛奶}), (\text{草莓，糖果})\}$$

关系是笛卡儿积的一个子集，例如，关系 R=“包含糖果”，可定义为 $A \times B$ 的子集

$$R = \{(\text{巧克力，糖果}), (\text{草莓，糖果})\}$$

一个关系联系了两个论域之间的元素，通常也称为一个映射（Mapping），记为“→”。在上述例子中，关系 R 是 $A \to B$ 的映射，即 A 中的巧克力映射或联系 B 中的蛋糕、牛奶或糖果。

模糊关系是笛卡儿积论域上的一个模糊集合。具体来讲，若 U、V 是两个非空的模糊集合，

则其笛卡儿积$U\times V$中的关系R称为从U到V的模糊关系，表示为

$$U\times V=\{((u,v),\mu_R(u,v))\,|\,u\in U,v\in V\}$$

其中，$\mu_R(u,v)$为R中元素u、v的隶属函数。

2．模糊关系的运算

在具体实现上，模糊关系的运算是通过定义模糊集合来完成的，可以将传统集合上的逻辑运算（并、交和补运算）扩展到模糊集合。

设A和B为论域U中的两个模糊集合，其隶属函数分别为μ_A和μ_B。

（1）A与B的交（逻辑与）记为$A\cap B$，其隶属函数定义为

$$\mu_{A\cap B}(\mu)=\min\{\mu_A(\mu),\mu_B(\mu)\}$$

例如，对于给定隶属函数 $\mu_A(\mu_N)=0.85$， $\mu_B(\mu_N)=0.75$，其隶属函数为

$$\mu_{A\cap B}(\mu_N)=\min\{\mu_A(\mu_N),\mu_B(\mu_N)\}=\min(0.85,\ 0.75)=0.75$$

如果u_i表示某款产品，A表示它隶属于“物美”这个模糊集合（隶属度为0.85），B表示它隶属于“价廉”这个模糊集合（隶属度为0.75），这款产品属于“物美价廉”的程度就是0.75，属于“价不廉”的程度是0.25。于是通过模糊集合的形式，传统的二值逻辑就被广义化了。

（2）A与B的并（逻辑或）记为$A\cup B$，其隶属函数定义为

$$\mu_{A\cup B}(u_i)=\max\{\mu_A(u_i),\mu_B(u_i)\}$$

例如，对于给定隶属函数 $\mu_A(u_i)=0.85$和 $\mu_B(u_i)=0.75$，其隶属函数为

$$\mu_{A\cup B}(u_i)=\max\{\mu_A(u_i),\mu_B(u_i)\}=\max(0.85,\ 0.75)=0.85$$

（3）A的补（逻辑非）记为$\overline{A}$，其隶属函数定义为

$$\mu_{\overline{A}}(u_i)=1-\mu_A(u_i)$$

例如，对于给定隶属函数 $\mu_A(u_i)=0.75$，$\overline{A}$的隶属度函数为 $\mu_{\overline{A}}(u_i)=1-0.75=0.25$。

常规集合的许多运算特性对于模糊集合也同样成立。假设模糊集合$A,B,C\subseteq U$，则其并、交和补运算满足幂等律、交换律、结合律、分配律、吸收律、同一律、复原律、对偶律和互补不成立等基本规律。例如：

幂等律：$A\cup A=A,\ A\cap A=A$

交换律：$A\cup B=B\cup A,\ A\cap B=B\cap A$

结合律：$(A\cup B)\cup C=A\cup(B\cup C)$

$(A\cap B)\cap C=A\ (B\cap C)$

3．模糊语言规则

在模糊系统中，领域中的专家知识和经验一般由模糊语言规则来描述，形式为

if 前提 then 结论

一个模糊语言规则的前提和结论是包含语言变量的命题，通常表示为

if 语言变量 is 模糊集合 then 动作

4．模糊蕴含关系

在模糊逻辑中，上述模糊语言规则形式化为模糊蕴含关系，用来支持模糊推理。给定两个模糊集合 A 和 B，由 $A \to B$ 表示的模糊蕴含关系是定义在 $U \times V$（U 和 V 是两个非空模糊集合）上的特殊模糊关系，常用的模糊蕴含关系算子及隶属函数包括模糊合取、模糊析取、基本蕴含、命题演算、GMP 推理、GMT 推理等。具体运算表达详见第 5 章。

3.5.4 模糊推理的应用：让模糊理论“咸鱼翻身”的场景

自 1965 年扎德提出模糊集合论以来，模糊集合和模糊决策支持系统得到广泛发展。例如，作为模糊理论最主要分支之一的模糊逻辑就对控制论和计算机科学、医学医疗诊断等产生了实际的影响。模糊逻辑与可能性理论也已经被广泛应用于专家系统和智能控制领域。基于模糊推理，医生可以根据病人的模糊性症状做出正确的诊断，艺术家也不用精准测量就能绘制出美丽的风景画。

可以说，模糊理论是打破人工智能缺乏灵活性这一局限的有力武器，例如，在现有的形式化算法语言中加入自然语言的模糊算法语言和已经制成的 Fuzzy Theory Data System（FTDS）模糊系统语言；在模式识别领域的应用更是数不胜数，如印刷体/手写体文字识别、指纹识别、医学图像（心电图、脑电图、癌细胞造影）识别等。如今，高效信息检索领域的模糊检索、气象预报中的模糊信息综合预警、经济领域的决策支持系统、智能控制领域的交通管理等均离不开模糊理论的支持。

模糊理论在数学（包括聚类论、博弈论、拓扑学等领域）中也有广泛应用。先后产生了众多重要的研究成果，如模糊代数、模糊统计学、模糊群论、模糊图论、模糊环论等。

模糊语言学的深入研究促进了模糊数学的发展，模糊数学创始人 Zadeh 教授亦认为“模糊集合论这个分支是从语言学方法的引入开始的，它转而又推动了模糊逻辑的发展”。目前，许多模糊数学的著作中都列有专门的章节讨论模糊语言学。语言的模糊性催生出了模糊集合论，模糊集合论的产生又为一切涉及模糊性的学科领域奠定了描写其特有模糊性质或现象的基础。

3.6 常识推理

3.6.1 何谓常识

“常识”是具有社会性的，如果不加约束，应该是一个群体成员具有或应该具有的知识。例如，“人有两只手”“兔子有四条腿”“太阳从东方升起”。当利用计算机实现很多智能任务时，需要计算机理解这些常识，并进行相应的推理。例如，对于小学生而言都很简单的“鸡兔同笼”

问题，如果利用计算机求解，就必须让计算机具备“兔子有四条腿、鸡有两条腿”的基本常识。

常识推理（Common-sense Reasoning）需要获取特定方面的相关信息，基于背景知识或者世界知识对该场景其他方面的信息做出推断，是人工智能领域的重要分支。在计算机视觉、自然语言理解、机器人操作、路径规划等许多人工智能场景下都发挥着重要作用。常识推理的目的是帮助计算机学习常识知识，并利用所掌握的知识进行深层次的理解及推理，是实现真正意义上的“让机器能理解、会思考”的关键所在，也是让人工智能产品更具实用价值的突破口。可以说，常识推理的进展及关键技术的突破对人工智能的发展具有举足轻重的意义。

3.6.2 常见的常识推理

常见的常识推理主要包括定性推理、时间推理、空间推理、分类推理等。

定性推理：主要分析和推理具有内在关联的数量之间的变化。例如，如果密闭容器的温度升高，那么容器内的压力就会增大。定性推理已在物理学、生物学、工程学等领域被广泛应用。

时间推理：主要研究关于时间、持续时间、时间间隔等的表示和推理。代表人物詹姆斯·艾伦设计实现了可以使计算机对一些时间概念进行推理的模型，比如“之前”“同时”“此时此刻”等。同时，他是很多 NLP 对话系统的设计者，结合了人工智能领域的认知表示技术和统计学知识等。

空间推理：从具体的人工智能领域产生的推理问题，如计算机视觉、机器人控制和导航、大众心理学等。目前，空间推理的挑战主要体现在空间信息很难用几何语言加集合论的方式表示、空间推理涉及复杂理论的任意定理证明、空间推理的信息一般是不完全的。

分类推理：分类推理往往基于某种分类树，例如生物学（动植物）分类树、社会组织关系分类树等，同时基于两类基本关系：Inst (e, c)和 IsA(c, d)，及其扩展关系：属性、整体部分关系、因果关系、用途关系等。

尽管常识推理在众多领域取得了显著进展，但仍然面临许多挑战。很多看似简单的情景很可能具有相当大的逻辑复杂性。许多涉及常识及推理的领域仍处于常识理解的初级阶段，甚至尚未开始研究。绝大多数涉及常识推理的领域还远远没有达到人类期待的深入理解的程度。

常识推理经常涉及合情推理。合情推理（Plausible Reasoning）是指人们根据已有的信息进行看似合乎逻辑的推理，但这样的推理结果未必是正确的。尽管合情推理已被广泛研究了数年，但仍是常识推理中极具挑战性的问题之一。

同许多领域一样，常识推理不可避免地会出现长尾问题。长尾问题（Long Tail）指的是高频样本或数据仅占整体对象非常少的一部分，而更多的是那些低频样本或数据。

机器往往很难分辨出合适的抽象层次。例如，人不小心跌落河中，机器在推理时并不知道“人不小心跌落河中，人身上穿的衣物会湿透”这一特定事实，但它可能知道更一般的规则：“物品沾水，该物品会浸湿”。但如何更通用、更普适地制定此类规则是目前面临的技术挑战，值得人们深入思考。

3.6.3 常识推理的主要技术

（1）基于知识的方法：由专家分析常识推理所需要的特征，进而手工建立知识表示的方法和常识推理引擎，还包括基于数学的方法、基于机器学习和大规模数据库的方法。

（2）Web 挖掘方法：此类方法主要尝试利用 Web 挖掘技术从 Web 文档中提取常识。

（3）基于众包的方法：为了避免 Web 挖掘方法中存在常识结果不一致性等问题而提出的一类方法。

（4）基于外部知识的方法：这里引入的外部知识可以是结构化的知识图谱（如 ConceptNet），也可以是非结构化的文本语料（如 Wikipedia）。

目前，基于外部知识的常识推理方法是研究热点，核心难点主要体现在如何在外部知识库中快速检索相关的知识，并有效地、可解释地应用在系统中，以及如何设计出更好的常识推理模型可解释性的衡量指标。

本章小结

一个智能系统不仅需要拥有尽可能多的知识，还应该能够高效地利用这些知识，也就是运用知识进行推理和求解问题。智能系统的推理过程实际上就是机器思维的过程。按照推理过程运用知识的确定性程度，推理可以分为确定性推理和不确定性推理。现有大多数专家系统都是基于不确定性推理开发的。

模糊性是自然语言的本质特性之一。语言的模糊性反映了思维的模糊性，人对自然语言的理解本质上也是模糊的。美国科学家 T.Winograd 在其建立的第一个人机对话实验系统的实践中指出“看来，人工智能的许多研究工作正是因为过分注意句法，忽视语义而遭到损害。……模糊不仅对人类而言比较合适，而且对机器（人）而言更为有效。”

人类能够根据不精确和不完整的信息进行决策，而且日常生活中倾向于用简单、自然的语言进行控制策略的描述。例如，如果室温过低，将温控（按钮）调整至高档；如果室温适宜，将温控（按钮）调整至中档，但这种方法不容易在逻辑范畴要求严格的计算机程序中实现。如果利用模糊逻辑，就能够赋予计算机理解“不精确”信息的能力，模糊逻辑为模糊规则提供了一种系统化的解释方式。

参考文献

[1] 贲可荣，张彦铎．人工智能[M]．3 版．北京：清华大学出版社，2018．

[2] Malik Ghallab, Dana Nau, Paolo Traverso. Automated Planning : theory and practice[M]. San Francisco: Morgan Kaufmann, 2004.
[3] L. A. Zadeh. Fuzzy Sets. Information and Control[J]. Academic Press, 1965, 8(3): 338-353.
[4] J. A. Goguen. On Fuzzy Robot Planning [C]. Fuzzy Sets and Their Applications to Cognitive and Decision Process. Academic Press, 1975:429-447.
[5] J. F. Allen. Maintaining knowledge about temporal intervals[J]. Communications of the ACM, 1983, 26(11): 832-843.
[6] L.A. Zadeh. Generalized theory of uncertainty (GTU)-principal concepts and ideas[J]. Computational Statistics and Data Analysis, 2006, 51(1): 15-46.
[7] John McCarthy. Programs with common sense[M]. New York: and MIT Computation Center, 1958:1-10.
[8] Erik. T. Mueller. Commonsense reasoning : an event calculus based approach[M]. 2nd ed. San Francisco: Morgan Kaufmann, 2015.
[9] E. Davis. Logical formalizations of commonsense reasoning: A survey[J]. Journal of Artificial Intelligence Research, 2017, 59: 651-723.
[10] E. Davis, G. Marcus. Commonsense reasoning and commonsense knowledge in artificial intelligence[J]. Communications of the ACM, 2015, 58(9): 92-103.

思考题

1. 试分析总结正向推理与逆向推理各自的优缺点。
2. 结合你自己的学习或者工作和生活的场景，简要说明不确定性推理的概念是什么？
3. 你认为，不确定性推理和确定性推理哪一个“更靠谱”？
4. 专家系统中为什么普遍采用不确定性推理？
5. 不确定性推理需要解决的基本问题有哪些？
6. 形式化语言是否同自然语言一样具有模糊性？
7. 请简述模糊逻辑的基本概念。
8. 你认为，选择哪种常识观念才能满足我们对常识推理研究的需要？

第 4 章

CT

搜索算法：
弱水三千，只取一瓢饮

搜索是求解人工智能问题的基本方法之一。搜索即想方设法在庞大的状态空间图中寻找目标，可以当作一种推理形式。搜索主要包含两层含义。

（1）找到从最初事实到问题最终答案的一条推理线。

（2）找到的推理线是时间和空间复杂度最小的路线。

本章首先介绍状态空间表示，然后介绍一系列典型的搜索策略。

4.1 状态空间表示：一切皆有可能

状态空间表示是人工智能最基本的知识表示方法之一。很多问题的求解过程都可以看作一个搜索过程，问题的求解过程可以用状态空间来表示。

状态空间：一个问题的状态空间由所有可能出现的状态、所有可用的算符所构成的集合组成。状态空间可以由一个三元组表示为$\{S,F,G\}$。其中，S 表示问题初始状态的集合；F 表示算符的集合；G 则表示目标状态的集合。

状态空间中，“状态”和“算符”是用来表示问题的两个必要部分。

状态（State）：用来描述问题在求解过程中不同时刻的状态，它可形式化地表示为$S_k=\{S_{k0},S_{k1},\cdots\}$，当其中的每个分量都被赋予确定的值时，便得到了一个具体的状态。

算符：也称操作，是使问题从一个状态转换为另一个状态的操作。在产生式系统中，一条产生式规则就是一个算符。

一个问题的状态空间常用状态空间图来进行描述，如图 4-1 所示，为一个树。节点代表问题的状态，边代表状态之间的关系。初始状态 S_0 是图中的根节点，用来表示实际问题的已知信息；一种状态转换为另一种状态的操作 F 则等价于图中的边。在图 4-1 中，初始状态 S_0 可

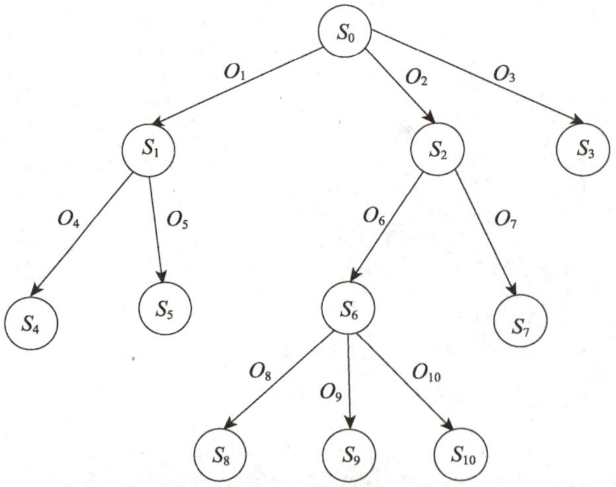

图 4-1 状态空间图

以通过算符O_1、O_2和O_3分别转换为状态S_1、状态S_2和状态S_3；若状态$S_{10} \in G$，则O_2、O_6、O_{10}是一个解。

使用状态空间表示来求解问题的基本过程分为以下三个步骤。

（1）针对给定的问题，选择合适的状态及算符的形式化描述方法。

（2）选择某初始状态出发，依次使用算符，直至到达目标状态，从而能够递增地建立算符序列。

（3）上述步骤中，由初始状态到目标状态建立得到的算符序列可以作为给定问题的一个解。

状态空间的搜索策略本质是在状态空间图中搜索出一条从初始状态到目标状态的路径。按照是否使用启发式信息，传统的搜索策略可分为盲目搜索（见 4.3 节）和启发式搜索（见 4.4 节）。盲目搜索是一种基本图搜索策略，是在没有任何经验和知识的情况下，由某种规则所确定的非智能性搜索，例如回溯策略、宽度优先搜索策略、深度优先搜索策略等。这种搜索方式需要耗费大量时间和空间，效率低下。与盲目搜索相比，启发式搜索是一种准备充分、追求效率的智能搜索，它依赖于知识以及信息的指导，通过进行状态的逐一比较，进而找到满足规定条件的目标状态解。另一种常用的搜索策略是博弈搜索（见 4.5 节），博弈搜索区别于传统的搜索策略，是基于博弈问题的一种搜索方法，一般涉及两位参与者之间的对抗过程，使用博弈树搜索最优策略。下面对这几种搜索算法逐一介绍。

4.2 盲目搜索：基本图搜索策略

4.2.1 回溯策略：逆流而上

1. 基本思想

回溯策略是一个类似穷举的搜索尝试过程，在搜索尝试过程中寻找问题的解，当发现已不满足求解条件时，就“回溯”并尝试其他路径。回溯策略的基本思想可以理解为，当不能确定解决问题的方向时，就选择一条路硬着头皮往前走，能进则进，不能进则退回上一个路口，换一条路再试。回溯策略的基本行为是搜索，搜索过程利用剪枝函数能够减少无效搜索。约束函数和限界函数是常用的两类剪枝函数，前者剪去不满足约束条件的路径，后者剪去不能得到最优解的路径。

2. 算法过程

首先，从根节点开始搜索状态空间，当搜索至状态空间的某节点时，根据剪枝函数判断该节点能否得到问题的解，如果满足求解条件，就从该节点继续搜索；否则，不再搜索以该节点为根的子状态空间，并逐层向其祖先节点回溯。

对一个节点进行“扩展”是指将某个可用算符作用于该节点，生成该节点的一组子节点。Open 表和 Closed 表被用来存放节点，其中 Open 表用于存放刚生成的节点，即待考察的节点；Closed 表用于存放已经访问过的、将要扩展或已扩展的节点，即考察过的节点。算法回溯过程如表 4-1 所示。

表 4-1　回溯算法过程

Step1	把根节点 s 放入 Open 表中，建立仅包含根节点的图；
Step2	判断 Open 表是否为空，若 Open 表为空，则问题无解，失败退出；
Step3	把 Open 表的第一个节点取出放入 Closed 表，并记该节点为 n；
Step4	考察节点 n 是否为目标节点。若是，则得到问题的解，成功退出，否则进入 Step5；
Step5	判断节点 n 是否可扩展，并且满足约束条件，若是，则进入 Step6，否则转回 Step2；
Step6	扩展节点 n，将其子节点放入 Open 表的首部，并为每个子节点设置指向父节点的指针，然后转回 Step2。

3．算法流程图

回溯算法流程图如图 4-2 所示。

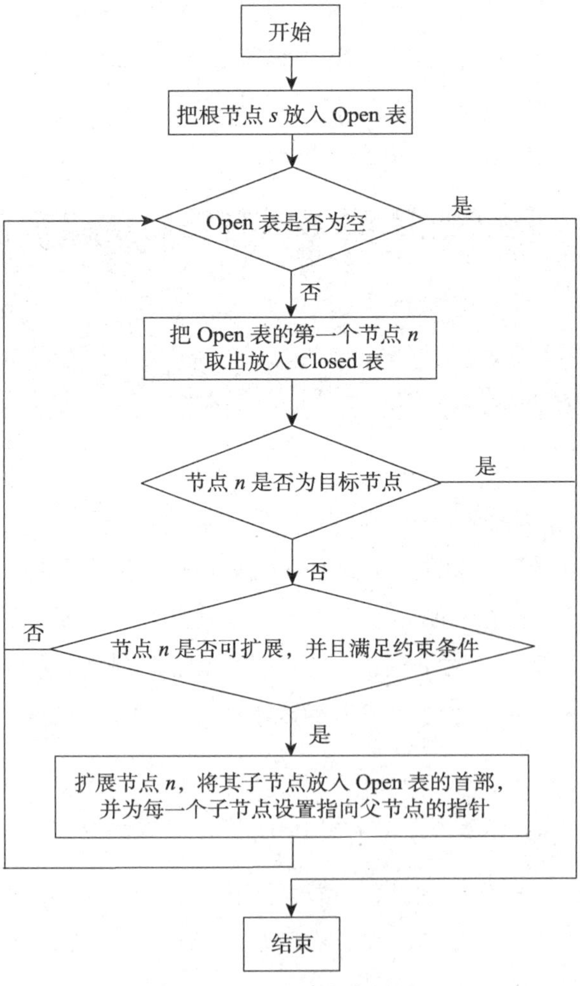

图 4-2　回溯算法流程图

4．特点

回溯策略可以看作一种有组织的穷举搜索，减少了无效搜索，因此通常可以避免搜索所有节点的可能。回溯策略适用于复杂的、规模较大的问题，一向被认为是“通用解题方法”。

5．实例

0/1 背包问题。给定 3 个物品和 1 个背包，3 个物品的重量分别是 20、15、10，其价值分别为 20、30、25，背包的容量为 25。应用回溯策略，在背包承重范围内，选择装入背包的物品，使装入背包中物品的总价值最大。

背包问题的回溯策略搜索过程如图 4-3 所示。此例中，节点序号表示应用回溯策略搜索时的状态顺序，边表示是否选择该物品装入背包，1 为选择，0 为不选择。

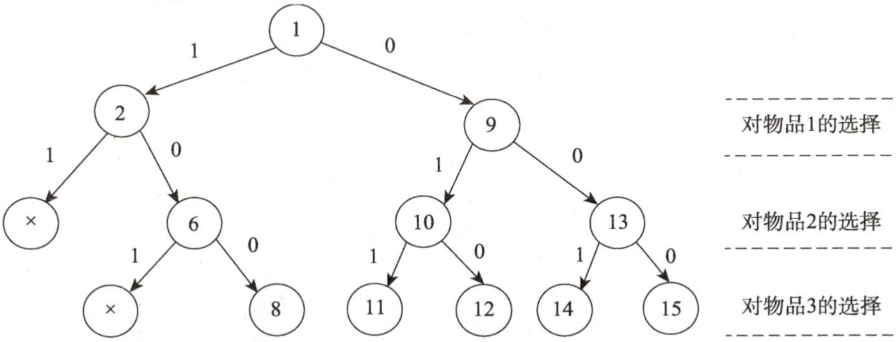

图 4-3　背包问题的回溯策略搜索过程

按深度优先搜索策略搜索，以背包容量作为约束条件剪枝后，得到的叶子节点为问题的 5 个可能解，叶子节点 11 的总价值最大，路径为 0 →1 →1。那么选择物品 2 和 3 装入背包，可以使装入背包中的物品总价值最大。

4.2.2　宽度优先搜索策略：先进先出

宽度优先搜索策略按照距开始状态由近及远的顺序搜索，在生活中，常常用来求解最优路径问题。例如，在一个集体中，只有一些人互相认识，如果张某想要认识李某，需要通过认识的人来实现（假如张某认识刘某，刘某认识李某，那么张某可以通过刘某认识李某）。找出张某至少需要通过多少人才能认识李某可以用宽度优先搜索策略，张某作为第一个节点，由此开始进行宽度优先搜索，认识的人作为接下来可扩展的节点，如果出现了李某那么搜索结束，此时得到的路径是最优路径。

1．基本思想

宽度优先搜索策略采用“先进先出”策略扩展节点，是一种先生成节点先扩展的优化策略。宽度优先搜索策略的过程是，从根节点开始逐层向下扩展，在该层节点全部搜索完成后，才进入下一层节点的搜索，即节点的层数决定扩展的先后顺序。在宽度优先搜索策略中，Open 表是一种队列结构，最先进入 Open 表的节点排在最前面，最后进入 Open 表的节点排在最后面。

2．算法过程

宽度优先搜索算法过程如表 4-2 所示。

表 4-2　宽度优先搜索算法过程

Step1	把根节点 s 放入 Open 表中，建立仅包含根节点的图；
Step2	如果 Open 表为空，则问题无解，失败退出；
Step3	把 Open 表的第一个节点取出放入 Closed 表，并记该节点为 n；
Step4	考察节点 n 是否为目标节点。若是，则得到问题的解，成功退出，否则进入 Step5；
Step5	判断节点 n 是否可扩展，并且满足约束条件，若是，则进入 Step6，否则转回 Step2；
Step6	扩展节点 n，将其子节点放入 Open 表的尾部，并为每个子节点设置指向父节点的指针，然后转回 Step2。

3．算法流程图

宽度优先搜索算法流程图如图 4-4 所示。

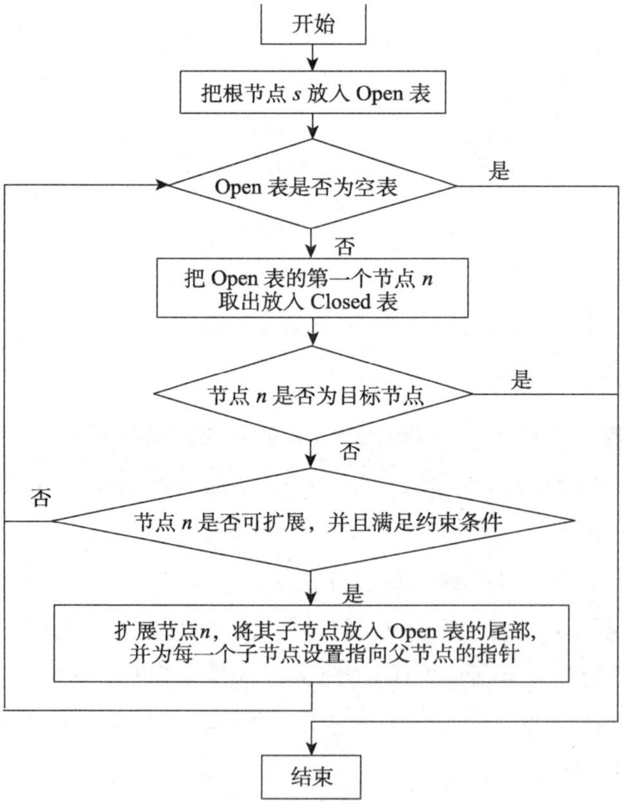

图 4-4　宽度优先搜索算法流程图

4．特点

宽度优先搜索策略是一种完备的搜索策略，即只要问题有解，它就一定可以找到路径最优的解。但宽度优先搜索策略计算复杂度高，搜索效率较低，盲目性较大，一旦目标节点距根节点较远，则会扩展出很多无用的节点。

5．实例

八数码问题。在 3×3 的方格棋盘上，分别放置了标有数字 1、2、3、4、5、6、7、8 的八个棋子和一个空格，可以操作空格左移、上移、右移、下移，即只允许把位于空格左、上、右、下方的棋子移入空格，棋盘的初始状态和目标状态如图 4-5 所示。应用宽度优先搜索策略，通过移动空格，将棋盘从初始状态变换到目标状态。

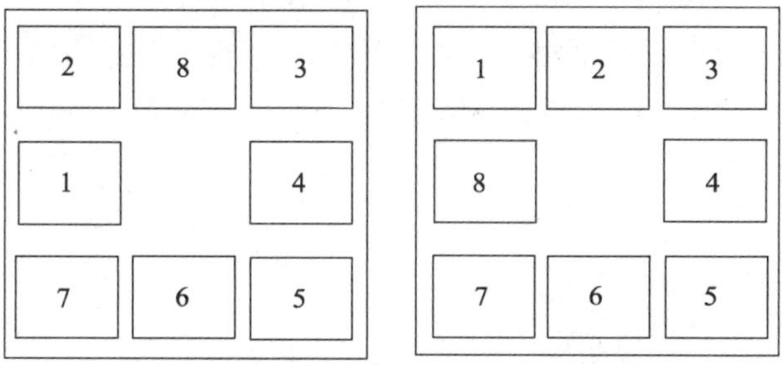

(a) 初始状态 (b) 目标状态

图 4-5 八数码问题

在宽度优先搜索策略中，根节点逐层扩展，只有该层所有节点搜索完成后，才能进入下一层的节点搜索。搜索过程如图 4-6 所示，图中节点旁的数字表示节点的扩展顺序。宽度优先搜索策略找到的最优解路径是 1 →3 → 8 → 16 → 26。

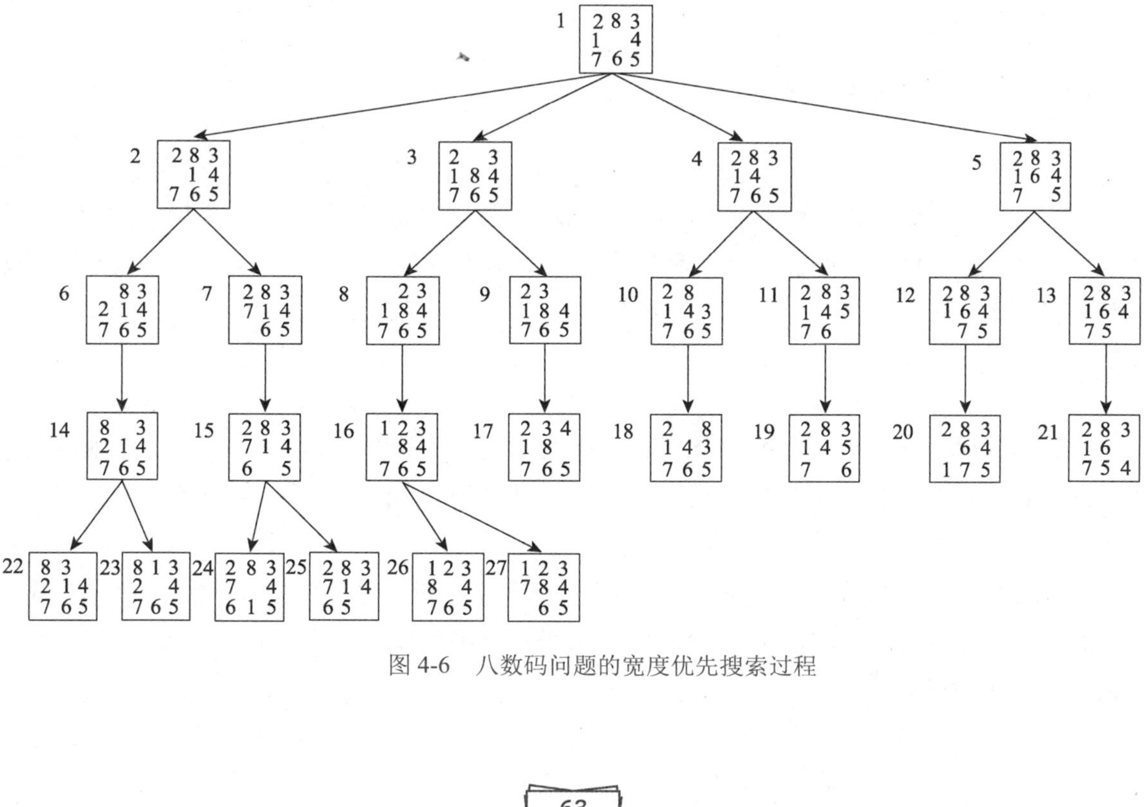

图 4-6 八数码问题的宽度优先搜索过程

4.2.3 深度优先搜索策略：后进先出

1. 基本思想

深度优先搜索策略采用"后进先出"策略扩展节点，是一种后生成的节点先扩展的策略。深度优先搜索策略的搜索过程是，从根节点开始，考察其最新生成的一个子节点，如果该子节点不是目标节点且可以扩展，则扩展该子节点，再对该子节点最新生成的一个子节点进行考察，以此类推，直到考察到的节点既不是目标节点又不可扩展时，再选择此节点的一个兄弟节点进行考察。在深度优先搜索策略中，Open 表是一种栈结构，最后进入 Open 表的节点排在最前面，最先进入 Open 表的节点排在最后面。可以看出，深度优先搜索策略和宽度优先搜索策略的唯一区别是节点在 Open 表中的排列顺序。

2. 算法过程

深度优先搜索算法过程如表 4-3 所示。

表 4-3 深度优先搜索算法过程

Step1	把根节点 s 放入 Open 表中，建立仅包含根节点的图；
Step2	判断 Open 表是否为空，如果 Open 表为空，则问题无解，失败退出；
Step3	把 Open 表的第一个节点取出放入 Closed 表，并记该节点为 n；
Step4	考察节点 n 是否为目标节点。若是，则得到问题的解，成功退出，否则进入 Step5；
Step5	判断节点 n 是否可扩展，并且满足约束条件，若是，则进入 Step6，否则转回 Step2；
Step6	扩展节点 n，将其子节点放入 Open 表的首部，并为每个子节点设置指向父节点的指针，然后转回 Step2。

3. 算法流程图

深度优先搜索算法流程图如图 4-7 所示。

4. 特点

深度优先搜索策略是一种不完备的搜索策略，即使问题有解，也不一定能够找到解，即使能够找到解，这个解也不一定是最优解。但如果当前搜索路径上正好有一个解，那么求解速度较快，搜索效率较高。

5. 实例

八数码问题。问题描述同 4.3.2 节，应用深度优先搜索策略，将棋盘从初始状态变换到目标状态。其部分搜索过程如图 4-8 所示，图中尚未搜索到问题的目标，因此搜索还需要继续进行下去。

由图 4-8 可以看出，深度优先搜索策略以图中节点旁边的数字作为扩展顺序，尝试寻找解的路径，并需要不断地扩展节点，直到考察到的节点既不是目标节点又不可扩展，再选择此节点的一个兄弟节点进行考察。

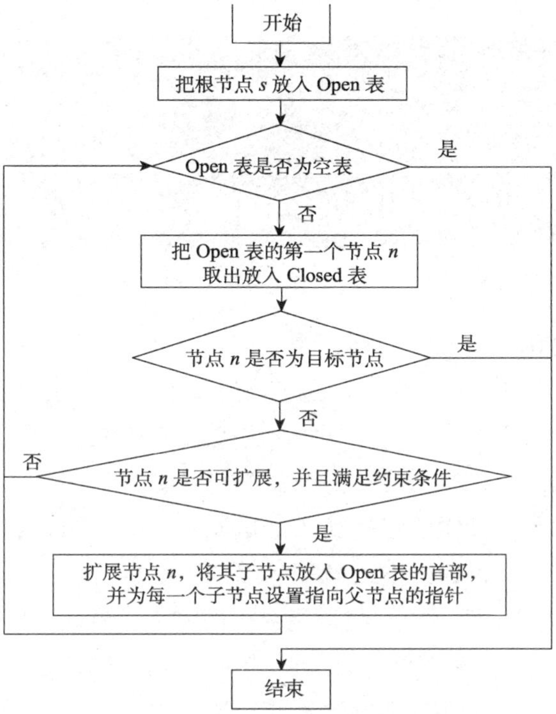

图 4-7　深度优先搜索算法流程图

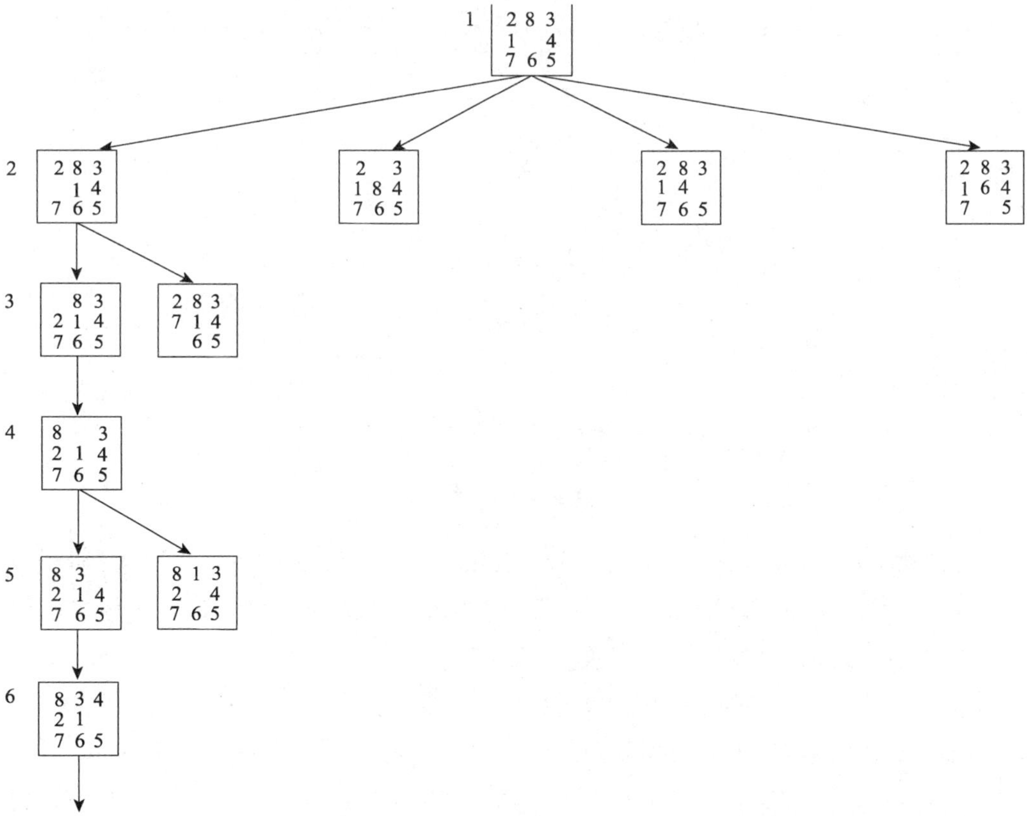

图 4-8　八数码问题的深度优先搜索过程（部分）

4.3 启发式搜索：灵光一闪

4.3.1 启发式搜索策略和估价函数

1．启发式搜索策略

宽度优先搜索、深度优先搜索等策略都属于盲目搜索，即不利用任何额外信息（输入信息或辅助函数），只依赖于算法本身的搜索。这些算法受制于完备性、最优性、时间/空间复杂度等因素，目前较少在实际应用中使用。而启发式搜索能够在准确性和计算效率上达到较好的平衡，被广泛应用于路径规划、人工智能、最优化算法等领域。

回顾盲目搜索可以发现，搜索的过程实质上是按照一定的规则顺序建立了一棵搜索树，其根节点是搜索的起始点，算法最终到达的叶子节点则为搜索目标。在上节介绍的宽度和深度优先搜索策略中，搜索对象图和搜索树的边是没有权值的（或者说，所有边的权值均为 1，代表深度）。但是，在实际应用中，不同状态转换的代价经常是不同的。

以图 4-9 的问题为例，如果使用宽度优先搜索策略查找 $A \to G$ 的最优路径，只会考虑经过节点的个数。显然，由于不同节点间的距离不同，此策略得到的最优路径（经过节点最少）并不能满足需求。如果要得到正确的结果，必须将各节点间的实际距离考虑在内进行搜索。

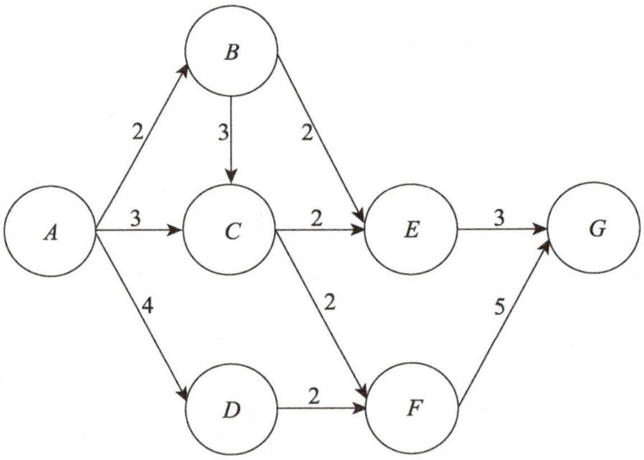

图 4-9　搜索 $A \to G$ 的最优路径

启发式搜索（Heuristic Search），又叫有信息搜索（Informed Search），利用额外的启发信息（如坐标、路程等）进行搜索的决策，达到优化搜索速度和效果的目的。与盲目搜索相比，启发式搜索主要有以下两大特点。

（1）启发式搜索依赖额外的估价函数进行搜索决策。

（2）启发式搜索需要额外的数据作为估价函数的输入。

给搜索树的边加上权值，就得到了代价树。权值来源于问题附带的额外信息，但根据使用方式的不同，可能会有不同的搜索结果。在深度和宽度优先搜索中，可以通过加入权值信息，将算法改进为代价树的深度和宽度优先搜索。在启发式搜索中，使用估价函数对权值等额外信息进行评估，引导搜索的进行。

2. 估价函数

估价函数用于评价节点的重要性，其一般形式为

$$f(x)=g(x)+h(x)$$

其中，x 为某节点（及其信息），$f(x)$ 为节点 x 的估价，$g(x)$ 为从根节点到当前节点的代价，$h(x)$ 为从当前节点到目标节点的估计代价，称为启发函数。

以平面寻路任务为例，下面是一些简单可用的启发函数。

（1）Null heuristic：$h(x)$ 的值始终为 0，只考虑根节点到当前节点的距离。

（2）曼哈顿距离：$h(x)=\text{abs}(x_0-x)+\text{abs}(y_0-y)$，为两点间东西方向的距离与南北方向的距离之和。

（3）欧几里得距离（欧氏距离）：$h(x)=\sqrt{(x_0-x)^2+(y_0-y)^2}$，为两点在欧氏空间中的直线距离。

启发函数 $h(x)$ 是启发式搜索的核心，其优劣直接影响搜索的效果。一般来说，如果加入的启发信息强、启发函数复杂，很可能导致计算量增加，但有利于找到最优解；如果启发信息弱，能够减少计算量，但很可能导致找不到最优解或进行更多无用计算。建立启发函数时，应令其与节点处在最优路径上的概率相关，以此反映节点的重要程度。在实际应用中，输入的信息会更加丰富，启发函数也需要根据实际情况定义。

4.3.2 有序搜索：论价排辈

在深度优先搜索和宽度优先搜索中，对于每个节点，我们会依次扩展其子节点以搜索目标节点。节点的扩展没有严格的顺序要求，这种随机性使得算法的时间消耗很不稳定，也会进行很多不必要的扩展计算。而启发式搜索中的有序搜索，通过估价函数对可扩展节点进行排序，提高了搜索的效率。本节将介绍两种有序搜索算法，分别对深度优先搜索算法和宽度优先搜索算法进行了优化。

1. 局部择优搜索

局部择优搜索算法过程如表 4-4 所示。

表 4-4　局部择优搜索算法过程

Step1	将根节点 x_0 放入 Open 表中，$f(x_0)=g(x_0)+h(x_0)$；
Step2	若 Open 表为空，则搜索失败，退出；
Step3	将 Open 表的第一个节点取出放入 Closed 表，记该节点为 x；
Step4	若 x 为目标节点，则搜索成功，退出；
Step5	若 x 不可扩展，转回 step2；
Step6	扩展 x，生成其子节点 $x_i\,(i=1,2,\cdots)$，计算每个子节点的估价 $f(x_i)$，按估价从小到大的顺序依次放入 Open 表首部，并为每个子节点设置其到 x 的指针，转回 step2。

局部择优搜索和深度优先搜索都以当前节点的子节点为考察范围，但选择节点的标准不同。实际上，深度优先搜索算法和代价树的深度优先搜索算法都是局部择优搜索算法的特例。如果取 $f(x)=g(x)$，那么算法退化为代价树的深度优先搜索算法；如果取 $f(x)=d(x)$（x 的深度），那么算法退化为深度优先搜索算法。

2．全局择优搜索

全局择优搜索，又称最优优先搜索，其算法又称 A 算法，算法过程如表 4-5 所示。

表 4-5　全局择优搜索算法过程

Step1	将根节点 x_0 放入 Open 表中，$f(x_0)=g(x_0)+h(x_0)$；
Step2	若 Open 表为空，则搜索失败，退出；
Step3	将 Open 表的第一个节点取出放入 Closed 表，记该节点为 x；
Step4	若 x 为目标节点，则搜索成功，退出；
Step5	若 x 不可扩展，转回 step2；
Step6	扩展 x，生成其子节点 $x_i(i=1,2,\cdots)$，计算每个子节点的估价 $f(x_i)$，并为每个子节点设置其到 x 的指针，然后将所有子节点放入 Open 表；
Step7	将 Open 表中的所有节点按照估价从小到大排序，转回 step2。

全局择优搜索的考察范围是同一层（到根节点距离相同）的节点。宽度优先搜索算法和代价树的宽度优先搜索算法都是全局择优搜索算法的特例。如果取 $f(x)=g(x)$，那么算法退化为代价树的宽度优先搜索算法；如果取 $f(x)=d(x)$（x的深度），那么算法退化为宽度优先搜索算法。

4.3.3　A*算法：底线思维

1．基本思想

A*算法是 A 算法的特例。如果 A 算法使用的 $h(x)$ 满足

$$h(x)\leqslant h^*(x)$$

则称该算法为 A*算法。其中，$h(x)$ 为 x 到目标节点的估计代价，$h^*(x)$ 为 x 到目标节点的实际代价。

2．A*算法的完备性

当问题存在解时，若搜索算法一定能够在有限时间内结束并找到解，则称此算法具有完备性。下面对 A*算法的完备性进行证明。

有限图（顶点和边的数量均有限）的证明如下。

（1）根据 A*算法的过程，如果找到解，A*算法会直接结束；如果找不到解，则会因为 Open 表为空而结束，且搜索过的节点都会进入 Closed 表，算法不再关注该节点。由于是有限图，A*算法一定能够在有限时间内结束。

（2）问题存在解，即至少有一条路径 $P = x_0 \to x_1 \to \cdots \to x_{\text{END}}$。根据 A*算法的定义，当路径中任一节点 x_i 离开 Open 表时，其后续节点都必将进入 Open 表，又知起始时 x_0 在 Open 表中，因此当 Open 表变空之前，x_{END} 必将进入 Open 表。

无限图（顶点和边至少有一个是无限的）的证明如下。

引理 1：如果 A*算法不结束，Open 表中的节点 x 将具有任意大的 $f(x)$。对于任一节点 x，有 $f(x) = g(x) + h(x)$。设图中所有边代价的最小值为 e，则有 $g(x) \geqslant g^*(x) \geqslant d^*(x) \cdot e$，其中，$g^*(x)$ 为从根节点到 x 的最小代价，$d^*(x)$ 为根节点到 x 的最优路径边数。又有 $h(x) \geqslant 0$，因此 $f(x) \geqslant d^*(x) \cdot e$。如果 A*算法不结束，Open 表中的节点 x 将具有任意大的 $d^*(x)$，根据上面的推理，也将具有任意大的 $f(x)$。

引理 2：最优路径上的节点 x 满足 $f(x) \leqslant f^*(x_{\text{END}})$。对于 Open 表中的节点 x，若 x 在最优路径上，则有 $g(x) = g^*(x)$。由 A*算法的性质 $h(x) \leqslant h^*(x)$，可知 $f(x) = g(x) + h(x) \leqslant g^*(x) + h^*(x) = f^*(x)$。又因为所有最优路径上的节点都有相等的 $f^*(x)$，所以最优路径上的节点 x 满足 $f(x) \leqslant f^*(x_{\text{END}})$。

假设 A*算法不结束，根据引理 1，Open 表中的节点将具有任意大的 $f(x)$。但由于存在从根节点到目标节点的路径，Open 表中在最优路径上的节点 x 的 $f(x)$ 将有最大值 $f^*(x_{\text{END}})$。两结论矛盾，假设不成立。因此，如果存在解，A*算法在无限图上必然结束。

3．A*算法的最优性

当一个算法找到的解是当前定义下的最优解（代价最小），则称此算法是最优的。下面对 A*算法的最优性进行证明。

（1）由于 A*算法是完备的，因此其必然会结束在目标节点上。

（2）假设 A*算法未能通过最优路径找到目标节点，则当算法结束到达目标节点时有 $f(x'_{\text{END}}) = g(x'_{\text{END}}) > f^*(x_{\text{END}})$。

（3）根据引理 2，在 A*算法结束前，Open 表中必然有最优路径上的节点 x，使得 $f(x) \leqslant f^*(x_{\text{END}}) < f(x'_{\text{END}})$。

（4）根据 A*算法定义，Open 表中的节点按照估价从小到大排列，由于 $f(x) < f(x'_{\text{END}})$，算法不可能在 x 存在于 Open 表中的情况下选择 x'_{END}，与（2）中的假设矛盾。因此，A*算法必然通过最优路径到达目标节点。

4．估价函数的选择

4.4.1 节中提到，$h(x)$ 的选择十分重要。A*算法的搜索效率很大程度上依赖于 $h(x)$ 的定义。一般来说，在满足定义 $h(x) \leqslant h^*(x)$ 的前提下，$h(x)$ 的值越大越好。$h(x)$ 值越大，说明启发性信息的比重越大，节点扩展时的搜索空间也会更小，A*算法的这一特性也被称为信息性。然而，使用的启发性信息越多，单次 $h(x)$ 的计算开销也相应越大。在选择估价函数时，需要做出合理的决策。

5．实例 1

接下来，我们通过图 4-9 的问题（搜索 $A \to G$ 的最优路径）说明 A*算法的过程。

（1）定义估价函数。令：

① $g(x)$ 为当前路径下从根节点到 x 经过的边的代价之和；

② $h(x)$ 为 x 所有出边（箭头起为出边）的代价的最小值；

③ $f(x)=g(x)+h(x)$。

（2）通过 A*算法进行搜索。表 4-6 为 A*算法过程实例，展示了节点扩展的过程。其中，Closed 表每行的行内顺序即为上一步 Open 表中节点的扩展顺序；节点下标表示其父节点，实际应用中可以使用指针等方式标识和获取路径。

表 4-6　A*算法过程实例

状态	Open	Closed
S_0	$f(A)=0+\min(2,3,2)=2$	
S_1	$f(B)=4$ $f(C_A)=5$ $f(D)=6$	A
S_2	$f(C_B)=7$ $f(E_B)=7$ $f(E_{C_A})=8$ $f(F_{C_A})=10$ $f(F_D)=11$	A B,C_A,D
S_3	$f(G_{E_B})=7$ $f(G_{E_{C_A}})=8$ $f(E_{C_B})=10$ $f(G_{F_{C_A}})=10$ $f(G_{F_D})=11$ $f(F_{C_B})=12$	A B,C_A,D $C_B,E_B,E_{C_A},F_{C_A},F_D$
S_4		A B,C_A,D $C_B,E_B,E_{C_A},F_{C_A},F_D$ G_{E_B}

在 S_4 状态，G_{E_B} 以代价 7 到达目标节点，算法结束，其路径上各节点的计算流程如下。

① $f(A)=0+\min(2,3,2)=2$。

② $f(B)=f(A)+\min(2,3)=4$。

③ $f(E_B)=f(B)+\min(3)=7$。

④ $f(G_{E_B})=f(E_B)+0=7$。

根据 A*算法规定的节点扩展顺序可知，G_{E_B} 对应的路径 $A \to B \to E \to G$ 必定是最优路径，因为此时未进行扩展的节点代价均已高于 G_{E_B}。

6．实例 2：A*算法在自动泊车系统中的应用

路径规划是自动泊车系统的核心组成部分，高效、合理的路径规划算法能够显著提升自动泊车的效率。要在复杂场景（如公共车库、停车场等）中找到一条从能够当前位置到最近停车位且无碰撞的路线，常用于搜索最优路径的启发式算法似乎是很好的选择。

然而，现实场景与前文讲解中假设的理想环境不同，车辆是具有较大体积、转向半径受限的物理实体，并不能像抽象图中的点一样自由移动。如果地图位置（路径中的节点）划分粒度过细，车辆很可能会遇到空间不足以转向甚至无法前进的状况；但如果为了避免这一情况而增加节点面积，则会造成空间浪费，甚至失去很多可通行的路径。因此，直接将 A*算法等启发式算法应用到自动泊车系统中，难以取得较好的效果。

Hybird A*算法是对 A*算法的改进，如图 4-10 所示。针对前面提到的问题，该算法将车辆运动学与 A*算法结合，用于解决复杂场景车辆寻路、侧方停车、倒车入库等自动泊车相关问题。

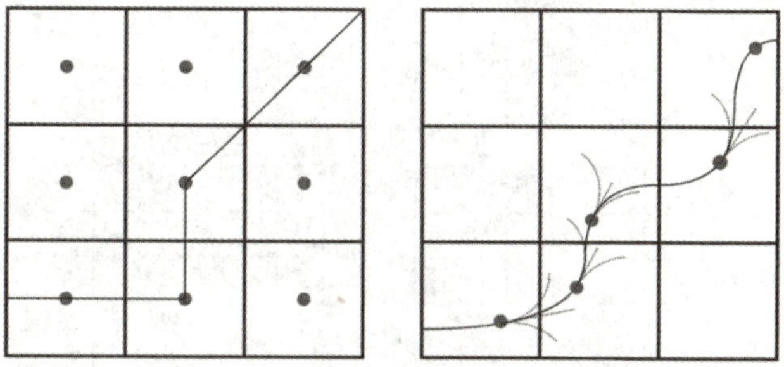

图 4-10　A*算法（左）和 Hybrid A*算法（右）

Hybird A*算法与 A*算法的步骤基本相同，二者最大的区别是节点扩展步骤。Hybird A*算法需要额外计算生成此次移动对应的 Reeds-Shepp 曲线（满足车辆动力学的最优运动曲线），并结合地图对该曲线进行碰撞检测。此外，在节点位置选择上的策略也有所不同。更具体的算法细节涉及复杂的几何计算及碰撞检测等知识，此处不展开说明。

通过引入车辆运动学、碰撞检测等约束，Hybird A*算法能够更好地处理自动泊车场景下的路径规划问题，被广泛应用于自动泊车系统中。

4.4　博弈搜索：势均力敌

4.4.1　博弈搜索的基本思想

博弈搜索是基于博弈问题的一种搜索方法，常用于计算机象棋、围棋等。在博弈问题中，一般有两位参与者进行对抗，他们处于平等的博弈条件下，并且遵循相同的博弈规则。在博弈时，双方需要根据对方的行为预测可能的结果，并优化自己的策略，以达到获胜的目的。

博弈搜索使用博弈树搜索最优策略。博弈树的根节点是整个对局的初始状态，叶子节点代表一个终态，即在此状态下双方分出了胜负或平局，非叶子节点代表对局的过程状态，它的每个子节点都是由一位参与者执行自己的策略后发展出来的新状态，可能是终态，也可能是非终态。

下面绘出一个博弈搜索的出实例：井字棋博弈树。

井字棋是日常生活中最常见的博弈游戏，它规则简单，容易上手，却包含着丰富的博弈思想。棋手思考每步棋的过程，实际上就是在心中搜索博弈树并寻找最优解的过程。一个人水平越高，代表着他心中博弈树的深度越大，宽度越广。图 4-11 展示了井字棋博弈树的一个实例，每个节点代表了棋盘的一种状态。

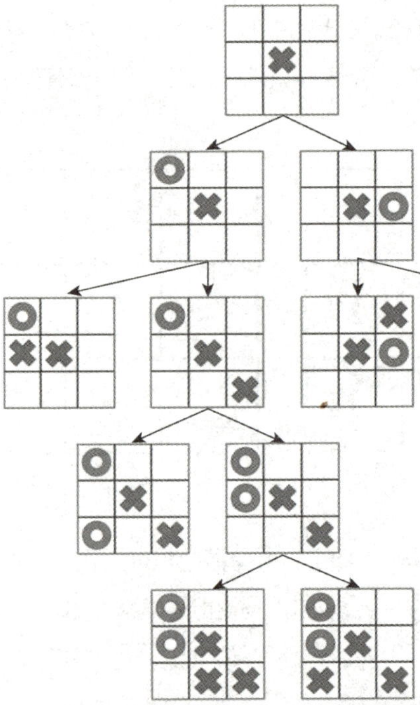

图 4-11　井字棋博弈树

4.4.2　博弈搜索的控制策略

在搜索博弈树时，有两种博弈搜索控制策略可以采用，一种是完整的博弈搜索控制策略，另一种是有界深度博弈搜索控制策略。

完整的博弈搜索控制策略会从初始状态开始，考虑到所有可能出现的对局状态，生成一棵完整的博弈树，并在此博弈树上搜索最优策略。它的好处在于生成搜索树的方法简单，但是它不适用于复杂的博弈问题。

解决复杂的博弈问题应使用有界深度博弈搜索控制策略。该策略以当前对局状态为初始状态，构造出一棵深度一定的博弈树。该博弈树是一棵局部博弈树，不能找到最优策略，只能找到较优策略，但是它所耗费的计算成本较少，效率较高。

4.5.3 博弈搜索算法：极大极小值算法

当搜索完成时，需要使用一种算法来选择当前最优的策略，由此引入了极大极小值算法。在该算法中，为了定量地衡量每个对局状态的好坏，首先需要定义一个评价函数。该函数的输入是对局状态，输出是评价分数，为正值代表对己方有利，且越大越有利；为负值代表对己方不利，且越小越不利。对于每个叶子节点，使用评价函数以计算其评价分数。对于每个非叶子节点，若该节点所处状态下一步由己方执行（处于极大值层，记为 Max），则选取其所有子节点中最大的分数作为该节点的分数；若下一步由对方执行（处于极小值层，记为 Min），则选取其所有子节点中最小的分数作为该节点的分数。算完每个节点的分数之后，在当前节点的所有子节点中选择分数最大的节点作为己方所选择的下一步。

图 4-12 为极大极小值算法的实例，该图以 S 节点为根节点，并构造了深度为 2 的局部博弈树。首先使用评价函数计算出叶子节点 D~L 的分数；接下来，由于非叶子节点 A~C 处于极小值层，它们将选取子节点中最小的分数作为自己的分数（对手会做出对己方最不利的选择），所以节点 A 会选择节点 F 的分数 1 作为自己的分数，同理，节点 B 和节点 C 分别选择节点 G 的分数–2 和节点 L 的分数–8 作为自己的分数；最后，处于极大值层的节点 S 会选择 A、B 和 C 中最大的分数作为自己的分数（己方会做出对己方最有利的选择），故节点 S 选择节点 A 的分数 1 作为自己的分数，即节点 A 是当前状态下最优的选择。

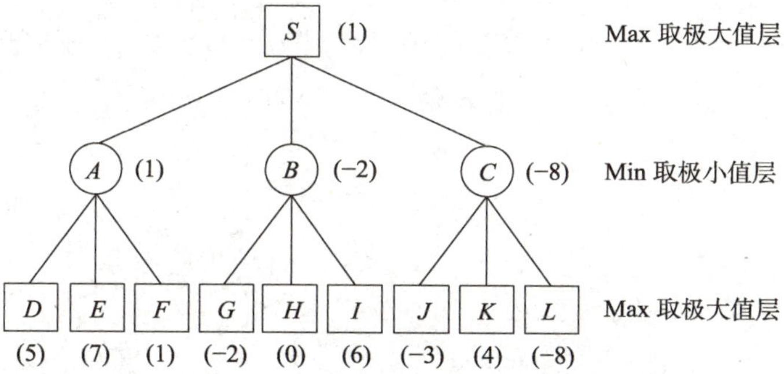

图 4-12 极大极小值算法的实例

4.5.4 对策：$\alpha-\beta$ 剪枝算法

极大极小值算法可以帮我们找到局部最优解，但是该算法生成博弈树和计算每个节点的评价分数并找到最优解的过程是分离的，这说明算法的效率可以进一步提升。为此，可以采用 $\alpha-\beta$ 剪枝算法。

$\alpha-\beta$ 剪枝算法在构造博弈树的同时计算出节点的评价分数，并对博弈树中不需要展开的节点进行剪枝以提高效率。为此，该算法为极大值层的节点设置了 α 值，代表节点的评价分数下界，为极小值层的节点设置了 β 值，代表节点的评价分数上界。

极大值层节点的 α 值初始化为 $-\infty$，生成子节点的同时计算出子节点的评价分数，若子节点分数大于父节点的 α 值，则将父节点的 α 值更新为子节点分数。α 值代表了父节点分数的下界，因为只有当下一个子节点的评价分数大于父节点当前的 α 值时，α 值才会更新，当前 α 值永远小于或等于父节点最终的评价分数。

极小值层节点的 β 值初始化为 $+\infty$，生成子节点的同时计算出子节点的评价分数，若子节点分数小于父节点的 β 值，则将父节点的 β 值更新为子节点分数。β 值代表了父节点分数的上界，因为只有当下一个子节点的评价分数小于父节点当前的 β 值时，β 值才会更新，当前 β 值永远大于或等于父节点最终的评价分数。

$\alpha-\beta$ 剪枝分为 α 剪枝和 β 剪枝。

α 剪枝中，当极大值层节点的 α 值大于或等于其极小值层子节点的 β 值时，可以停止对该子节点的搜索。因为父节点的下界已经大于或等于子节点的上界，继续搜索子节点对父节点分数的更新没有帮助。

图 4-13 是 α 剪枝实例。在节点 S 搜索完第一个子节点 A 后，将 α 值更新为节点 A 的分数 1。在搜索第二个子节点 B 时，子节点 B 的 β 值已小于节点 S 的 α 值，故可以结束对节点 B 的搜索。

β 剪枝中，当极小值层节点的 β 值小于或等于其极大值层子节点的 α 值时，可以停止对该子节点的搜索。因为父节点的上界已经小于或等于子节点的下界，继续搜索子节点对父节点分数的更新没有帮助。

图 4-14 是 β 剪枝实例。在节点 C 搜索完第一个子节点 J 后，将 β 值更新为节点 J 的分数–3。在搜索第二个子节点 K 时，子节点 K 的 α 值已大于节点 C 的 β 值，故可以结束对节点 K 的搜索。

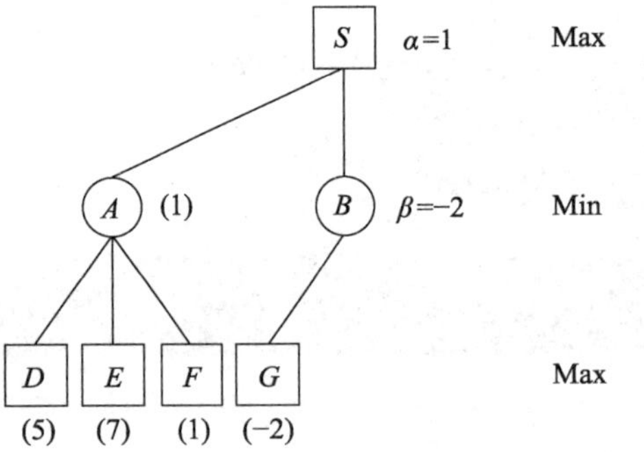

图 4-13　α 剪枝实例

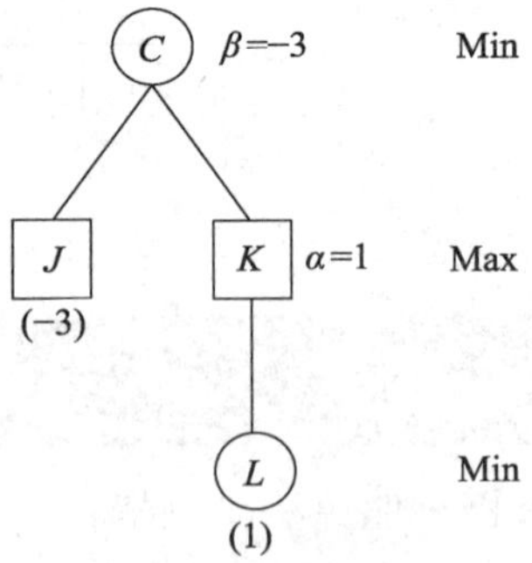

图 4-14　β 剪枝实例

本章小结

搜索算法是大部分规划和优化问题的基础。盲目搜索包括回溯策略、宽度优先搜索策略、深度优先搜索策略，其按照预先制定的策略进行，在搜索过程中得到的信息并不会用于改进该策略，因此盲目搜索效率低，多用于较简单问题的求解。启发式搜索整合了与问题相关的启发性信息，可以使搜索朝着最有希望的方向前进，从而加速了问题的求解过程。博弈搜索是一种多智能体参与的搜索方法，其规则是两边交替，引入一个估价函数来评估每次搜索的效果，一个智能体的搜索目标是找到一个使估价函数值最大化的节点，而另一个智能体的搜索目标是最小化估价函数的值。

练习题

1. 二阶梵塔问题。编号分别为 1、2 和 3 号的三根钢针依次排列，初始时，1 号钢针上穿有 A、B 两个金片，A 在 B 的上面且 A 比 B 小。请应用一种盲目搜索，将这两个金片全部移到 3 号钢针上，规定每次只能移动一个金片，任何时候都不能使大片位于小片上面。

2. 参考 4.4.3 节的实例 1，尝试在图 4-15 中求解 $A \to G$ 的最优路径。

估价函数定义如下。

（1）$g(x)$ 为当前路径下从根节点到 x 经过的边的代价之和。

（2）$h(x)$ 为 x 所有出边的代价的最大值。

（3）$f(x)=g(x)+h(x)$ 。

使用上述估价函数进行 A 算法的求解，检查答案是否正确并说明原因。

3. 假设现有博弈搜索树如图 4-16 所示，使用极大极小值算法，其中方形节点代表极大值层节点，圆形节点代表极小值层节点。各子节点的评价分数已给出。

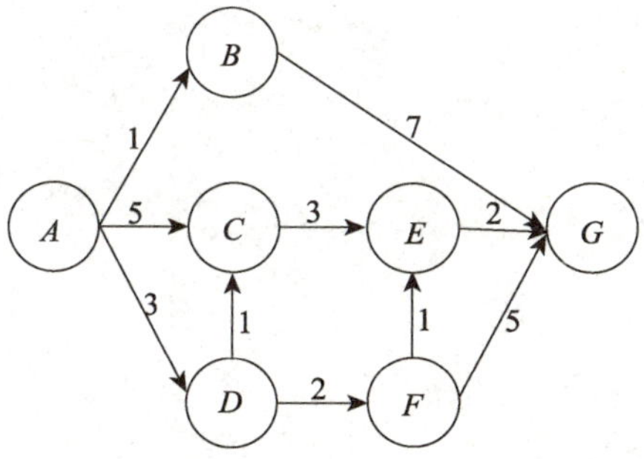

图 4-15　状态空间图

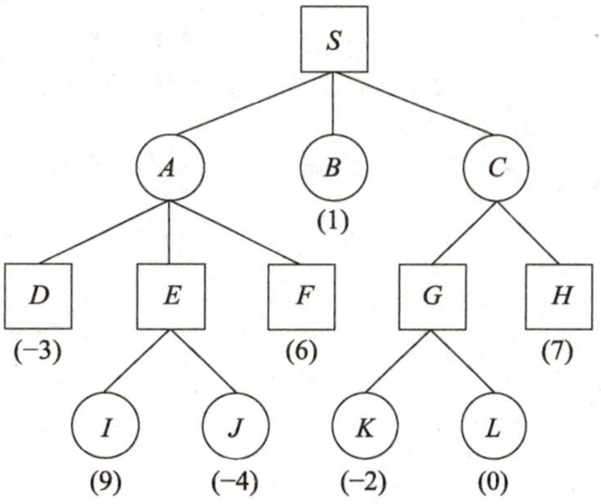

图 4-16　博弈搜索树

（1）求出节点 S 的评价分数，并指出节点 S 应该选择哪个节点作为下一步决策。

（2）若加入 $\alpha-\beta$ 剪枝算法，哪些节点不会被搜索？

思考题

1. 盲目搜索按照既定策略对节点进行扩展，其中深度优先搜索策略是一种快速但不完备的算法，试想一种改进方法能够使其“扬长避短”。

2. 4.4 节相关算法的例题均为有向图或现实场景的寻路问题。启发式搜索算法还能应用于什么实际场景？有哪些优缺点？

3. $\alpha-\beta$ 剪枝算法中，有人说极大值层节点的评价分数就是 α 值，极小值层节点的评价分数就是 β 值，这样的说法对吗？为什么？

4. $\alpha-\beta$ 剪枝算法在搜索子节点的过程中，何时才应该更新父节点的 α 值或 β 值？

参考答案

第 5 章

CT

专家系统：
让懂专业的系统做专业的事

专家系统是智能化的计算机程序，能够模拟拥有特定领域专业知识和经验的人或组织的判断和行为。专家系统通常旨在补充而不是取代人类专家，其概念是由斯坦福大学计算机科学家爱德华·费根鲍姆（Edward Feigenbaum）在 20 世纪 70 年代提出的。费根鲍姆在其 1988 年的手稿中指出，世界正在从数据处理走向“知识处理”，这意味着，新的处理器技术和计算机体系结构让计算机有潜力做更多的基本计算，并能够解决复杂的问题。

5.1 系统构成与工作原理：麻雀虽小，五脏俱全

专家系统主要有三个组成部分，如图 5-1 所示。

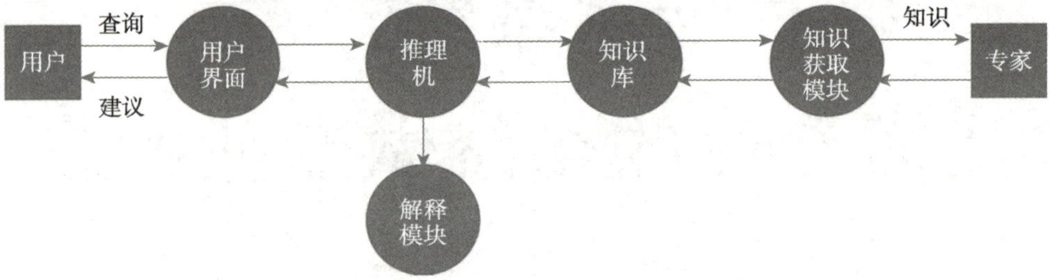

图 5-1 专家系统的组成

1. 知识库（Knowledge Base）

知识库是专家系统存储信息的地方。人类专家（Human Expert）提供有关特定领域或主题的事实，这些事实被存储在知识库中。专家系统中通常还包括一个知识获取模块（Knowledge Acquisition Module），该模块使系统能够收集来自外部的知识并将其存储在知识库中。

2. 推理机（Inference Engine）

推理机从知识库中提取相关信息，解决用户的问题。推理机是一个基于规则的系统，将知识库中的已知信息映射到一组规则中，并根据这些输入做出决策。专家系统中通常还包括一个解释模块（Explanation Module），用于向用户展示专家系统是如何得出结论的。

3. 用户界面（User Interface）

用户界面支持用户与专家系统交互，使系统获得用户的问题或给出问题的答案。

专家系统依赖于良好的知识库。人类专家将信息添加到知识库中，非专家用户则使用该系统来解决需要人类专家的复杂问题。

专家系统的工作主要在于从知识库中提取经验和事实，并将其与推理机或规则引擎（将知识库应用于程序的一组规则）集成。推理机通常使用以下两种方法之一从知识库获取信息。

（1）利用前向链接（Forward Chaining）读取并处理一组事实，对接下来将发生的事进行

逻辑预测。前向链接的一个应用实例是预测股票市场的走势。

（2）利用反向链接（Backward Chaining）读取并处理一组事实，得出关于发生某些事情的原因的逻辑结论。反向链接的一个应用实例是检查一组症状以获得医学诊断。

构建和维护知识库和专家系统的过程称为知识工程。知识工程确保专家系统拥有解决问题所需的所有信息，为此可以使用各种知识表示方法（如符号模式）来实现这一点。同时，可以通过扩展知识库或创建新的规则集来增强系统的功能。现代专家系统则更多地使用机器学习和人工智能技术来模拟领域专家的行为或判断。这些系统可以随着时间的推移，获得更多类似人类专家的经验，从而提高性能。

5.2 不确定性推理："头疼不舒服，是感冒了吗？可能吧！"

人们在日常生活中所使用的信息大多都是无法完全确定的。在现实世界中，事物发展存在随机性和复杂性，而人类认知过程中也通常存在不完全、不可靠、不精确和不一致的情况。这使得现实世界中的事物以及事物之间的关系极其复杂，存在大量的不确定性。例如，"这个人好瘦"，我们很难用具体的数值来确定"瘦"的界限。利用这些不确定性的信息得出一个结论，就必然要进行推理，此时采用不确定性推理的专家系统会给出更令人满意的答案。不确定性推理是利用不确定的知识和规则，从不确定的初始证据中推断出仍具有一定不确定性的合理或接近合理结论的过程。

专家系统的不确定性表现为证据、规则、推理三方面。不确定性推理需要对专家系统中的事实和规则给出不确定性描述，并基于此建立不确定性的传递计算方法。所有的不确定性推理方法都必须解决表示问题、语义问题和计算问题。

表示问题指采用什么方法来描述不确定性。通常有数值表示和非数值表示。数值表示便于计算和比较；非数值表示是一种定性的描述。在专家系统中，"知识不确定性"一般分为两类：一是规则的不确定性，二是证据的不确定性。规则的不确定性一般表示为 $(E \rightarrow H, f(H,E))$，其中 E 代表前提或证据，H 表示对应结论，$f(H,E)$ 是指相应规则的不确定性程度，称为知识或规则强度。证据的不确定性一般表示为 $(E,C(E))$，$C(E)$ 通常是一个数值，代表相应证据的不确定性程度，称为动态强度。

语义问题指上述表示和计算的含义，即对它们进行解释。语义问题需要对规则和证据的不确定性给出度量，即规则或证据的可信度。对于规则的不确定性度量 $f(H,E)$，需要定义 $f(H,E)$ 在三种典型情况下的取值：① 若 E 为真，则 H 为真；② 若 E 为真，则 H 为假；③ E 对 H 没有影响。对于证据的不确定性度量 $C(E)$，需要定义在下述三种典型情况下 $C(E)$ 的取值：① E 为真；② E 为假；③ 对 E 一无所知。

计算问题指不确定性的传播和更新，即获得新信息的过程。具体而言，是在领域专家给出的规则强度和用户给出的不确定性原始证据的基础上，定义一组函数，求解出结论的不确定性度量。它主要包括组合证据（涉及多个证据）的不确定性算法、不确定性的传递算法（如何将证据和规则的不确定性传递给结论）、结论不确定性的合成算法。本节我们介绍几种典型的不确定性推理方法。

5.2.1 主观贝叶斯推理

主观贝叶斯推理又称主观概率论，以概率论中的贝叶斯公式为基础，是一种基于概率逻辑的不确定性推理方法，主观贝叶斯推理已经成功应用于地矿勘探专家系统 PROSPECTOR（该系统将在 5.4 节中介绍）。本节简要介绍主观贝叶斯推理的基本思想和基本方法，更为完整和详细的内容可阅读参考文献[1]。

在贝叶斯公式中，在证据 E 出现的前提下，结论 H 成立的条件概率 $P(H \mid E)$ 被定义为

$$P(H \mid E)=\frac{P(H)P(E \mid H)}{P(E)}$$

其中，$P(E)$ 和 $P(H)$ 分别表示证据 E 出现和结论 H 成立的概率，$P(H \mid E)$ 表示当结论 H 成立时证据 E 出现的条件概率。

主观贝叶斯推理主要涵盖三方面，分别为规则不确定性的表示、证据不确定性的表示和不确定性推理计算。规则和证据不确定性的表示解决了前述不确定性推理中的表示问题和语义问题，而不确定性推理计算则对应着计算问题。

1. 规则不确定性的表示

在基本贝叶斯公式中，有产生式规则

$$\text{IF } E \text{ THEN } H\ P(H)$$

其中，E 代表前提或证据，H 代表结论。用条件概率 $P(H \mid E)$ 表示在证据 E 条件下，H 成立的确定性程度。

例如，IF 小明偷走钱财 THEN 小明承担法律责任的概率为 $P(H)$。

而在主观贝叶斯推理中，引入了两个数值 $(\mathrm{LS},\mathrm{LN})$ 来度量规则成立的充分性和必要性。主观贝叶斯推理中的产生式规则表示为

$$\text{IF } E \text{ THEN } (\mathrm{LS},\mathrm{LN})\ H\ P(H)$$

其中，LS 为充分性度量，代表证据 E 对 H 的支持程度，即 E 越支持 H 为真，LS 值越大，其定义为

$$\mathrm{LS}=\frac{P(E \mid H)}{P(E \mid \neg H)}$$

其中，$P(E \mid H)$ 表示当结论 H 成立时，证据 E 出现的条件概率；对应地，$P(E \mid \neg H)$ 表示当结

论 H 不成立时，证据 E 出现的条件概率。

LN 为必要性度量，代表 $\neg E$（E 不成立）对 H 的支持程度，即 E 对 H 越重要，LN 值越小。其定义为

$$\mathrm{LN}=\frac{P(\neg E\mid H)}{P(\neg E\mid \neg H)}=\frac{1-P(E\mid H)}{1-P(E\mid \neg H)}$$

LS 和 LN 取值范围为$[0,\infty)$，因为在实际应用中概率值不可能求出，所以 LS 和 LN 一般由领域专家给定。

根据 LS 的定义可以发现，当 $\mathrm{LS}>1$ 时，代表证据 E 支持结论 H 的成立，即 E 是对结论 H 有利的证据；当 $\mathrm{LS}=1$ 时，代表证据 E 的出现对结论 H 是否成立没有影响，即 E 是与结论 H 无关的证据；当 $\mathrm{LS}<1$ 时，代表证据 E 不支持结论 H 的成立，即 E 是对结论 H 不利的证据。

相应地，根据 LN 的定义可以发现，当 $\mathrm{LN}>1$ 时，代表证据 $\neg E$ 支持结论 H 的成立，即 $\neg E$ 是对结论 H 有利的证据；当 $\mathrm{LN}=1$ 时，代表证据 $\neg E$ 的出现对结论 H 是否成立没有影响，即 $\neg E$ 是与结论 H 无关的证据；当 $\mathrm{LN}<1$ 时，代表证据 $\neg E$ 不支持结论 H 的成立，即 $\neg E$ 是对结论 H 不利的证据。

由于 LS 和 LN 分别表示 E 和 $\neg E$ 对结论 H 的支持程度，而 E 和 $\neg E$ 不会同时对结论 H 有利或不利。所以 LS 和 LN 的取值只会出现三种情况：① $\mathrm{LS}<1$ 且 $\mathrm{LN}>1$；② $\mathrm{LS}>1$ 且 $\mathrm{LN}<1$；③ $\mathrm{LS}=\mathrm{LN}=1$。

2．证据不确定性的表示

证据不确定性的表示包含了单证据不确定性的表示方法和组合证据不确定性的表示方法。在单证据不确定性的表示方法中，证据通常可以分为全证据和部分证据。全证据就是所有可能的证据和假设，它们组成证据 E。部分证据 S 是 E 的一部分，称为一个观察。在主观贝叶斯推理中，证据的不确定性用概率表示，全证据的可信度依赖于部分证据，表示为 $P(E\mid S)$，为后验概率。对于组合证据，即证据 E 由多个单一证据合取或析取而成的情况，其不确定性的表示方法有相应的两种情况。

若证据 E 由多个单一证据合取而成，即 $E=E_1\wedge E_2\wedge\cdots\wedge E_n$，已知 $P(E_1\mid S),P(E_2\mid S),\cdots,P(E_n\mid S)$，则

$$P(E\mid S)=\min\{P(E_1\mid S),P(E_2\mid S),\cdots,P(E_n\mid S)\}$$

例如，E 为被告人偷走钱财并且打伤房主，其中 E_1 为被告人偷走钱财，E_2 为被告人打伤房主，此种情况为证据 E 由两个单一证据合取而成。

若证据 E 由多个单一证据析取而成，即 $E=E_1\vee E_2\vee\cdots\vee E_n$，已知 $P(E_1\mid S),P(E_2\mid S),\cdots,P(E_n\mid S)$，则

$$P(E\mid S)=\max\{P(E_1\mid S),P(E_2\mid S),\cdots,P(E_n\mid S)\}$$

例如，E 为被告人偷走钱财或者打伤房主，其中 E_1 为被告人偷走钱财，E_2 为被告人打伤

房主，此种情况为证据 E 由两个单一证据析取而成。

3．不确定性推理计算

不确定性推理计算基于证据 E 的概率 $P(E)$，结合 LS 和 LN，将结论 H 的先验概率 $P(H)$ 更新为后验概率 $P(H|E)$。但由于推理过程属于不确定性推理，因此需要对证据发生的各种可能性进行讨论，例如，分析证据是属于确定性证据还是不确定性证据。对结论 H 的后验概率 $P(H|E)$ 进行计算后，还需更新结论 H 的不确定性。结论不确定性更新算法会先按序使用证据 E_i 对先验概率 $P(E_i)$ 进行更新，再将更新后的概率作为新的先验概率，依次更新其他规则，持续更新至全部规则都被使用。由于是不确定性推理，因此证据发生的可能性会影响推理计算，以下给出确定性证据 E 必然发生时 $P(H|E)$ 的计算方法。

$$P(H|E)=\frac{\text{LS}\times P(H)}{(\text{LS}-1)\times P(H)+1}$$

下面以一个主观贝叶斯推理实例来介绍，在此我们只考虑全证据的情况。

假定某气候预测专家系统的规则如下。已知暴雨事件 H 的先验概率 $P(H)=0.05$。

规则 1：如果吹偏北到偏东风 4～5 级(E_1)，则发生暴雨事件。设定$(\text{LS}_1,\text{LN}_1)$为$(24,1)$，产生式规则表示为

$$\text{IF } E_1 \text{ THEN } (24,1)H$$

规则 2：如果空气湿度 70% ~ 90%(E_2)，则发生暴雨事件。设定$(\text{LS}_2,\text{LN}_2)$为$(12,1)$，产生式规则表示为

$$\text{IF } E_2 \text{ THEN } (12,1)H$$

规则 3：如果前一天暴雨(E_3)，则发生暴雨事件。设定$(\text{LS}_3,\text{LN}_3)$为$(54,1)$。产生式规则表示为

$$\text{IF } E_3 \text{ THEN } (54,1)H$$

计算证据 E_1、E_2、E_3 必然发生的情况下，发生暴雨事件 H 的概率。

解：

已知 H 的先验概率，证据 E_1、E_2、E_3 必然发生，又因为 $\text{LS}>1$，$\text{LN}=1$，得出 $\neg E$ 对结论 H 没有影响。

按序使用证据 E_i 对先验概率 $P(E_i)$ 进行更新。

$$P(H|E_1)=\frac{\text{LS}_1\times P(H)}{(\text{LS}_1-1)\times P(H)+1}=\frac{24\times 0.05}{23\times 0.05+1}\approx 0.5581$$

证据 E_1 的发生，使得暴雨的概率由 0.05 增加到 0.5581。

$$P(H|E_1E_2)=\frac{\text{LS}_2\times P(H|E_1)}{(\text{LS}_2-1)\times P(H|E_1)+1}=\frac{12\times 0.5581}{11\times 0.5581+1}\approx 0.9380$$

在证据 E_1 发生的基础上，证据 E_2 的发生使得暴雨的概率由 0.5581 增加到 0.9380。

$$P(H \mid E_1E_2E_3)=\frac{\mathrm{LS}_3\times P(H \mid E_1E_2)}{(\mathrm{LS}_3-1)\times P(H \mid E_1E_2)+1}=\frac{54\times 0.9380}{53\times 0.9380+1}\approx 0.9988$$

证据E_1、E_2、E_3的发生最终使得暴雨事件发生的概率增加到 0.9988。

4．小结

主观贝叶斯推理具有较坚实的理论基础，其中LS及LN由领域专家给出，避免了大量的数据统计工作。LS和LN较为全面地反映了证据与结论间的因果关系，使推出的结论具有较强的确定性。主观贝叶斯推理不仅给出了证据肯定存在、肯定不存在时更新后验概率的方法，还给出了证据不确定时的方法，实现了不确定性的逐级传递。但是，它要求领域专家在给出知识时，同时给出H的先验概率$P(H)$，同时贝叶斯定理要求事件间独立，这使该方法的应用受到限制。

5.2.2 证据理论

证据理论旨在处理那些不确定、不精确或不准确的信息，1967 年首先被美国学者 A.P. Dempster 提出，之后 G. Shafer 于 1976 年出版了专著《证据的数学理论》，通过引入信念函数（Belief Function）的概念，将证据理论进一步发展和完善，形成 Dempster-Shafer 证据理论（D-S Evidence Theory），这是最早应用在专家系统中的理论，具有处理不确定的信息的能力，是一种强大的不确定性推理和信息融合方法。本节将简要介绍该理论的一些基本概念，更完整和具体的内容可阅读本章参考文献[2]、[3]。

Dempster-Shafer 证据理论的核心要素包括辨识框架、基本概率分配函数、信任函数、似然函数和组合规则。作为一种不确定性推理的方法，其主要特点是，它需要满足的条件比贝叶斯定理更弱，具有直接表达“不确定”和“不知道”的能力。

首先，一整套相互不相容的基本命题（假设）被称为辨识框架（Frame of Discernment，FoD），代表一个问题的所有可能答案，但只有一个是正确的。该框架的一个子集称为命题，每个命题A被分配一个信任度，这个过程是通过基本概率分配函数（BPA，也称为m函数）来完成的，记为$m(A)$。

接下来对证据理论的一些基本概念进行介绍。

1．辨识框架

Dempster-Shafer 证据理论假设了一个不变的两两互斥的完备元素集合，称为环境，用希腊字母Θ表示为

$$\Theta=\{\theta_1,\theta_2,\cdots,\theta_N\}$$

环境是集合论中所述的论域的另一种说法，即我们感兴趣的对象集合，如

$$\Theta=\{\text{汽车，飞机，轮船，火车}\}$$

$$\Theta=\{牛，马，羊，骆驼\}$$

$$\Theta=\{红，黄，绿\}$$

注意，这里环境中的元素是两两互斥的，例如，汽车不是飞机或轮船，红不是绿等。同时假设 Θ 是一个有限集合，其有很多子集，其中只有一个元素的子集称为单子集。例如，给定环境 $\Theta=\{客机, 汽车, 火车\}$，如果问题是“哪些是陆上交通方式”，其答案就是 Θ 的一个子集

$$\{\theta_2,\theta_3\}=\{汽车，火车\}$$

Θ 的每个子集都可解释为一个问题的可能答案。由于元素是互斥的，环境是完备的（如果宇宙间所有可能的元素都包括在一个集合中，就说这个集合是完备的），只有一个子集是问题的正确答案。当然，并不是所有的问题都是有意义的或值得回答的。重要的是，环境的子集在所讨论的论域中全都是可能的有效答案，每个子集都可以看作一个隐含的命题。

当一个环境的元素可以解释为可能的答案但只有一个答案正确时，这个环境被称为辨识框架。“辨识”的意思是，有可能从一个问题的所有可能答案中分辨出一个正确答案。如果这个答案不在框架里，则必须扩大这个框架以容纳增加的知识元素 θ_{N+1}、θ_{N+2} 等。一个正确的答案要求集合是完备的，且子集是不相交的。

2．子集和幂集

一个含有 N 个元素的集合有 2^N 个子集，包括它自己本身。在这些子集的基础上，幂集是包括这 2^N 个子集和空集 $\varnothing$ 的集合。环境 Θ 的幂集记作 $P(\Theta)$，其中的元素可以是辨识框架中问题的所有可能答案。例如，对于颜色环境，有

$$P(\Theta)=\{\varnothing, \{红\}, \{黄\}, \{绿\}, \{红,黄\}, \{红,绿\}, \{黄,绿\}, \{红,黄,绿\}\}$$

3．m 函数与未知

在 Dempster-Shafer 证据理论中，证据的信任度被类比为物体的质量（mass）。我们把证据的测度（Evidence Measure）记为 m。mass 的另一个说法是基本概率分配（Basic Probability Assignment），有时简称为基本分配（Basic Assignment），它出自对概率密度和质量的公式分析。然而，由于与概率论之间存在潜在的混淆性，我们称之为基本概率分配函数（BPA，也称为 m 函数），是一个 $P(\Theta)\to[0, 1]$的映射，满足以下条件：

$$m(\varnothing)=0, \sum_{A\subseteq\Theta} m(A)=1$$

$m(A)$ 为证据 A 的基本概率分配函数；$m(\Theta)$为辨识框架的基本概率分配函数，也称全局未知性；而辨识框架的非单子集（如 $\{H_1,H_2\}$）的基本概率分配函数则称为局部未知性。

Dempster-Shafer 证据理论与概率论之间的基本区别在于对未知（Ignorance）的处理。概率论在面对未知时，必须按等量概率分配，用一个比较形象的术语可称为无差别原理（Principle of Indifference）。例如，如果没有先验知识，会假设各种可能性的等量概率 $P=1/N$，其中，N 是可能性的个数。

而 Dempster-Shafer 证据理论并不强迫为未知或者反面证据分配一个信任度，只需要为那些想分配信任度的子集分配。没有分配信任度的特殊子集被认为是无信任的（No Belief），它们仅与环境Θ有关。否定一个假设是不信任，而不是无信任。

4．证据区间、支持或信任函数

在证据推理中，证据被归纳为一个证据区间。下限在证据推理中被称为支持度，在 Dempster-Shafer 理论中被记为 Bel；上限被称为合情度，记为 Pl。支持度是证据的最小信任度，合情度是我们愿意给的最大信任度，可表示为

$$\mathrm{Bel}(A)=\sum_{B\subseteq A}m(B)$$

$$\mathrm{Pl}(A)=\sum_{A\cap B\neq\varnothing}m(B)$$

Bel(A)表示一个证据 A 和它所有子集的信任度总和，即证据 A 一定成立的支持度；而 Pl(A)表示所有与证据 A 有交集的子集的信任度总和，即证据 A 的合情度。Bel(A)和 Pl(A)的关系为

$$\mathrm{Pl}(A)=1-\mathrm{Bel}(\overline{A})$$

其中，$\overline{A}$ 表示 A 的否证据。Bel(A)和 Pl(A)构成证据 A 的置信区间，即[Bel(A), Pl(A)]。例如，给定一个证据 A，其 Bel(A) = 0.9，Pl(A) = 1，代表 A 证据的信任度下限为 0.9，上限为 1，那么 A 的置信区间为[0.9, 1]。

Bel 函数有时被称为信任测度函数，或简称为信任函数。然而信任函数与 mass 非常不同。mass 是分配给单个集合的证据信任度，而不是其子集的信任度，但信任函数却是应用在集合和它所有的子集上的。Bel 函数是信任总和，因此比 mass 更具有全局性。由于 mass 和 Bel 之间的相互关系，Dempster-Shafer 证据理论也被称为信任函数理论，一般而言，Dempster 组合规则可解释为组合信任函数的一种方法。

5．Dempster 组合规则

Dempster-Shafer 证据理论的核心是 Dempster 组合规则（Dempster's Rule of Combination），其目标是将多源证据信息综合起来，以得到更可靠的结论。具体而言，对于从两个独立的证据源导出的基本概率分配函数 m_1 和 m_2，计算出一个新的基本概率分配函数，来反映这两个证据的联合作用所产生的融合信息。下面我们给出 Dempster 组合规则的定义。

现在假设有两条相互独立且完全可靠的证据，相应的基本概率分配函数（m 函数）为 m_1 和 m_2，对于任意的 $A\subseteq\Theta$，Dempster 组合规则可表示为

$$m(A)=[m_1\oplus m_2]=\begin{cases}0, & A=\varnothing\\ \displaystyle\sum_{B\cap C=A}m_1(B)m_2(C), & A\neq\varnothing\end{cases}$$

这里求和是对所有交集的元素进行求和，$\oplus$表示“正交和”算子。通过 Dempster 组合规

则得到的组合 mass，将最初的可能有冲突的证据融合为一个新 mass，而新的 mass 是通过单一交集运算获得的，因此具有一致性。

现在，我们可以通过 Dempster 组合规则，将所有的证据组合起来，以获得一个更好的证据信任估计。

Dempster 组合规则实例如下。假设有如下环境：

$$\Theta=\{K,F,B\}$$

其中，K 为客机，F 为战斗机，B 为轰炸机。我们有识别友机和敌机的传感器（Identification Friend or Foe，IFF），这是一个向飞机发射无线电信息的无线电收发器，如果飞机是友机，它的收发器就会发回自己的身份代码作为回应，没有做出回应的飞机则因违背约定而被认为是敌机。

然而一个飞机未对 IFF 做出回应可能有各种原因，如 IFF 失灵、飞机的收发器失灵、飞机上没有 IFF、IFF 信号阻塞、飞机被命令不要回复无线电信号等。

假设该 IFF 未能得到回应，表明有 0.7 的信任度说明目标飞机是敌机，这里敌机仅指轰炸机和战斗机，于是，只需要给子集{B, F}分配信任度，有

$$m_1(\{B,F\})=0.7$$

其中，m_1 指第一种 IFF 传感器的信任度，剩下的信任度留给环境Θ，作为无信任，有

$$m_1(\Theta)=1-0.7=0.3$$

假设第二种 IFF 传感器识别目标为轰炸机的信任度为 0.9，此时从不同传感器所得的信任度为

$$m_2(\{B\})=0.9$$
$$m_2(\Theta)=1-0.9=0.1$$

其中，m_2 指第二种 IIF 传感器的信任度。用 Dempster 组合规则可将这些证据合并得到组合信任度（记为 m_3）

$$\begin{aligned}m_3(\{B\})&=m_1\oplus m_2(\{B\})\\&=\frac{\sum\limits_{X\cap Y=\{B\}}m_1(X)m_2(Y)}{1-\sum\limits_{X\cap Y=\varnothing}m_1(X)m_2(Y)}\qquad\text{轰炸机}\\&=\frac{m_1(\{B,F\})m_2(\{B\})+m_1(\Theta)m_2(\{B\})}{1}\\&=0.7\times0.9+0.3\times0.9=0.9\end{aligned}$$

$$\begin{aligned}m_3(\{B,F\})&=m_1\oplus m_2(\{B,F\})\\&=\frac{\sum\limits_{X\cap Y=\{B,F\}}m_1(X)m_2(Y)}{1-\sum\limits_{X\cap Y=\varnothing}m_1(X)m_2(Y)}\qquad\text{轰炸机或战斗机}\\&=\frac{m_1(\{B,F\})m_2(\Theta)}{1}\\&=0.7\times0.1=0.07\end{aligned}$$

$$m_3(\Theta)=m_1(\Theta)\oplus m_2(\Theta)=0.3\times 0.1=0.03 \qquad \text{无信任}$$

$m_3(\{B\})$ 表示目标是轰炸机并且只是轰炸机的信任度。而对于 $m_3(\{B,F\})$ 和 $m_3(\Theta)$ 来说，由于其集合中也含有轰炸机，对目标是轰炸机的信任度也可能有作用，于是它们之和 0.07+0.03=0.1 可以被添加到轰炸机的信任度 0.9 上，作为可能是轰炸机的最大信任度（合情度）。因此，这里可以用证据的一个信任范围来代替单个信任值。

6．Dempster-Shafer 证据理论的优点和局限

Dempster-Shafer 证据理论需要满足的条件比贝叶斯定理更弱，具有直接表达“不确定”和“不知道”的能力。主观贝叶斯推理需要根据事件发生的概率进行计算，得出相应事件发生的可能性，但其概率值无法穷尽所有的可能。Dempster-Shafer 证据理论很好地弥补了主观贝叶斯推理的部分缺陷和不足，它能够很好地表示和计算“不确定”和“不知道”，推理形式简单，被广泛地应用在众多领域中。医学诊断、目标识别、军事指挥等领域需要综合考虑多源的不确定信息，例如来自多个传感器的信息、多位专家的意见等，并结合规则来解决问题，证据理论在这些方面起着重要的作用。

尽管 Dempster-Shafer 组合规则具有强大的证据组合能力，但在面临冲突证据时存在着“反直觉”问题，会产生违背常理的结论，即 Dempster-Shafer 组合规则会导致结果与我们预期的相矛盾，举例如下。

Dempster-Shafer 组合规则局限性实例如下。假设两个医生 A 和 B，对一个病人病情进行判断的信任度为

$$\begin{aligned}
m_A(\text{脑膜炎})&=0.99\\
m_A(\text{脑瘤})&=0.01\\
m_B(\text{脑震荡})&=0.99\\
m_B(\text{脑瘤})&=0.01\\
m_A(\text{脑膜炎},\text{脑瘤})&=1.0\\
m_B(\text{脑膜炎},\text{脑瘤})&=1.0
\end{aligned}$$

需要特别注意，A、B 两个医生都认为脑瘤的可能性很低，信任度都是 0.01，而对于主要问题的看法却很不一致，但是用 Dempster-Shafer 组合规则可得到脑瘤的组合信任度为 1，即

$$\begin{aligned}
m_3(\{\text{脑瘤}\})&=m_A\oplus m_B(\{\text{脑瘤}\})\\
&=\frac{\sum\limits_{X\cap Y=\text{脑瘤}} m_A(X)m_B(Y)}{1-\sum\limits_{X\cap Y=\varnothing} m_A(X)m_B(Y)}\\
&=\frac{m_A(\text{脑瘤})m_B(\text{脑瘤})}{1-m_A(\text{脑瘤})m_B(\text{脑膜炎})-m_A(\text{脑膜炎})m_B(\text{脑瘤})-m_A(\text{脑膜炎})m_B(\text{脑膜炎})}\\
&=\frac{0.001}{0.001}=1
\end{aligned}$$

该结果与直觉相悖，因为两个医生都认为脑瘤是很不可能的，但无论其他概率是多少，都会得到同样的结果，即脑瘤的组合信任度为 1。

5.2.3 模糊逻辑

模糊逻辑（Fuzzy Logic）以多值逻辑为基础，利用模糊集合和模糊规则来处理“模糊性”信息所带来的不确定推理问题。自扎德（Zadeh）于 1965 年提出模糊集合的概念以来，模糊集合和模糊决策支持系统得到了广泛研究。第 3 章已经介绍了相关概念，这些内容构成了模糊逻辑的基本知识，本节将简要介绍模糊支集、模糊单点及截集、模糊推理、模糊蕴含关系、模糊推理规则与模糊判决方法，更完整和具体的内容可阅读本章参考文献[4]、[5]。

1. 模糊支集、模糊单点及截集

如果一个模糊集合是论域 U 中所有满足 $\mu_F(u_i)>0$ 的元素 u_i 构成的集合，则称该集合为模糊集合 F 的支集，记作 sup(F)。当 u_i 满足 $\mu_F(u_i)=1.0$ 时，称此模糊集合为模糊单点。与模糊支集相关的概念是 α 截集，记为 trunc(F)，是论域的一个非空模糊集合，其元素具有大于或等于某一值 α 的隶属函数。

2. 模糊推理

模糊推理是建立在模糊集合的基础上，结合二值逻辑三段论发展起来的一种不确定性推理方法，利用模糊语言规则，推导出一个近似的模糊判断结论。主要模糊推理方法包括 Zadeh 法、Baldwin 法、Tsukamoto 法和 Yager 法等。下面主要基于 Zadeh 法进行介绍。

3. 模糊蕴含关系

在模糊逻辑中，上述模糊语言规则形式化为模糊蕴含关系，用来支持模糊推理。给定两个模糊集合 A 和 B，由 $A\to B$ 所表示的模糊蕴含关系是定义在 $U\times V$（U 和 V 是两个非空模糊集合）上的特殊模糊关系，常用的模糊蕴含关系算子及隶属函数如下。

1）模糊合取

$$A\to B=A\times B$$
$$u_{\{A\to B\}}(u,v)=u_A(u)\times u_B(v)$$

2）模糊析取

$$A\to B=A+B$$
$$u_{\{A\to B\}}(u,v)=u_A(u)+u_B(v)$$

3）基本蕴含

$$A\to B=\overline{A}\dotplus B$$
$$u_{\{A\to B\}}(u,v)=u_{\overline{A}}(u)\dotplus u_B(v)$$

4）命题演算

$$A \to B = \overline{A} \dotplus (A \times B)$$
$$u_{\{A \to B\}}(u,v) = u_{\overline{A}}(u) \dotplus u_{A \times B}(u,v)$$

5）广义前向推理法（GMP）

$$A \to B = \sup\{c \in [0,1], A \times c \leqslant B\}$$
$$u_{\{A \to B\}}(u,v) = \sup\{c \in [0,1] \mid u_A(u) \times c \leqslant u_B(v)\}$$

6）广义后向推理法（GMT）

$$A \to B = \mathrm{trunc}\{c \in [0,1], B \dotplus c \leqslant A\}$$
$$u_{\{A \to B\}}(u,v) = \sup\{c \in [0,1] \mid u_B(v) \dotplus c \leqslant u_A(u)\}$$

其中，sup 为模糊支集；trunc 为截集；c 为常量，$c \in [0,1]$；$\dotplus$ 是三角协范式的一个算子，是从$[0,1] \times [0,1]$到$[0,1]$的函数，即$\dotplus : [0,1] \times [0,1] \to [0,1]$。常用的$\dotplus$ 函数包括并、代数和、有界和、强和以及不相交和。对于所有元素 $x, y \in [0,1]$，有

并： $v \vee y = \max\{x, y\}$

代数和： $x \dotplus y = x + y - xy$

有界和： $x \oplus y = \min(1, x + y)$

强和： $x \odot y = \begin{cases} x, & y = 0 \\ y, & x = 0 \\ 1, & x > 0, y > 0 \end{cases}$

不相交和： $x \Delta y = \max\{\min\{x, 1-y\}, \min\{1-x, y\}\}$

可以把模糊蕴含关系 $A \to B$ 理解为一条 IF-THEN 规则：如果 x 为 A，则 y 为 B，其中 $x \in U$，$y \in V$，均为语言变量，因此上述模糊合取、模糊析取、基本蕴含、命题演算、GMP 推理与 GMT 推理对应 6 种 IF-THEN 规则的表达式。

模糊蕴含关系实例如下。一个温度控制系统，其中论域 U 与 V 均为{1, 2, 3, 4 ,5}，分别表示水温与热水阀的 5 个等级。设 A 表示 U 上的模糊集合“水温低”，A = {1/1 + 0.5/2 + 0.33/3 + 0.25/4 + 0.2/5}；设 B 表示 V 上的模糊集合“开大热水阀门”，B = {0.2/1 + 0.4/2 + 0.6/3 + 0.8/4 + 1/5}。规则为“IF 水温低，THEN 开大热水阀门”，对应的模糊集合取蕴含关系 $A \to B = A \times B$ 为

$$\begin{aligned} u_{\{A \to B\}}(u,v) &= u_A(u) \times u_B(u) \\ &= \{\frac{0.2}{(1,1)} + \frac{0.4}{(1,2)} + \frac{0.6}{(1,3)} + \frac{0.8}{(1,4)} + \frac{1.0}{(1,5)} + \\ &\quad \frac{0.1}{(2,1)} + \frac{0.2}{(2,2)} + \frac{0.3}{(2,3)} + \frac{0.4}{(2,4)} + \frac{0.5}{(2,5)} + \\ &\quad \frac{0.066}{(3,1)} + \frac{0.132}{(3,2)} + \frac{0.198}{(3,3)} + \frac{0.264}{(3,4)} + \frac{0.33}{(3,5)} + \\ &\quad \frac{0.10}{(4,1)} + \frac{0.15}{(4,2)} + \frac{0.20}{(4,3)} + \frac{0.25}{(4,4)} + \frac{0.30}{(4,5)} + \end{aligned}$$

$$\frac{0.04}{(5,1)}+\frac{0.08}{(5,2)}+\frac{0.12}{(5,3)}+\frac{0.16}{(5,4)}+\frac{0.20}{(5,5)}+\}$$

4．模糊推理规则

模糊蕴含关系中介绍了 6 种蕴含关系：模糊合取、模糊析取、基本蕴含、命题演算、GMP 推理与 GMT 推理，分别对应 6 种模糊推理规则。其中，GMP 推理与 GMT 推理对应两种重要和常用的模糊推理规则，即广义取式（肯定前提）假言推理法（Generalized Modus Ponens，GMP）和广义拒式（否定结论）假言推理法（Generalized Modus Tollens，GMT)，分别简称为广义前向推理法和广义后向推理法。

广义前向推理法（GMP）可表示为

前提 1：　x 为 A'

前提 2：　若 x 为 A，则 y 为 B

结论：　y 为 B'

广义后向推理法（GMT）可表示为

前提 1：　y 为 B'

前提 2：　若 x 为 A，则 y 为 B

结论：　x 为 A'

其中，A、A'、B 和 B'为模糊集合，x 和 y 为语言变量。

当 $A=A'$ 且 $B=B'$ 时，GMP 就退化为“肯定前提”的假言推理，对应数据驱动推理，基于读取的事实，对接下来会发生的事进行逻辑预测。当 $B'=\overline{B}$ 和 $A'=\overline{A}$ 时，GMT 退化为“否定结论”的假言推理，对应目标驱动推理，用以得出关于发生某些事情的原因的逻辑结论。

广义前向推理法（GMP）和广义后向推理法（GMT）实例如下。在上述温度控制系统中，推理过程如下。

1）广义前向推理法（GMP）

前提 1：　水温低（$x=2$）

前提 2：　若水温低，则开大热水阀门

结论：　开大热水阀门（$y=5$）

设 c 为 1，则

$$u_{\{A\to B\}}(u,v)=\sup\{c\in[0,1]\,|\,u_A(u)\times c\leqslant u_B(v)\}$$

$$=\left\{\frac{1.0}{(1,5)}+\frac{0.3}{(2,3)}+\frac{0.4}{(2,4)}+\frac{0.5}{(2,5)}+\right.$$

$$\frac{0.132}{(3,2)}+\frac{0.198}{(3,3)}+\frac{0.264}{(3,4)}+\frac{0.33}{(3,5)}+$$

$$\frac{0.10}{(4,2)}+\frac{0.15}{(4,3)}+\frac{0.20}{(4,4)}+\frac{0.25}{(4,4)}+$$

$$\left.\frac{0.04}{(5,1)}+\frac{0.08}{(5,2)}+\frac{0.12}{5,3)}+\frac{0.16}{(5,4)}+\frac{0.20}{(5,5)}\right\}$$

由广义前向推理法（GMP）可知，若当前水温 $x=2$，则有模糊子集

$$\text{sub}\left\{\frac{0.3}{(2,3)}+\frac{0.4}{(2,4)}+\frac{0.5}{(2,5)}\right\}$$

热水阀等级 $y=5$ 的隶属程度最大为 0.5，所以当水温低（$x=2$）时，应开大热水阀门。

2）广义后向推理法（GMT）

前提 1：　开大热水阀门（$y=4$）

前提 2：　若水温低，则开大热水阀门

结论：　水温低

设 c 为 0.5，取 $\dot{+}$ 为代数和算子，则

$$\begin{aligned}u_{\{A\to B\}}(u,v)&=\text{trunc}\{c\in[0,1]\,|\,u_A(u)\dot{+}c\leqslant u_A(u)\}\\&=\left\{\frac{0.6}{(1,1)}+\frac{0.7}{(1,2)}+\frac{0.8}{(1,3)}+\frac{0.9}{(1,4)}+\frac{1.0}{(1,5)}\right\}\end{aligned}$$

由广义后向推理法（GMT）可知，若开大热水阀门（$y=4$），则有截集 $\text{trunc}\{0.9/(1,4)\}$，只有水温 $x=1$ 的隶属程度，为 0.9，因此当开大热水阀门（$y=4$）时，其水温低。

5．模糊判决方法

通过模糊推理得到的结果是一个模糊集合或者隶属函数，但在实际使用中，经常需要最终输出一个确定的值。在推理得到的模糊集合中，取一个相对最能代表这个模糊集合的单值的过程，称为模糊判决。下面以“水温适中”为例，介绍几种模糊判决方法。

这里假设“水温适中”的隶属函数为

$$\mu_F(x_i)=\left\{X:\frac{0.0}{0}+\frac{0.0}{10}+\frac{0.33}{20}+\frac{0.67}{30}+\frac{1.0}{40}+\frac{1.0}{50}+\frac{0.75}{60}+\frac{0.50}{70}+\frac{0.25}{80}+\frac{0.0}{90}+\frac{0.0}{100}\right\}$$

1）重心法

所谓重心法，就是取模糊隶属函数曲线与横坐标轴围成的面积的重心作为代表点（记为 u），形式化为

$$u=\frac{\int_x^N x\mu_N(x)\mathrm{d}x}{\int_x^N \mu_N(x)\mathrm{d}x}$$

在“水温适中”的例子中，有

$$\begin{aligned}u=&(0\times0.00+10\times0.00+20\times0.33+30\times0.67+40\times1.0+50\times1.0\\&60\times0.75+70\times0.5+80\times0.25+90\times0.0+100\times0.0)/\\&(0.0+0.0+0.33+0.67+1.0+1.0+0.75+0.5+0.25+0.0+0.0)\\=&48.2\end{aligned}$$

其输出的代表值是 48.2，如果模糊集合中没有该值，就选取最靠近的一个值 50 输出。

重心法理论上合理，但是计算比较复杂，因此在实时性要求较高的系统中不适用。

2）最大隶属度法

在推理结论的模糊集合中取隶属度最大的元素作为输出量。该方法计算简单，但没有考虑其他隶属度较小的元素的影响，代表性不足。

例如，在“水温适中”的例子中，按照最大隶属度法，有两个元素 40 和 50 具有最大隶属度 1.0，那就要对所有具有最大隶属度的元素求平均值，执行量应取

$$\mu_{\max}=\frac{(40+50)}{2}=45$$

3）系数加权平均法

该方法介于重心法和最大隶属度法之间，通过选择和调整加权系数来改善系统的响应特性，因此这种方法具有更好的灵活性。其形式化为

$$\mu=\frac{\sum k_i\times x_i}{\sum k_i}$$

6．小结

模糊逻辑运用模糊集合、模糊规则、模糊推理等方法，为解决模糊问题奠定了理论基础。在方法论上，提供了一种从精确到模糊、从确定到不确定的研究方法。模糊逻辑获得了广泛的应用，如自动控制过程、疑难病诊断等。当然，模糊逻辑本身还需要进一步系统化、集成化和标准化。

5.2.4 信念网络

1．信念网络的定义

信念网络（Belief Network）是一种模拟人类推理过程的模型，用于处理因果关系的不确定性，其网络拓扑结构是一个有向无环图（DAG）。图中的节点表示随机变量，箭头表示因果关系（或非条件独立的变量或命题）。若两个节点间以一个单箭头连接在一起，那么代表这两个随机变量有因果关系（或非条件独立）。例如 $A\to B$，我们称 A 为 B 的因，也称父节点；B 为 A 的果，也称子节点。

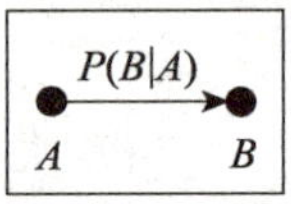

图 5-2　信念网络单元

图 5-2 是一个最简单的信念网络，假设 A 事件发生的概率直接影响到 B 事件发生的概率，即 $A\to B$，则用从 A 指向 B 的箭头建立有向边(A, B)，这条边的权值（连接强度）用条件概率 $P(B|A)$来表示。

令 $G=(I,E)$ 为一个信念网络，其中，I 代表图形中节点的集合，E 代表有向边的集合，则所有节点的随机变量集合 $X(X_i\in X)$ 的联合概率可以表示成

$$P(X)=\prod_{i\in I}P(X_i)\mid X_{\text{parent}(i)}$$

其中，i（$i\in I$）表示 G 中的某节点，parent(i)（$i\in I$）表示节点 i 的父节点，X_i 和 $X_{\text{parent}(i)}$ 分别表示节点 i 及其父节点 parent(i) 所代表的随机变量。

对于一个随机变量集合 $X=\{X_1,X_2,\cdots,X_k\}$，k 表示随机变量个数，其联合概率可以由局部条件概率相乘得到。

$$P(X_1,X_2,\cdots,X_k)=P(X_k\mid X_1,X_2,\cdots,X_{k-1})P(X_{k-1}\mid X_1,X_2,\cdots,X_{k-2}),\cdots,P(X_1)$$

图 5-3 展示了一个简单的信念网络，该信念网络包含 A、B、C 三个节点，其因果关系为 A 导致 B，A 和 B 导致 C。对于图 5-3 中的三个节点我们使用 X_A、X_B、X_C 表示它们对应的随机变量，因此 A、B、C 三个节点的联合概率为

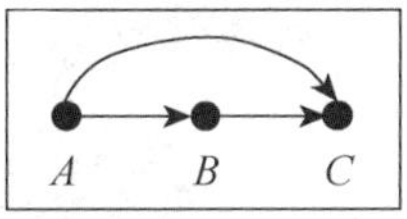

图 5-3　一个简单的信念网络

$$P(X_A,X_B,X_C)=P(X_C\mid X_A,X_B)P(X_B\mid X_A)P(X_A)$$

对于较复杂或存在未知概率节点的信念网络而言，计算联合概率往往存在困难，而利用条件独立性可以将涉及大量变量的概率计算分解成包含少量变量的局部计算，这为联合概率的计算提供了一个有效的方法。下面，我们介绍信念网络的三种典型结构，并对其条件独立性进行分析。

2．结构形式与条件独立性

1）信念网络的结构形式

信念网络有三种典型结构：head-to-head 结构、tail-to-tail 结构、head-to-tail 结构，对应三种不同的依赖关系，下面逐一简要介绍。

（1）head-to-head 结构

head-to-head 结构，也称头部 - 头部依赖关系，即由两个父节点作为一个子节点共同的“因”，如图 5-4 所示。这种结构存在如下依赖关系：如果给定子节点 C 的取值，那么父节点 A 与 B 必不独立；反之，子节点 C 的取值未知，那么节点 A 与 B 满足边际独立性。

图 5-5 为一个示例，由图 5-5 可知，数据泄露和信息诈骗都有可能导致用户银行卡潜在风险升高。如果银行卡潜在风险未知，那么数据泄露事件和信息诈骗事件之间不存在必然联系；如果明确该用户的银行卡潜在风险，那么数据泄露事件和信息诈骗事件都有可能为风险成因，存在因果联系需要综合考虑。

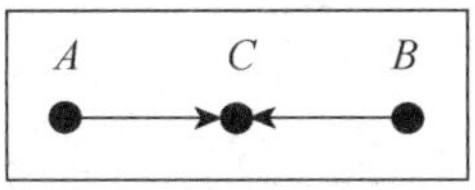

图 5-4　head-to-head 结构

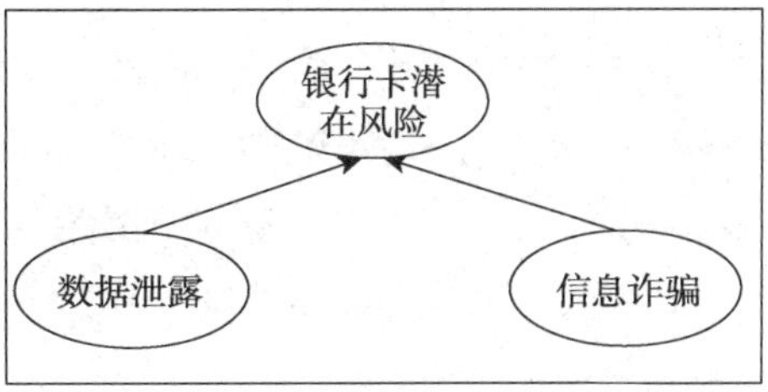

图 5-5　银行风险预警系统信念网络（部分 1）

（2）tail-to-tail 结构

tail-to-tail 结构，也称尾部 - 尾部依赖关系或同父关系，即由一个父节点生成两个子节点，如图 5-6 所示。这种结构存在如下依赖关系：如果给定父节点 C 的取值，那么子节点 A 与 B 条件独立。

图 5-7 为一个示例，已知空头支票会导致支付出错事件和结算出错事件，如果明确出现空头支票的概率，则可分别计算出现支付出错事件和结算出错事件的可能性，二者条件独立。

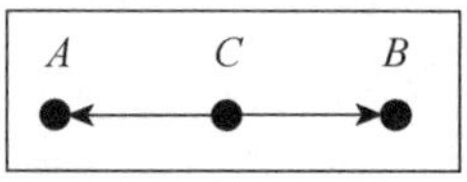

图 5-6　tail-to-tail 结构

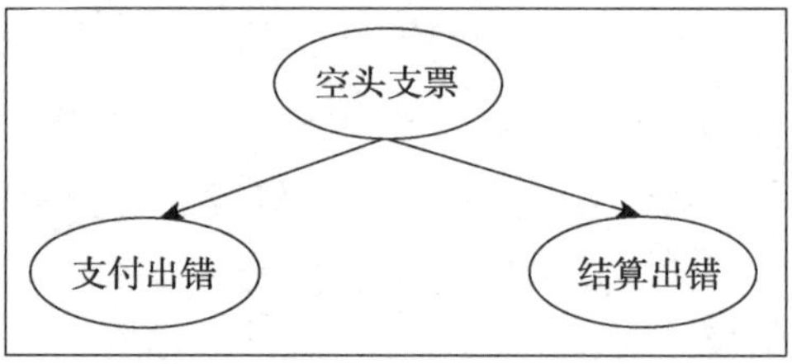

图 5-7　银行风险预警系统信念网络（部分 2）

（3）head-to-tail 结构

该结构也称头部-尾部依赖关系、顺序关系，即由一个父节点生成一个子节点，再由这个子节点生成下一个子节点，如图 5-8 所示。这种结构存在如下依赖关系：如果给定节点 C 的取值，那么节点 A 与 B 条件独立。

图 5-9 为一个示例，在图 5-9 所示的信念网络中，X 打破窗户的概率只决定了 X 进入过那栋住宅的概率，只有 X 进入住宅才可以对 X 是否拿走了钱财进行判定。当给定 X 进入过那栋住宅的概率后，X 打破窗户的概率和 X 拿走了钱财的概率只与 X 进入过那栋住宅的概率产生关系，彼此相互独立。

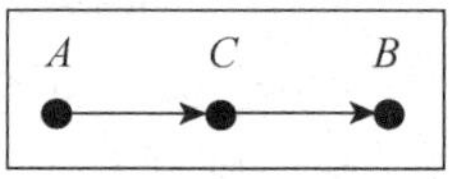

图 5-8　head-to-tail 结构

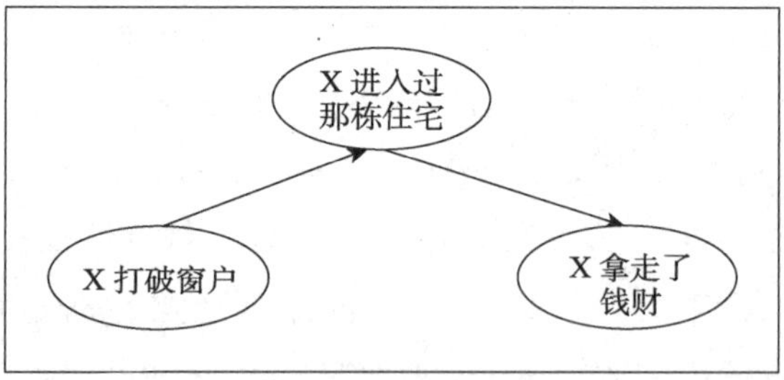

图 5-9　案件研究信念网络（部分）

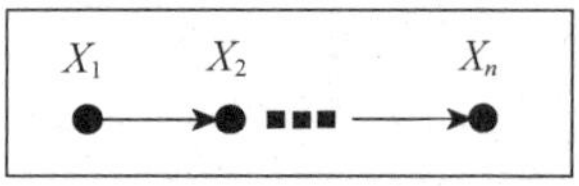

图 5-10　链式网络示意

此外，head-to-tail 结构本质上是一个链式网络，如图 5-10 所示。

根据 head-to-tail 结构，在 X_i 给定的条件下，X_{i+1} 的状态只和 X_i 有关。这种顺次演变的随机过程，构成二阶马尔可夫链（Markov Chain），且

$$P(X_{n+1}=x\mid X_0,X_1,\cdots,X_n)=P(X_{n+1}=x\mid X_n)$$

2）信念网络的条件独立性

由上面的介绍可知，在三种信念网络的基本结构中，tail-to-tail 结构和 head-to-tail 结构满足条件独立性。我们可以把这两种结构组合在一起，如图 5-11 所示。对于节点 B，与其直接相连的前驱节点 C 称为节点 B 的直接前驱节点；而 A、A' 与节点 B 没有直接相连，称为 B 的非直接前驱节点。由于 $A \to C \to B$ 为 head-to-tail 结构，根据上述介绍可知，在给定 C 的情况下，A 与 B 条件独立；$A' \leftarrow C \to B$ 为 tail-to-tail 结构，根据上述介绍可知，在给定 C 的情况下，A' 与 B 条件独立；另外，由于 A、A' 与 B 条件独立，与 A、A' 相关的节点也与 B 条件独立。

至此，我们可以得到这样一条性质：对于每个节点，在其直接前驱节点的值确定后，这个节点条件独立于其所有非直接前驱节点。

为了分析信念网络中变量间的条件独立性，可以使用有向分离（Directed Separation）方法。具体步骤如下。

（1）找出有向图中的所有 head-to-head 结构，在两个父节点之间加上一条无向边。

（2）将所有的有向边改为无向边，由此产生的无向图称为“道德图”（Moral Graph），令父节点相连的过程称为“道德化”（Moralization）。

（3）对于任意的节点 A、B、C，若要求 A、B 条件独立，则节点 A 到节点 B 的任意路径都被阻断（blocked），具体方法如下。

① 使 A 和 B 的 head-to-tail 结构和 tail-to-tail 结构路径都通过 C。

② 使 A 和 B 的 head-to-head 结构路径不通过 C 以及 C 的节点。

例如，给定如图 5-12 所示的一个信念网络。可知：

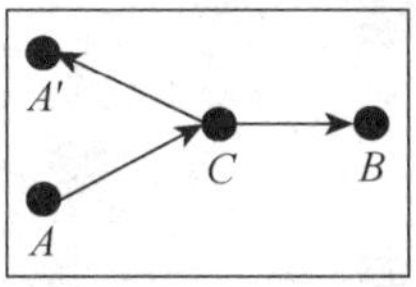

图 5-11　包含 tail-to-tail 结构和 head-to-tail 结构的信念网络

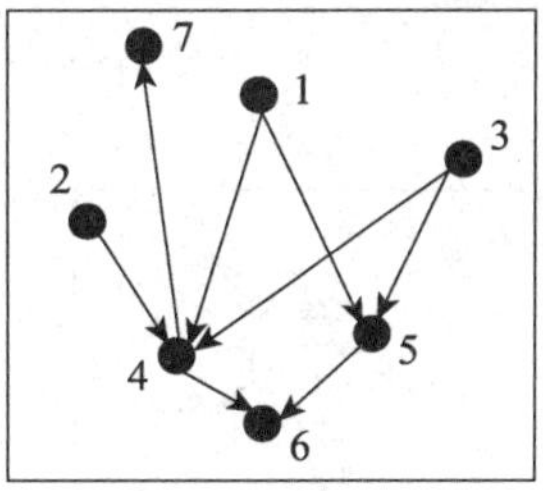

图 5-12　信念网络示例（1）

① $X_1, X_2, \cdots, X_7$ 的联合分布为

$$P(X_1, X_2, \cdots, X_7) = P(X_1)P(X_2)P(X_3)P(X_4 \mid X_1, X_2, X_3)$$
$$P(X_5 \mid X_1, X_3)P(X_6 \mid X_4, X_5)P(X_7 \mid X_4)$$

② X_1 和 X_2 条件独立（$X_1 \to X_4 \leftarrow X_2$，head-to-head 结构）。

③ X_6 和 X_7 在 X_4 给定的条件下条件独立（$X_7 \to X_4 \leftarrow X_6$，tail-to-tail 结构）。

3．因子图与边缘分布

在信念网络中，我们不仅需要掌握其联合概率以了解信念网络的整体情况，还需要了解信念网络中特定的一些变量上的概率分布情况，从而实现对重要节点的关注。我们称这些变量为信念网络中变量的一个子集，称定义在子集上的概率分布为边缘分布。

计算边缘分布的方法有很多，其中一个常用思路为，在联合概率的基础上，使用求和（对于离散变量）或积分（对于连续变量）的方式求出非重要节点的全概率，这样就可以使用具体的概率数值代替非重要节点的概率表示，进而只保留公式中重要节点的概率表示，最后求出重要节点的边缘分布，我们称这种方法为联合概率边缘化。一种实现联合概率边缘化的方法是先将信念网络转换成因子图，然后用 sum-product 算法进行求解。

1）因子图的定义

因子图（Factor Graph）用来表示一个多变量全局函数的因子分解过程，即将全局函数转化成几个局部函数的乘积。它是一个双向图，其中节点表示因子，图的边表示变量，如果变量 X_A 出现在因子 $P(X_B \mid X_A)$ 中，那么节点 $P(X_B \mid X_A)$ 与边 X_A 相连。

2）构造因子图

假设我们有如图 5-13 所示的信念网络，构造其因子图的过程如下。

首先，根据信念网络的联合分布得到

$$P(X_U, X_W, X_X, X_Y, X_Z) = P(X_U)P(X_W)P(X_X \mid X_U, X_W)P(X_Y \mid X_X)P(X_Z \mid X_X)$$

然后，根据该联合分布绘制其对应的因子图，如图 5-14 所示，图中的边代表随机变量，方形节点代表联合概率的因子，也就是变量间的条件概率。当某个变量是一个以上的条件概率的条件变量（如 X_X 是 $P(X_Y \mid X_X)$ 和 $P(X_Z \mid X_X)$ 两个概率的条件变量）时，则使用圆形节点与其相连，再使用方形节点依次表示其对应的条件概率。

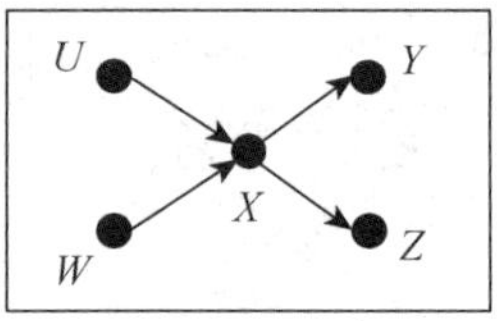

图 5-13　信念网络示例（2）

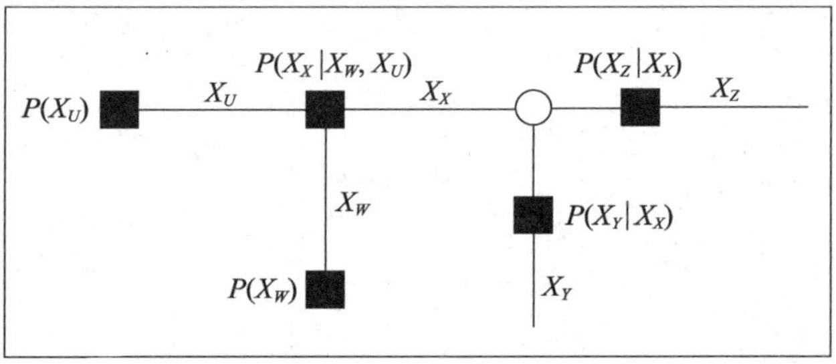

图 5-14　信念网络示例（2）的因子图

根据因子图，我们可以使用 sum-product 算法计算边缘概率。

3）sum-product 算法

为方便表述以及计算，将因子符号化，我们将 $P(X_U)$、$P(X_W)$、$P(X_X \mid X_U, X_W)$、$P(X_Z|X_X)$、$P(X_Y \mid X_X)$，分别记为 f_1、f_2、f_3、f_4、f_5，如图 5-15 所示。

sum-product 算法主要依靠消息（message，记为 m）传递来计算概率。共有两种消息：一种是变量到因子的消息 $m_x \to f$（对应因子之间的积运算，在稍后的实例中详细体现），例如，X_Z 向 f_4 传递消息可以表示为

$$u_{X_Z} \to f_4$$

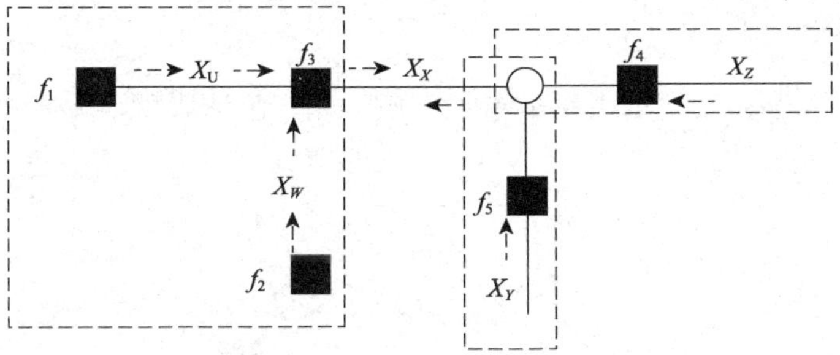

图 5-15　因子图信息传递示意

另一种是因子到变量的消息 $m_f \to x$（对应因子之间的和运算，在稍后的实例中详细体现）。例如，f_1 向 X_U 传递消息可以表示为

$$u_{f_1} \to X_U$$

为了求一个特定变量的边缘分布，需要以这个特定变量为根节点，将因子图分为若干分支，从每个分支的末端开始向根节点传递消息，经过消息 $m_x \to f$ 和消息 $m_f \to x$ 的多次迭代，直到传递至根节点，实现特定变量的边缘分布的计算。

值得注意的是，sum-product 算法只对无环因子图有效，有环因子图需要先构建与其等价的无环因子图，再进行 sum-product 运算。

下面以求变量 X_x 的边缘分布为例，展示 sum-product 算法的计算过程。

首先，将因子图按照联合概率分布分解成若干分支，如图 5-15 所示。

其次，按照如下步骤依次进行消息传递。

① $u_{f_1} \to X_U = f_1(X_U), u_{f_2} \to X_W = f_2(X_W)$　　（消息 $m_f \to x$）

$u_{X_Z} \to f_4(X_Z) = 1, u_{X_Y} \to f_5(X_Y) = 1$　　（消息 $m_x \to f$）

② $u_{X_U} \to f_3 = u_{f_1} \to X_U = f_1(X_U)$　　（消息 $m_x \to f$）

$u_{X_W} \to f_3 = \mathrm{u}_{f_2} \to X_W = f_2(X_W)$　　（消息 $m_x \to f$）

$u_{f_4} \to X_x = \sum_{X_Z} u_{\mathrm{X}_Z} \to f_4(X_Z) f_4(X_Z, X_X) = \sum_{X_Z} f_4(X_Z, X_X)$　　（消息 $m_f \to x$）

$u_{f_5} \to X_x = \sum_{X_Y} u_{X_Y} \to f_5(X_Z) f_5(X_Y, X_X) = \sum_{X_Y} f_5(X_Y, X_X)$　　（消息 $m_f \to x$）

③ $u_{f_3} \to X_x = \sum_{X_U, X_W} u_{X_U} \to f_3(X_X) u_{X_W} \to f_3(X_X) f_3(X_X, X_U, X_W)$

$= \sum_{X_U, X_W} f_1(X_U) f_2(X_W) f_3(X_X, X_U, X_W)$　　（消息 $m_f \to x$）

最后，将所有消息汇总至变量 X_X，实现变量 X_X 的边缘分布计算。

$$\begin{aligned} P(X_X) &= \sum_{X_U, X_W} f_1(X_U) f_2(X_W) f_3(X_X, X_U, X_W) \sum_{X_Z} f_4(X_Z, X_X) \sum_{X_Y} f_5(X_Y, X_X) \\ &= \sum_{X_U, X_W} P(X_U) P(X_W) P(X_X \mid X_U, X_W) \sum_{X_Z} P(X_Z \mid X_X) \sum_{X_Y} P(X_Y \mid X_X) \end{aligned}$$

4．信念网络实例

图 5-16 为关于肺癌、支气管炎两类呼吸道疾病与其临床表现、诊断指征间依赖关系的一个信念网络示例。

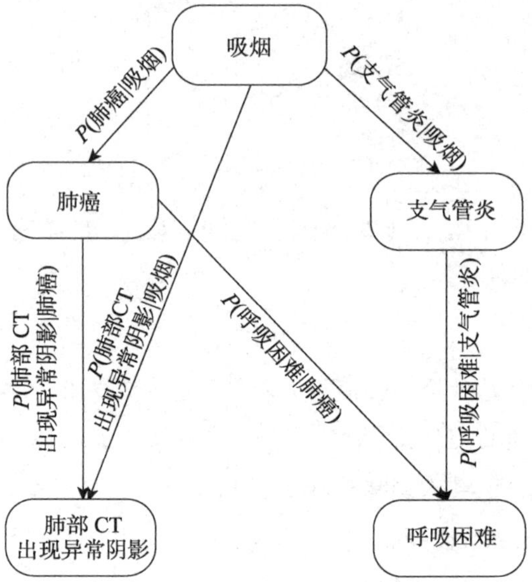

图 5-16　信念网络实例

该信念网络的含义如下。

吸烟会诱发肺癌和支气管炎，*P*(肺癌 | 吸烟)表示一个人在吸烟的情况下得肺癌的概率；*P*(支气管炎 | 吸烟)表示一个人在吸烟的情况下得支气管炎的概率。

吸烟、肺癌都会导致肺部 CT 出现异常阴影，*P*(肺部 CT 出现异常阴影 | 吸烟)表示一个人在吸烟情况下肺部 CT 出现异常阴影的概率；*P*(肺部 CT 出现异常阴影 | 肺癌)表示一个人在肺癌的情况下肺部 CT 出现异常阴影的概率。

肺癌和支气管炎会造成呼吸困难，*P*(呼吸困难 | 肺癌）表示一个人在得肺癌的情况下呼吸困难的概率；*P*(呼吸困难 | 支气管炎）表示一个人在得支气管炎的情况下呼吸困难的概率。

下面结合信念网络的结构形式相关知识，对该网络进行分析。

（1）属于 head-to-head 结构的关系有

肺癌→肺部 CT 出现异常阴影←吸烟

吸烟→支气管炎←呼吸困难

（2）属于 tail-to-tail 结构的关系有

肺癌←吸烟→支气管炎

（3）属于 head-to-tail 结构的关系有

吸烟→肺癌→肺部 CT 出现异常阴影

吸烟→肺癌→呼吸困难

吸烟→支气管炎→呼吸困难

接下来，结合因子图与边缘分布相关知识，可以计算 P(吸烟|呼吸困难)，步骤如下。

（1）将有环的信念网络近似成无环信念网络，如图 5-17 所示，对网络化简。

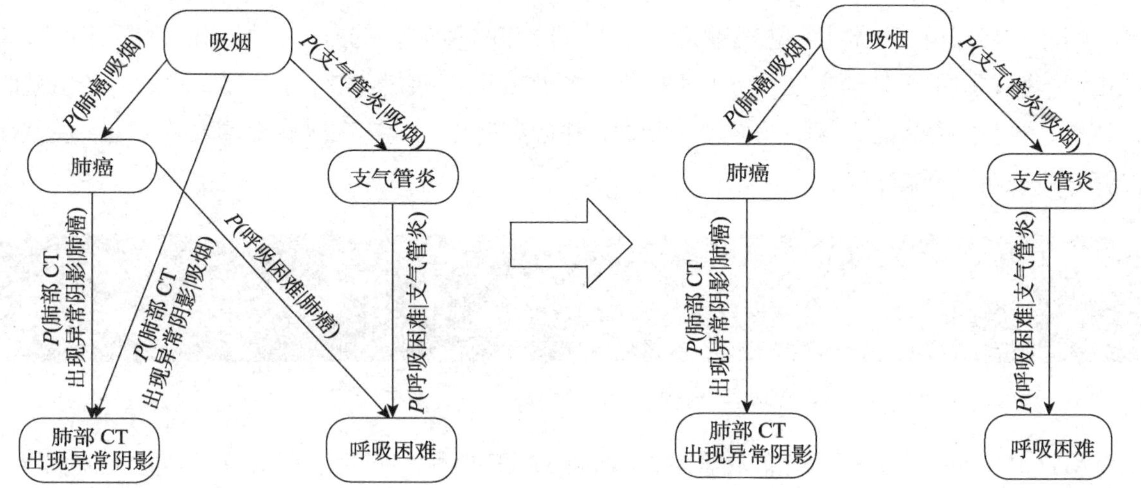

图 5-17　网络化简

（2）绘制因子图，如图 5-18 所示。

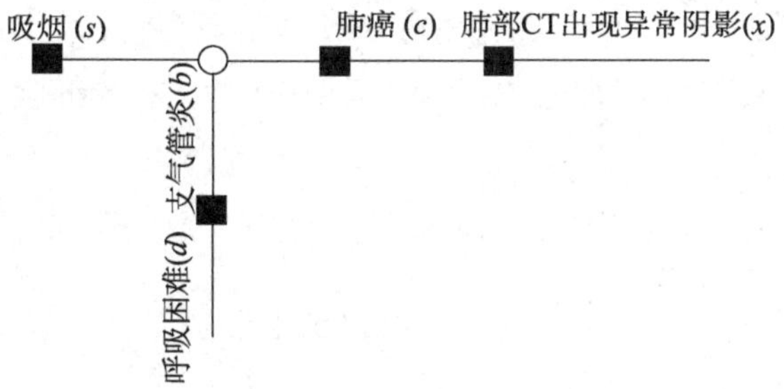

图 5-18　信念网络实例的因子图

（3）根据 sum-product 算法计算。

假设一个人吸烟的概率为 $P(s)$，呼吸困难的概率为 $P(d)$，得肺癌的概率为 $P(c)$，得支气管炎的概率为 $P(b)$，肺部 CT 出现异常阴影的概率为 $P(x)$。

令 $P(d=1)$ 表示存在呼吸困难的概率。求一个人发生呼吸困难的原因是吸烟的概率，即 $P(s\mid d=1)$。

为了计算这个概率，我们假设呼吸困难是确定存在的，其概率为 1，即 $P(d=1)=1$，并以此为前提进行计算，因此

$$
\begin{aligned}
P(s\mid d=1) &= \frac{P(s,d=1)}{P(d=1)} \approx P(s,d=1) \\
&= \sum_{d=1,b,x,c} P(s)P(c\mid s)P(b\mid s)P(x\mid c,s)P(d\mid c,b)
\end{aligned}
$$

$$= P(s)\sum_{d=1}\sum_{b}P(b\mid s)\sum_{x}\sum_{c}P(c\mid s)P(x\mid c,s)P(d\mid c,b)$$

5．信念网络的特点

信念网络提供了一种用图模型来捕获特定领域的先验知识的方法，对变量间的因果依赖关系进行编码，适用于处理不完整的数据。其灵活性较高，网络结构一旦确定，添加新变量就比较容易。然而，构造信念网络较为费时费力，并且数据和先验知识以概率的方式结合，模型往往存在过拟合的问题。

5.3 专家系统示例：术业有专攻

1．医学专家系统——MYCIN 系统

MYCIN 系统是美国斯坦福大学 1976 年研制的用于帮助医生进行细菌感染性疾病诊断、治疗和咨询的专家系统，具有内科医生的知识和经验。医生向系统输入患者信息后，MYCIN 系统可以进行诊断并给出治疗处方，具体包括判断疾病是否由病菌引起、确定引起疾病的病菌种类、确定哪些药物可以抑制病菌以及根据患者情况选择用药。它可以用英语与用户沟通，操作简单，能够吸引更多的医生使用该系统。MYCIN 系统具有解释能力，可以回答用户的问题。该系统最初由 200 余个细菌症状规则组成，可以识别 50 种左右的细菌。后来，该系统可以诊断和治疗各种疾病。

如图 5-19 所示，MYCIN 系统主要由咨询模块、解释模块和知识获取模块以及知识库、动态数据库等组成。

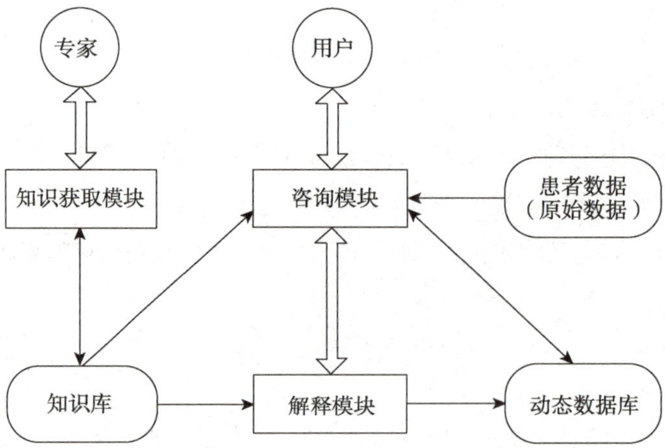

图 5-19　MYCIN 系统结构

系统的全部信息都存放在两个数据库中，动态数据库用于存放患者的信息和正在进行的咨询所产生的动态数据，其中患者信息表示为上下文树的形式。知识库用于存放咨询过程中用到

的领域知识，其中包括产生式规则和临床参数。

系统根据患者上下文树和领域知识，采用深度优先搜索策略和逆向推理来进行推理并提供咨询。在诊断引起疾病的细菌类别时，将患者的实验室样本置于适当的培养基中培养，可以获得一些细菌生长的迹象，但要完全确定细菌类别需要 1~2 天甚至更长时间，长时间的等待显然是不合理的，所以在信息不完全或不准确的情况下，需要先确定治疗方案，所以 MYCIN 系统应当具备的一个重要能力就是对不确定信息和不完全信息的推理，为此引入了“可信度”的概念，来处理事实和规则的不确定性。

解释模块负责回答用户的问题并通知推理过程，解释的过程用自然语言系统地表示规则，并解释为什么需要某种研究、如何得出某种结论等。系统的过程透明度增加了用户对系统的信任。

知识获取模块是构建系统的工程师。当发现规则缺失或不完整时，知识工程师可以使用该系统对其进行添加和修改。

2. 地质勘探专家系统——PROSPECTOR 系统

PROSPECTOR 系统是美国斯坦福人工智能研究中心（SRI）于 1976 年开始研制的，采用 LISP 编写，是世界上公认最成功的专家系统之一，可用于地质勘测数据分析、探查矿床的类型和分布等，并成功地应用于铝矿勘探，促进了人工智能从学院式研究走向技术市场开发。

如图 5-20 所示，PROSPECTOR 系统由推理网络、匹配器、传送器、问答系统、语言分析器、解释系统、网络编译程序和知识获取系统等模块组成。

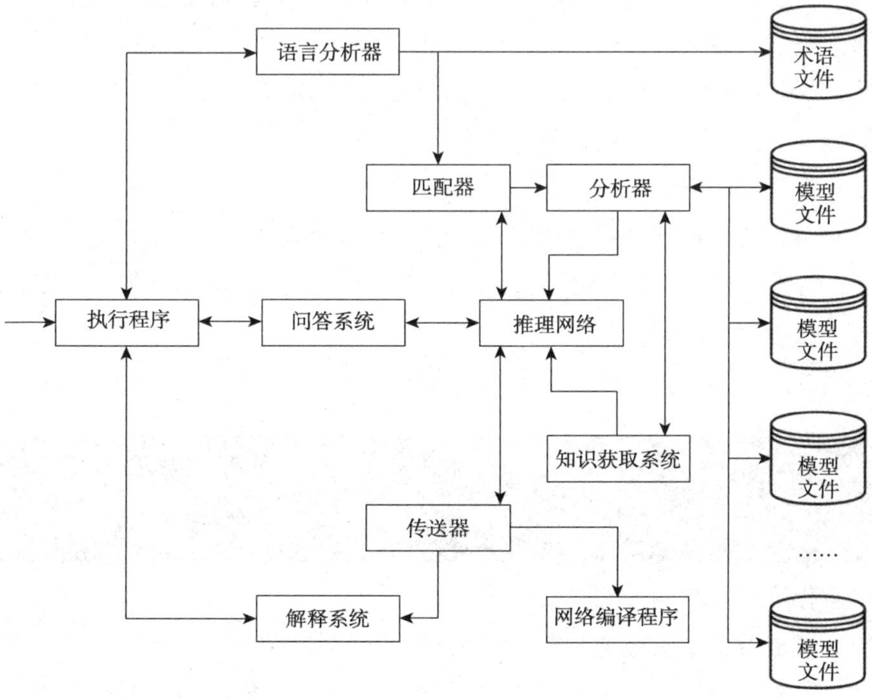

图 5-20　PROSPECTOR 系统结构

系统的知识库包括两种类型，一种是术语知识库，由系统术语文件组成，其中包含 400 种岩石、地质名称、地质日期和其他术语；另一种是模型知识库，包括 12 个模型文件，这些模型文件被分析器调用，将其转换为系统内部的推理网络，其中共有 1100 多条规则。这些规则以地质勘查资料为前提，结论是相应的地质假设，如矿床的分类等。

分析器对用户输入的英语语句进行分析，将其转换为语义网络。用户可以通过问答系统随时对系统进行查询，系统也可以要求用户提供勘查证据。系统的匹配器用于语义网络匹配，进行用户输入信息与模型以及模型之间的连接。

该系统的推理网络是一个层次化的树状结构，将领域规则连接起来，可以从上到下逐级进行推断，主要采用主观贝叶斯推理，上一级的结论作为下一级的证据，直至得到可被勘探资料证实的结论。系统的网络编译程序则根据推理结果编制钻井位置选择方案。系统的解释系统向用户解释推理过程、步骤和得出结论的依据。知识获取系统则负责专家知识的获取和推理网络的维护。

5.4 专家系统的应用：没有金刚钻，别揽瓷器活儿

专家系统主要用于需要利用专家知识进行诊断、判断或预测的特定领域或主题领域。这些系统在许多行业中发挥了重要作用。

（1）金融服务：协助资产管理决策，对各种市场行为和其他金融指标进行预测。

（2）机械工程：对复杂的机电机械进行故障诊断。

（3）电信：对使用的网络技术和现有网络的维护做出决策。

（4）医疗保健：帮助进行医疗诊断。

（5）农业：预测农作物的损失。

（6）客户服务：帮助安排订单、传递客户请求和解决问题。

（7）交通：包括路面条件、交通灯控制、公路设计、公共汽车和火车的调度与维护，以及航空飞行模式和空中交通控制。

（8）法律：提供法律服务、评估民事案件和产品责任。

本章小结

与人类专家相比，专家系统的优势如下。

（1）专家系统提供了专家级领域专业知识的采集、存储和有效利用。

（2）根据各种类型的知识和规则，基于现有事实，做出理性和客观的结论和决策，不容易

受到人为错误或情感影响。

（3）专家系统可以帮助我们更有效、高效地做出决策，从而节省时间并降低成本。

（4）专家系统的知识库通常基于很多人类专家的贡献，可以提供更多可供借鉴的知识，同时可以防止任何一位专家扭曲决策。

（5）专家系统的推理过程具有较好的透明性和可解释性。

同时，已有的专家系统也存在如下局限性。

（1）线性思维。专家系统缺乏创造性的问题解决能力，而人类智能的优势之一是它可以以非线性的方式进行推理，并使用辅助信息得出创造性结论。

（2）缺乏直觉。专家系统基于事先设定好的规则进行推理，然而人类能够运用直觉、类比和启发式的方式来快速得出结论。

（3）故障点。专家系统的好坏取决于其知识库的质量。如果知识库中的信息不准确，可能会影响系统的决策。

（4）维护成本。专家系统，特别是知识库的维护和更新较为耗时耗力。

参考文献

[1] Giarratano J, Riley G. Expert Systems: Principles and Programming[M]. Thomson Course Technology, 2005.

[2] 周志杰，唐帅文，胡昌华，等. 证据推理理论及其应用[J]. 自动化学报，2021，47(5)：970-984.

[3] 韩德强，杨艺，韩崇昭. DS 证据理论研究进展及相关问题探讨[J]. 控制与决策，2014，29(1)：1-11.

[4] 刘叙华. 模糊逻辑与模糊推理[M]. 长春：吉林大学出版社，1989.

[5] 王国俊. 模糊推理与模糊逻辑[J]. 系统工程学报，1998，13(2)：1-16.

[6] 陆静，王捷. 基于贝叶斯网络的商业银行全面风险预警系统[J]. 系统工程理论与实践，2012，32(2)：225-235.

[7] 查罗特·威尔克，亨利·普拉肯，斯尔加·瑞杰，等. 犯罪情节的贝叶斯网络建模[J]. 法律方法，2014，16(2)：224-243.

思考题

1. 专家系统主要由哪些部分组成？

2. 假定某病原体鉴别专家系统有如下规则。

已知病原体为假单胞细菌事件 H 的先验概率 $P(H)=0.06$。

规则 1：如果病原体来自血液(E_1)，则病原体为假单胞细菌。设定 $(\mathrm{LS}_1,\mathrm{LN}_1)$ 为(8,1)，产生式规则表示为

$$\text{IF } E_1 \text{ THEN } (8,1)H$$

规则 2：如果病原体的形态是杆状的(E_2)，则病原体为假单胞细菌。设定 $(\mathrm{LS}_2,\mathrm{LN}_2)$ 为(32,1)，产生式规则表示为

$$\text{IF } E_2 \text{ THEN } (32,1)H$$

规则 3：如果病原体的染色是革兰氏阴性(E_3)，则病原体为假单胞细菌。设定 $(\mathrm{LS}_3,\mathrm{LN}_3)$ 为(24,1)。产生式规则表示为

$$\text{IF } E_3 \text{ THEN } (24,1)H$$

计算当证据 E_1、E_2、E_3 必然发生的情况下，病原体为假单胞细菌的概率。

3. 请简述 Dempster-Shafer 证据理论的核心要素与主要特点。

4. 给定环境 $\Theta=\{$飞机, 汽车, 火车, 轮船$\}$，给出问题“哪些不是陆上交通方式？”对应的子集。

5. 给定一个路口车速记录器，对于不同的车速(0,10,20,30,⋯,100)，其隶属函数为

$$\mu_F(u_i)=\{u: 0.0/0+0.0/10+0.33/20+0.67/30+1.0/40+1.0/50+0.75/60+0.5/70+0.25/80+0.0/90+0.0/100\}$$

请写出其对应的模糊集合表示。

6. 请简述模糊判决的概念，思考题 5 中给出的路口车速记录器场景，对于不同的车速(0,10,20,30,⋯,100)，其隶属函数为 $\mu_F(u_i)=\{u: 0.0/0+0.0/10+0.33/20+0.67/30+1.0/40+1.0/50+0.75/60+0.5/70+0.25/80+0.0/90+0.0/100\}$，请用重心法和最大隶属度法分别进行模糊判决。

7. 请分别指出图 5-21 所示信念网络中包含的 head-to-head 结构、tail-to-tail 结构和 head-to-tail 结构，并构造因子图以计算变量 X_C 的边缘分布。

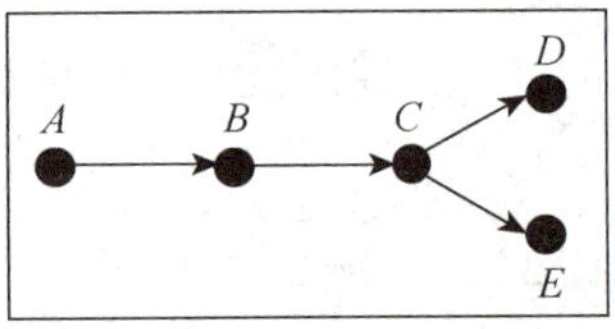

图 5-21　思考题 7 的信念网络

参考答案

第 6 章

CT

机器学习：让机器变得智能

6.1 什么是机器学习

机器学习主要研究怎么让计算机模拟实现人类的学习行为，以获取新的知识或技能，并能够重新组织已有的知识结构使之不断改善自身的性能。机器学习目前还没有统一的定义，下面是一些经典的定义。

Dictionary.com（大型免费在线英语词典）：机器学习是人工智能的一个分支，即机器基于输入的原始数据生成规则。

Wikipedia（维基百科）：机器学习是一门系统的学科，它关注设计和开发算法，使机器的行为随着经验数据的累积而进化，经验数据通常是传感器数据或数据库记录。

Tom M. Mitchell：一个计算机程序能够从经验 E 中学习（学习任务为 T，学习的表现衡量为 P），这个程序可以在任务 T 与表现衡量 P 下，通过经验 E 得到改进。

Jason Brownlee：机器学习就是从数据中训练出一个模型，该模型有不低于某种评估指标的泛化能力。

王珏：令 W 是一个问题空间，有 $(\boldsymbol{x},y)\in W$，称为样本或对象，其中 $\boldsymbol{x}$ 是一个 n 维矢量，y 是某个类别域的一个值。由于观察能力的限制，我们只能获得 W 的一个真子集，记为 $Q\subset W$，称为样本集合（对象集合）。由此，根据 Q 建立一个模型 M，并期望这个模型对 W 中的所有样本预测的正确率大于一个给定的常数 θ。常数 θ 越小，对模型 M 的要求越高。一个模型对 W 的预测正确率，也称模型对 W 的泛化能力。另外，如果样本含有测量（观察）噪声，且获得模型的目标函数具有统计性质，模型可以理解为对问题空间 W 的一种统计描述。

（1）一致性假设。假设样本集合 Q 与问题空间 W 之间存在某种一致的性质，如果使用统计模型，则一般假设 Q 与 W 满足同分布。这是机器学习的本质。

（2）划分。根据实际问题，将样本集合划分为不相交的区域（等价类）。这是模型对样本集合适用能力的描述，是机器学习必须（力求）满足的必要条件。

（3）泛化能力。从样本集合建立的模型必须是对问题空间的描述，因此，依据样本集合获得对问题空间具有最大泛化能力的模型成为机器学习的主要任务。

6.2 无监督学习：无师自通

无监督学习是机器学习领域常见的一类学习方法。无监督学习直接从数据本身出发，寻找数据的性质，然后总结数据或对数据进行分组，最终使用这些性质来进行数据驱动的决策。无监督学习对数据要求低，不需要标记，典型的应用是聚类。在聚类问题中，待分析的数据类别是未知的，聚类分析能够发现数据之间的相似关系从而将数据分成类或簇，其目标是使一个簇中的数据之间具有高相似度，而不同簇的数据之间具有高差异度。聚类算法首先面临的问题是如何度量数据之间的相似度。数据之间相似度的一种最直观的理解就是数据之间的“距离”，两个数据距离越小说明它们相似度越高，反之，两个数据距离越大说明它们差异度越高。差异度的度量和相似度的度量在聚类问题中是等价的，即两个数据间差异度越高则相似度越低。常用的距离和相似度的度量方法有欧氏距离、曼哈顿距离、切比雪夫距离以及余弦距离等。目前学术界对聚类算法并没有一个公认的分类方法，而且某种聚类算法往往具有几种类别的特征。根据学者韩家玮的观点，聚类算法分为划分聚类算法、层次聚类算法、基于密度的算法、基于网格的算法、基于模型的算法等。

6.2.1 *k*-Means 算法、*k* 中心点算法：近朱者赤，近墨者黑

最著名的聚类算法是 *k*-Means 算法、*k* 中心点算法。算法的中心思想简单来说就是把相似度高的数据聚在一起。

1．*k*-Means 算法

k-Means 算法以簇数目 *k* 为输入参数，把 *n* 个对象划分为 *k* 个簇，使得簇内的相似度高，而簇间的相似度低。簇作为运算对象参与度量时，使用簇中对象的均值代表簇。

k-Means 算法的处理流程如下。① 随机地选择 *k* 个对象，每个对象代表一个簇的初始均值。对于剩余的每个对象，根据其与每个簇均值的距离，将它分配到最相似的簇。② 计算每个簇的新均值。这个过程不断重复，直到簇稳定不再变化。这里的不再变化，实质上是准则函数的收敛。*k*-Means 算法所选择的准则函数是平方误差函数，其定义为

$$E=\sum_{i=1}^{k}\sum_{p\in C_i}\left|p-m_i\right|^2$$

其中，E 是数据集中所有对象的平方误差和；p 是空间中的点，表示给定对象；m_i 是簇 C_i 的均值。从最小化 E 的意义可以看出，*k*-Means 算法迭代的过程试图使生成的 *k* 个结果簇尽可能紧凑和独立。*k*-Means 算法如算法 6.1 所示。

算法 6.1：*k*-Means 算法

输入：*n* 个对象的数据集 *D*，簇数目 *k*

输出：*k* 个簇

setp1	从 *D* 中随机选择 *k* 个对象作为初始簇中心；
setp2	将每个对象分配到中心与其最近的簇；
setp3	重新计算簇的均值，使用新的均值作为每个簇的中心；
setp4	重复 setp2、setp3 直到所有簇中的对象不再变化。

k-Means 算法其实是一种 EM（Expectation-Maximization，期望最大化）算法。

（1）E 步：将每个对象分配到一个簇中。

（2）M 步：重新计算簇中心参数。

k-Means 算法试图确定最小化平方误差函数的 k 个划分。k-Means 算法的计算复杂度是 $O(nkt)$，其中 n 是数据对象的总数，k 是簇的个数，t 是迭代的次数，通常，$k \ll n$，$t \ll n$。

k-Means 算法简单高效，但也有如下局限性。

（1）算法可能终止于局部最优解。

（2）算法只有当簇均值可求或者定义可求时才能使用，对象的某些属性是类别或者字符串时求其均值没有意义。

（3）簇的数目 k 必须事先给定，而在一些实际应用中 k 是很难事先知道的。

（4）算法不适合发现非凸形状的簇，或者大小差别很大的簇。

（5）算法对噪声和离群点数据敏感，例如，一个距离簇内其他数据对象较远的对象会对该簇的均值产生很大的影响。

针对 k-Means 算法的局限性，学者们提出了一些变种算法，这些算法在初始簇中心的选择方法、相似度计算、簇均值计算上有所不同。例如，先采用层次聚类算法确定簇的数目并找到一个初始聚类，然后再迭代精确这个结果；在另一种改进中，采用簇中对象的众数代替均值作为簇中心，从而在一定程度上解决对噪声敏感的问题，这种改进算法同时采用新的相似度度量方法和基于频率的方法更新簇数。

k-Means 算法使用的平方误差准则使它对离群点过于敏感，为了降低这种敏感，k 中心点算法从簇中选出一个数据对象来代表该簇，不再采用均值代表簇。然后，类似地将每个对象分配到与其最近的簇中。实质上，这是评判准则的改变。

2. k 中心点算法

k 中心点算法采用的评判准则是绝对误差标准，其定义为

$$E=\sum_{j=1}^{k}\sum_{p\in C_j}\left|p-o_i\right|$$

其中，E 是数据集中所有对象的绝对误差之和，为平方误差；p 是空间中的点，代表簇 C_j 中的一个给定对象；o_j 是代表簇 C_j 的对象。该算法也依靠重复迭代，最终使得所有点或者为簇中心或者属于离它最近的簇。

k 中心点算法的过程如下。① 随机选择初始中心点；② 在迭代过程中，只要能够提高聚类结果质量，就用非中心点代替中心点，其中，聚类结果的质量由代价函数评估，该函数度量对象与其簇的中心点之间的平均相异度。o_{random} 表示正在被考察的非中心点，o_j 表示中心点，p 为每一个非中心点，规则如下。

（1）p 当前隶属于中心点 o_j。如果 o_j 被 o_{random} 代替作为中心点，且 p 离一个 o_i 最近，$i \neq j$，那么 p 被重新分配给 o_i。

（2）p 当前隶属于中心点 o_j。如果 o_j 被 o_{random} 代替作为中心点，且 p 离 o_{random} 最近，那么 p 被重新分配给 o_{random}。

（3）p 当前隶属于中心点 o_i，$i \neq j$。如果 o_j 被 o_{random} 代替作为中心点，而 p 依然离 o_i 最近，那么对象的隶属不发生变化。

（4）p 当前隶属于中心点 o_i，$i \neq j$。如果 o_j 被 o_{random} 代替作为中心点，且 p 离 o_{random} 最近，那么 p 被重新分配给 o_{random}。

每当重新分配时，E 所产生的差别会对代价函数产生影响。因此，当一个当前的中心点被非中心点所代替时，代价函数会计算平方误差所产生的差别。替代的总代价是所有非中心点所产生的代价之和。如果总代价为负，那么实际的平方误差将会减小，o_j 可以被 o_{random} 代替。如果总代价为正，则当前中心点 o_j 被认为是可以接受的，在本次迭代中没有变化。

k 中心点算法也有许多变种，其中最早提出的是 PAM（Partition Around Medoids）算法。它试图确定 n 个对象的 k 个划分，在随机选择 k 个初始对象作为初始簇中心点后，该算法反复尝试，选择更优的对象来代表簇。分析所有可能的对象对，每对中的一个对象作为簇的中心点，计算所有这样的对象对聚类质量的影响。对象 o_j 被使误差值减小最多的对象所代替。每次迭代产生的每个簇中最优的对象集合作为下次迭代的簇的中心点。迭代稳定后得到的中心点集就是簇的中心点。可见，每次迭代的计算复杂度都是 $O(k(n-k)^2)$，当 n 和 k 较大时，这个计算代价是非常高的。

PAM 算法如算法 6.2 所示。o_{random}

算法 6.2：k 中心点算法——PAM 算法

输入：n 个对象的数据集 D，簇数目 k

输出：k 个簇

step1　从 D 中随机选择 k 个对象作为初始的簇的中心点；
step2　将每个剩余对象分配到最近的中心点所对应的簇中；
step3　随机选择一个非中心点 o_{random}；
step4　计算用 o_{random} 代替中心点 o_j 的总代价 S；
step5　如果 S 小于 0，则用 o_{random} 代替 o_j，形成新的 k 个中心点集；
step6　重复 step2 到 step5，直到聚类稳定。

因为 k 中心点算法使用位于簇中心的实际点代表簇，所以不易受到离群点之类的极端值的影响，当数据对象中存在噪声和离群点时，k 中心点算法比 k-Means 算法具有更高的健壮性。k 中心点算法同 k-Means 算法一样，也需要事先由用户给出簇的数目 k。

6.2.2　EM 聚类：期望最大化

k-Means 算法是硬分（Hard Assignment）聚类算法的一种，每个点只属于一个簇。EM 聚类是一种软分（Soft Assignment）聚类算法，每个点都有属于每个簇的概率。

1．d 维的 EM 聚类

现在考虑 d 维的 EM 聚类，其中每个簇由一个多元正态分布刻画，有

$$f_i(\boldsymbol{x}) = f(\boldsymbol{x} \mid \boldsymbol{\mu}_i, \boldsymbol{\Sigma}_i) = \frac{1}{(2\pi)^{\frac{d}{2}} \mid \boldsymbol{\Sigma}_i \mid^{\frac{1}{2}}} \exp\left\{-\frac{(\boldsymbol{x}-\boldsymbol{\mu}_i)^{\mathrm{T}} \boldsymbol{\Sigma}_i^{-1} (\boldsymbol{x}-\boldsymbol{\mu}_i)}{2}\right\}$$

其中，簇均值$\boldsymbol{\mu}_i \in R^d$，协方差矩阵$\boldsymbol{\Sigma}_i \in R^{d\times d}$，$|\boldsymbol{\Sigma}|$表示矩阵$\boldsymbol{\Sigma}$的行列式，$f_i(\boldsymbol{x})$是$\boldsymbol{x}$属于簇$C_i$的概率密度函数。

假设X的概率密度函数是在k个簇之上的高斯混合模型，有

$$f(\boldsymbol{x}) = \sum_{i=1}^{k} f_i(\boldsymbol{x}) P(C_i) = \sum_{i=1}^{k} f_i(\boldsymbol{x} \mid \boldsymbol{\mu}_i, \boldsymbol{\Sigma}_i) P(C_i)$$

其中，先验概率$P(C_i)$满足$\sum_{i=1}^{k} P(C_i) = 1$。

高斯混合模型由均值$\boldsymbol{\mu}_i$、协方差矩阵$\boldsymbol{\Sigma}_i$和k个正态分布对应的先验概率$P(C_i)$刻画，因此模型参数可表示为

$$\theta = \{\boldsymbol{\mu}_1, \boldsymbol{\Sigma}_1, P(C_1), \boldsymbol{\mu}_2, \boldsymbol{\Sigma}_2, P(C_2), \cdots, \boldsymbol{\mu}_k, \boldsymbol{\Sigma}_k, P(C_k)\}$$

对每个簇C_i，估计d维的均值向量$\boldsymbol{\mu}_i = (\mu_{i1}, \mu_{i2}, \cdots, \mu_{id})^{\mathrm{T}}$，以及$d\times d$的协方差矩阵

$$\boldsymbol{\Sigma}_i = \begin{bmatrix} (\sigma_1^i)^2 & \sigma_{12}^i & & \sigma_{1d}^i \\ \sigma_{21}^i & (\sigma_2^i)^2 & \cdots & \sigma_{2d}^i \\ \vdots & \vdots & & \vdots \\ \sigma_{d1}^i & \sigma_{d2}^i & \cdots & (\sigma_d^i)^2 \end{bmatrix}$$

由于协方差矩阵是对称阵，需要估计$\binom{d}{2} = \frac{d(d-1)}{2}$对协方差和$d$个方差，因此$\boldsymbol{\Sigma}_i$一共有$\frac{d(d+1)}{2}$个参数。实际应用中，很难有足够的数据来对这么多的参数进行估计。一种简化方法是假设各个维度彼此独立，从而可以得到一个对角协方差矩阵

$$\boldsymbol{\Sigma}_i = \begin{bmatrix} (\sigma_1^i)^2 & 0 & & 0 \\ 0 & (\sigma_2^i)^2 & \cdots & 0 \\ \vdots & \vdots & & \vdots \\ 0 & 0 & \cdots & (\sigma_d^i)^2 \end{bmatrix}$$

在这一独立性假设之下，只需要估计d个参数即可得到该对角协方差矩阵。

1）初始化

对每个簇$C_i (i=1,2,\cdots,k)$，初始化均值$\boldsymbol{\mu}_i$，从每个维度X_a中，在其取值范围内均匀地随机选取一个值μ_{ia}。协方差矩阵初始化为 $d\times d$ 的单位矩阵$\boldsymbol{\Sigma}_i = \boldsymbol{I}$。簇的先验概率初始化为$P(C_i) = \frac{1}{k}$，使得每个簇的概率相等。

2）期望

给定点$\boldsymbol{x}_j (j=1,2,\cdots,n)$，计算簇$C_i (i=1,2,\cdots,k)$的后验概率，记为$w_{ij} = P(C_i \mid x_j)$。

$P(C_i \mid \boldsymbol{x}_j)$ 可看作点 $\boldsymbol{x}_j$ 对簇 C_i 的权值，$\boldsymbol{w}_i = (w_{i1}, w_{i2}, \cdots, w_{in})^{\mathrm{T}}$ 表示簇 C_i 在所有点上的权向量。

3）最大化

给定权值，重新估计 $\boldsymbol{\Sigma}_i$、$\boldsymbol{\mu}_i$ 和 $P(C_i)$。簇 C_i 的均值 $\boldsymbol{\mu}_i$ 可以估计为

$$\boldsymbol{\mu}_i = \frac{\sum_{j=1}^{n} w_{ij} \cdot \boldsymbol{x}_j}{\sum_{j=1}^{n} w_{ij}}$$

用矩阵形式表示为

$$\boldsymbol{\mu}_i = \frac{\boldsymbol{D}^{\mathrm{T}} \boldsymbol{w}_i}{\boldsymbol{w}_i^{\mathrm{T}} \boldsymbol{1}}$$

令 $\boldsymbol{Z}_i = \boldsymbol{D} - \boldsymbol{1} \cdot \boldsymbol{\mu}_i^{\mathrm{T}}$ 为簇 C_i 的居中数据矩阵。令 $\boldsymbol{z}_{ji} = \boldsymbol{x}_j - \boldsymbol{\mu}_i \in R^d$ 表示 $\boldsymbol{Z}_i$ 中的第 j 个点。将 $\boldsymbol{\Sigma}_i$ 表示为外积形式，有

$$\boldsymbol{\Sigma}_i = \frac{\sum_{j=1}^{n} w_{ij} \boldsymbol{z}_{ji} \boldsymbol{z}_{ji}^{\mathrm{T}}}{\boldsymbol{w}_i^{\mathrm{T}} \boldsymbol{1}}$$

考虑成对属性的情况，维度 X_a 和 X_b 之间的协方差可估计为

$$\sigma_{ab}^{i} = \frac{\sum_{j=1}^{n} w_{ij} \left(x_{ja} - \mu_{ia}\right)\left(x_{jb} - \mu_{ib}\right)}{\sum_{j=1}^{n} w_{ij}}$$

其中，x_{ja} 和 μ_{ia} 分别代表 x_j 和 μ_i 在第 a 个维度的值。

最后，每个簇的先验概率 $P(C_i)$ 为

$$P(C_i) = \frac{\sum_{j=1}^{n} w_{ij}}{n} = \frac{\boldsymbol{w}_i^{1} \boldsymbol{1}}{n}$$

2．EM 聚类算法

EM 聚类算法在初始化 $\boldsymbol{\Sigma}_i$、$\boldsymbol{\mu}_i$ 和 $P(C_i)\,(i = 1, \cdots, k)$ 后，重复期望和最大化两个步骤直到收敛。关于收敛性测试，检测是否 $\sum_{i=1}^{k} \left\| \boldsymbol{\mu}_i^{t} - \boldsymbol{\mu}_i^{t-1} \right\|^2 \leqslant \varepsilon$，其中，$\varepsilon > 0$ 是收敛阈值，t 表示迭代次数。换言之，迭代过程持续到簇均值变化很小。EM 聚类算法如算法 6.3 所示。

算法 6.3：EM 聚类算法

输入：簇数目 k，任意小的正数 ε

输出：每个数据所属的簇

step1　$t \leftarrow 0$

　// 初始化

step2　随机初始化 $\boldsymbol{\mu}_1^{t}, \boldsymbol{\mu}_2^{t}, \cdots, \boldsymbol{\mu}_k^{t}$

step3　$\boldsymbol{\Sigma}_i^{t} \leftarrow \boldsymbol{I}, \forall i = 1, 2, \cdots, k$

step4 $P^t(C_i) \leftarrow \frac{1}{k}, \forall i=1,2,\cdots,k$

step5 repeat

step6 $t \leftarrow t+1$

// 期望

step7 for i=1,2,⋯,k 且 j=1,2,⋯,n do

step8 $w_{ij} \leftarrow \frac{f(\boldsymbol{x}_j \mid \boldsymbol{\mu}_i, \boldsymbol{\Sigma}_i) \cdot P(C_i)}{\sum_{a=1}^{k} f(\boldsymbol{x}_j \mid \boldsymbol{\mu}_a, \boldsymbol{\Sigma}_a) \cdot P(C_a)}$ // 后验概率 $P^t(C_i \mid \boldsymbol{x}_j)$

// 最大化

step9 for i=1,2,⋯,k do

step10 $\boldsymbol{\mu}_i^t \leftarrow \frac{\sum_{j=1}^{n} w_{ij} \cdot \boldsymbol{x}_j}{\sum_{j=1}^{n} w_{ij}}$ // 重新估计均值

step11 $\boldsymbol{\Sigma}_i^t \leftarrow \frac{\sum_{j=1}^{n} w_{ij} (\boldsymbol{x}_j - \boldsymbol{\mu}_i)(\boldsymbol{x}_j - \boldsymbol{\mu}_i)}{\sum_{j=1}^{n} w_{ij}}$ // 重新估计协方差矩阵

step12 $P^t(C_i) \leftarrow \frac{\sum_{j=1}^{n} w_{ij}}{n}$ // 重新估计先验概率

step13 until $\sum_{i=1}^{k} \|\boldsymbol{\mu}_i^t - \boldsymbol{\mu}_i^{t-1}\|^2 \leqslant \varepsilon$

6.2.3 CLARA 算法、CLARANS 算法：随机选择的站队

k 中心点算法在处理大数据集时效率低而且效果不佳，CLARA（Clustering LARge Applications）算法引入抽样的思想。它的主要思想是抽取实际数据中的一小部分作为样本，在样本中选择中心点。样本是随机抽取的，以接近原数据集的数据分布。这样从样本中求得的中心点很可能与从整个数据集中求得的中心点相似。CLARA 算法如算法 6.4 所示，抽取数据集的多个样本，对每个样本应用 PAM 算法，将最好的结果作为输出。

算法 6.4： CLARA 算法

i = 1 to v（抽样的次数），重复执行下列步骤：

step1 随机地从整个数据集中抽取一个包含 N 个对象的样本，调用 PAM 算法从样本中找出 k 个最优的中心点；

step2 将这 k 个中心点应用到整个数据集上，对于每一个非中心点 o_j，判断它与从样本中选出的哪个中心点距离最近；

step3 计算上一步中得到的聚类的总代价；若该值小于当前的最小值，用该值代替当前的最小值，保留在这次抽样中得到的 k 个中心点作为目前为止得到的最优的中心点的集合；

step4 返回 step1，开始下一个循环；

step5 算法结束，输出聚类结果。

CLARA 算法的复杂度为 $O(ks^2 + k(n-k))$，其中 s 是样本的大小，k 是簇的数目，n 是数据集中对象总数。

与所有的基本抽样算法一样，CLARA 算法的准确性取决于样本大小。如果某个实际上最优的中心点在若干抽样中均未被抽到，那么最后计算的结果一定不是最优的聚类结果。这个问

题是抽样算法很难避免的，因为抽样算法本身就是为了保证效率而牺牲了一些准确性的算法。

CLARANS（Clustering Large Application based upon RANdomized Search，基于随机搜索的大型应用聚类）算法是对 CLARA 算法的改进。CLARANS 算法也进行抽样，但在任一给定时间都不把自身局限于某个样本，CLARANS 算法在搜索的每一步都按照某种方法随机抽样。从概念上讲，聚类过程可以看作搜索的一个图，图中的每个节点是一个潜在的解（k 个中心点的集合）。CLARANS 算法如算法 6.5 所示。

算法 6.5：CLARANS 算法

step1　输入参数 numlocal 和 maxneighbor；

step2　从 n 个目标中随机地抽取 k 个目标构成质心集合，记为 current；

step3　j=1；

step4　从步骤 2 中余下的 n–k 个目标中随机抽取一个目标，并用其来代替质心集合中随机的某一个质心，得到一个新的质心集合，计算两个质心集合的代价差（这一点和 PAM 算法相似，只是变成了随机抽取代替对象和被代替对象）；

step5　如果新的质心集合代价较小则将其赋给 current，重置 j=1，否则 j+=1；

step6　直到 j 大于或等于 maxneighbor，current 为此时代价最小的质心集合；

step7　重复以上步骤 numlocal 次，取其中代价最小的质心集合为最终质心集合；

step8　按照最终质心集合进行划分并输出结果。

CLARANS 算法的时间复杂度大约是 $O(n^2)$。n 是数据集中对象总数。此算法一是改进了 CLARA 算法的聚类质量，二是拓展了数据处理量的伸缩范围，具有较好的聚类效果。但它的计算效率较低，且对数据输入顺序敏感，只能聚类凸状或球形边界。

6.2.4　从传说中走来的谱聚类

谱聚类的思想最早可以追溯到一个古老的传说，当时有一个逃亡公主来到了一个部落，想跟酋长买一块地，于是用身上仅有的钱与酋长换了一块牛皮，且与酋长约定她只要这块牛皮所占之地，善良的酋长便答应了。殊不知，公主把牛皮撕成一条一条，足足围出了一个城市。这是涉及等周长问题的传说，等周长问题指的是如何用给定长度的线条围出最大的面积，也可理解为，在给定面积下如何使周长更短，这也正是谱聚类思想的端倪。

传统的聚类算法，如 K-means 算法、EM 聚类算法等都建立在凸球形的样本空间上，但当样本空间不为凸状或球形时，算法会陷入局部最优。为了能在任意形状的样本空间上聚类，且收敛于全局最优解，学者提出了谱聚类算法（Spectral Clustering Algorithm）。该算法首先根据给定的样本数据集定义一个描述成对数据点相似度的亲和矩阵，并计算矩阵的特征值和特征向量，然后选择合适的特征向量聚类不同的数据点。谱聚类算法建立在图论中的谱图理论的基础上，其本质是将聚类问题转化为图的最优划分问题，是一种点对聚类算法，在数据聚类上具有很好的应用前景。

1．相似图

已知数据点 $x_1,\ x_2,\cdots,x_n$ 及所有数据点对 x_i 和 x_j 的某种定义的相似度 $s_{ij}\geqslant 0$，求解的目标

是将这些点分到若干簇中，簇内的点彼此相近，不同簇间的点彼此相异。在未知其他相似信息的情况下，将数据表示成相似图$G=(V,E)$的形式是一种很好的方法。相似图中的每一个顶点v_i表示一个数据点x_i。如果两个顶点对应的数据点x_i和x_j之间的相似度s_{ij}是正的或者大于某一设定的阈值，就在这两个顶点间画一条边，并给这条边赋予权重s_{ij}。现在聚类问题已经转化成相似图分割的问题：求一种图分割方法，使各个组间的边有较低的权重（不同数据簇内的点有较低的相似度）、各组内的边有较高的权重（同一数据簇内的点有较高的相似度）。

常用的相似图有3种。

ε近邻图：ε近邻图连接所有距离小于ε的点。因为被连接的点之间的距离处于同样的规模（最多为ε），给边赋予权重无法包含更多的信息。因此，ε近邻图通常被用作无权图。

k近邻图：k近邻图的目的是将v_i与它的k个最近邻居v_j连接。然而，因为邻居关系不是对称的，这样做的结果是一个有向图。有两种方法将其转化为无向图。一种是简单地忽略边的方向，只要v_j属于v_i的k个最近的邻居就用一条无向边将它们连接。使用这种方式生成的图通常被叫作k近邻图。另一种方法是，只有v_i和v_j互相属于对方的k个最近邻居，才用一条无向边将它们连接。这种方式生成的图被称为互k近邻图。使用任何一种方法生成图后，再根据点之间的相似度给各个边赋予权重。

全连接图：全连接图简单地将所有有着正相似度的点对进行连接，并赋予相应边权重s_{ij}。图用来表示局部邻接关系，而这种方式只有在相似度度量方程能包含局部近邻关系时才有相应的作用，例如，经典的高斯方程$s(x_i,x_j)=\exp\left(-\|x_i-x_j\|^2/\left(2\sigma^2\right)\right)$中，$\sigma$控制着邻居的宽度。$\sigma$与$\varepsilon$近邻图中的$\varepsilon$起着一样的作用。

2．拉普拉斯矩阵

图的拉普拉斯矩阵是谱聚类算法的主要工具。对于这些矩阵的研究形成了一个完整的研究领域，称为谱图理论。这里给出几种不同的拉普拉斯矩阵定义，并给出它们的特性。

首先，给出需要用到的一些基本定义如下。

无向图$G=(V,E)$，其中V是顶点集，顶点v_i和v_j的边带有权重$w_{ij}\geqslant 0$。图的邻接矩阵$\boldsymbol{W}=\left(w_{ij}\right),i,j=1,2,\cdots,n$。$w_{ij}=0$表示$v_i$和$v_j$之间没有边。在无向图中，显然有$w_{ij}=w_{ji}$。定义顶点$v_i$的度为

$$d_i=\sum_{j=1}^{n}w_{ij}$$

注意，这个求和只与v_i连接的点有关，对于其他顶点v_j，权重$w_{ij}=0$。度矩阵$\boldsymbol{D}$是对角元素为$d_1,d_2,\cdots,d_n$的对角矩阵。给出顶点的子集$A\subset V$，$\overline{A}$为A的补集。定义标示向量$\phi_A=\left(f_1,\cdots,f_n\right)'\in R^n$，其中，当$v_i\in A$时，$f_i=1$，其余$f_i=0$。为了方便，用$v_i\in A$表示$\{i\mid v_i\in A\}$，如表示一个求和$\sum_{i\in A}w_{ij}$。对于两个不相交子集$A,B\subset V$，定义

$$W(A,B):=\sum_{i\in A, j\in B} w_{ij}$$

考虑度量子集 $A\subset V$ 大小的两种不同的方法为

$$|A| = A\text{中顶点个数}$$

$$\mathrm{vol}(A)=\sum_{i\in A} d_i$$

$|A|$ 为用 A 中的顶点个数表示 A 的大小，$\mathrm{vol}(A)$ 为用与 A 相连的边的权重之和表示 A 的大小。如果一个子图中所有的顶点可以被包含在一条路径内，则这个子图是连通的。如果一个子图是连通的，并且和该子图中所有顶点的补集构成的图之间是没有连接的，则该子图是原图的一个连通分量。将图分割为多个连通子图后，有非空子集 $\{A_1, A_2, \cdots, A_k\}$ 满足 $A_i \cap A_j = \varnothing$ 且 $A_1 \cup A_2 \cup \cdots \cup A_k = V$。

现在给出非归一化拉普拉斯矩阵和归一化拉普拉斯矩阵的定义及特性。

非归一化拉普拉斯矩阵的定义为

$$\boldsymbol{L}=\boldsymbol{D}-\boldsymbol{W}$$

矩阵 $\boldsymbol{L}$ 有以下特性。

（1）对于任意向量 $\boldsymbol{f}\in R^n$ 有 $\boldsymbol{f}'\boldsymbol{L}\boldsymbol{f}=\dfrac{1}{2}\sum_{i,j=1}^{n} w_{ij}\left(f_i-f_j\right)^2$。

（2）$\boldsymbol{L}$ 是对称的半正定矩阵。

（3）$\boldsymbol{L}$ 的最小特征值是 0，对应的特征向量为单位向量 $\boldsymbol{\lozenge}$。

（4）$\boldsymbol{L}$ 有 n 个非负实特征值，$0=\lambda_1\leqslant\lambda_2\leqslant\cdots\leqslant\lambda_n$。

常用的归一化拉普拉斯矩阵有两种，分别定义为

$$\boldsymbol{L}_{\mathrm{sym}}:=\boldsymbol{D}^{-1/2}\boldsymbol{L}\boldsymbol{D}^{-1/2}=\boldsymbol{I}-\boldsymbol{D}^{-1/2}\boldsymbol{W}\boldsymbol{D}^{-1/2}$$

$$\boldsymbol{L}_{\mathrm{rw}}:=\boldsymbol{D}^{-1}\boldsymbol{L}=\boldsymbol{I}-\boldsymbol{D}^{-1}\boldsymbol{W}$$

归一化拉普拉斯矩阵有以下特性。

（1）对于任意 $\boldsymbol{f}\in R^n$ 有 $\boldsymbol{f}'\boldsymbol{L}_{\mathrm{sym}}\boldsymbol{f}=\dfrac{1}{2}\sum_{i,j=1}^{n} w_{ij}\left(\dfrac{f_i}{\sqrt{d_i}}-\dfrac{f_j}{\sqrt{d_j}}\right)^2$。

（2）当且仅当 λ 是 $\boldsymbol{L}_{\mathrm{sym}}$ 的特征值且对应特征向量为 $\boldsymbol{w}=\boldsymbol{D}^{1/2}\boldsymbol{u}$ 时，λ 是 $\boldsymbol{L}_{\mathrm{rw}}$ 的特征值且对应特征向量为 $\boldsymbol{u}$。

（3）当且仅当 λ 和 $\boldsymbol{u}$ 是特征问题 $\boldsymbol{L}\boldsymbol{u}=\lambda\boldsymbol{D}\boldsymbol{u}$ 的解时，λ 是 $\boldsymbol{L}_{\mathrm{rw}}$ 的特征值且对应特征向量为 $\boldsymbol{u}$。

（4）0 是 $\boldsymbol{L}_{\mathrm{rw}}$ 的特征值，对应特征向量为单位向量 $\boldsymbol{\lozenge}$。0 是 $\boldsymbol{L}_{\mathrm{sym}}$ 的特征值，对应特征向量为单位向量 $\boldsymbol{D}^{1/2}\boldsymbol{\lozenge}$。

（5）$\boldsymbol{L}_{\mathrm{sym}}$ 和 $\boldsymbol{L}_{\mathrm{rw}}$ 为半正定矩阵，各有 n 个非负实特征值，$0=\lambda_1\leqslant\lambda_2\leqslant\cdots\leqslant\lambda_n$。

3. 谱聚类算法

下面介绍经典的谱聚类算法。设数据为 n 个任意实体的点 $x_1, x_2, \cdots, x_n$。使用非负对称方程

计算点对之间的相似性$s_{ij}=s(x_i,x_j)$，定义相似度矩阵$\boldsymbol{S}=(s_{ij})$（$i,j=1,2,\cdots,n$）。非归一化谱聚类算法如算法 6.6 所示。

算法 6.6：非归一化谱聚类算法

输入：相似矩阵$\boldsymbol{S}\in R^{n\times n}$，聚类簇数$k$	
输出：聚类结果$A_1,\cdots,A_k$，其中$A_i=\{j\mid \boldsymbol{y}_i\in C_i\}$	
step1	构造相似图，用$\boldsymbol{W}$表示它的带权重的亲和矩阵；
step2	计算非归一化拉普拉斯矩阵$\boldsymbol{L}$；
step3	计算$\boldsymbol{L}$的前k个特征向量$\boldsymbol{u}_1,\cdots,\boldsymbol{u}_k$；
step4	定义矩阵$\boldsymbol{U}\in R^{n\times k}$，$\boldsymbol{U}$的各列为$\boldsymbol{u}_1,\cdots,\boldsymbol{u}_k$；
step5	定义向量$\boldsymbol{y}_i\in R^k{}_{i=1,\cdots,n}$，对应$\boldsymbol{U}$的第$i$行；
step6	对数据点$(\boldsymbol{y}_i)_{i=1,\cdots,n}$应用$k$-Means 算法得到聚类$C_1,\cdots,C_k$。

使用不同的归一化拉普拉斯矩阵对应着两种不同的归一化谱聚类方法。使用$\boldsymbol{L}_{\text{rw}}$矩阵的归一化谱聚类算法如算法 6.7 所示。

算法 6.7：归一化谱聚类算法（使用$\boldsymbol{L}_{\text{rw}}$矩阵）

输入：相似矩阵$\boldsymbol{S}\in R^{n\times n}$，聚类簇数$k$	
输出：聚类结果$A_1,\cdots,A_k$，其中$A_i=\{j\mid \boldsymbol{y}_i\in C_i\}$	
step1	构造相似图，用$\boldsymbol{W}$表示它的带权重的亲和矩阵；
step2	计算归一化拉普拉斯矩阵$\boldsymbol{L}$；
step3	计算广义特征问题$\boldsymbol{Lu}=\lambda\boldsymbol{Du}$的前$k$个特征向量$\boldsymbol{u}_1,\cdots,\boldsymbol{u}_k$；
step4	定义矩阵$\boldsymbol{U}\in R^{n\times k}$，$\boldsymbol{U}$的各列为$\boldsymbol{u}_1,\cdots,\boldsymbol{u}_k$；
step5	定义向量$\boldsymbol{y}_i\in R^k{}_{i=1,\cdots,n}$对应$\boldsymbol{U}$的第$i$行；
step6	对数据点$(\boldsymbol{y}_i)_{i=1,\cdots,n}$应用$k$-Means 算法得到聚类$C_1,\cdots,C_k$。

注意，上述算法使用了$\boldsymbol{L}$的广义特征向量，这等价于使用对应的矩阵$\boldsymbol{L}_{\text{rw}}$的特征向量。事实上，本算法计算的是归一化矩阵$\boldsymbol{L}_{\text{rw}}$的特征向量，因此将这个算法称为归一化谱聚类算法。算法 6.8 也是一种归一化谱聚类算法，不同之处在于归一化矩阵由$\boldsymbol{L}_{\text{rw}}$换成了$\boldsymbol{L}_{\text{sym}}$，因此需要加入一个其他算法中没有的步骤，就是对矩阵的行进行规范化。

算法 6.8：归一化谱聚类算法（使用$\boldsymbol{L}_{\text{sym}}$矩阵）

输入：相似矩阵$\boldsymbol{S}\in R^{n\times n}$，聚类簇数$k$	
输出：聚类结果$A_1,\cdots,A_k$，其中$A_i=\{j\mid \boldsymbol{y}_i\in C_i\}$	
step1	构造相似图，用$\boldsymbol{W}$表示它的带权重的亲和矩阵；
step2	计算归一化拉普拉斯矩阵；
step3	计算$\boldsymbol{L}_{\text{sym}}$的前$k$个特征向量$\boldsymbol{u}_1,\cdots,\boldsymbol{u}_k$；
step4	定义矩阵$\boldsymbol{U}\in R^{n\times k}$，$\boldsymbol{U}$的各列为$\boldsymbol{u}_1,\cdots,\boldsymbol{u}_k$；
step5	规范化矩阵$\boldsymbol{U}$得到矩阵$\boldsymbol{T}\in R^{n\times k}$，即使矩阵各行的模为 1，$t_{ij}=u_{ij}\Big/\left(\sum_k u_{ik}^2\right)^{1/2}$；
step6	定义向量$\boldsymbol{y}_i\in R^k{}_{i=1,\cdots,n}$对应$\boldsymbol{T}$的第$i$行；
step7	对数据点$(\boldsymbol{y}_i)_{i=1,\cdots,n}$应用$k$-Means 算法得到聚类$C_1,\cdots,C_k$。

这 3 种算法相当类似，但使用了不同的拉普拉斯矩阵。这 3 种算法的核心都是将抽象数据点x_i表示为$\boldsymbol{y}_i\in R^k$。由图的拉普拉斯矩阵的特性可知，这种表示的改变是十分有用的，这种

表示加强了数据点间的聚类特性，使得聚类结果可以容易地被计算出来。简单的 K-means 算法在这种新的表示下就可以容易地计算出聚类结果。

谱聚类算法背后有着各种不同思想的支持，包括切图理论、随机游走理论、扰动理论等。尽管在目前的应用中，谱聚类算法表现出了相当优秀的效果，但是其背后的理论支持体系仍然有待进一步完善。目前，如何更好地构造亲和矩阵，如何更高效地求解特征值与特征向量，如何处理大规模数据，如何进行并行计算，如何确定参数（包括聚类数目、拉普拉斯矩阵种类等）是关于谱聚类的几个热点研究问题。

6.2.5 基于约束的聚类

在实际问题中，用户通常有更明确的要求，并且希望这些要求可以引导聚类过程并影响聚类结果。基于约束的聚类是在聚类过程中体现用户的偏好或约束。这种偏好或约束包括期望的簇数目、簇的最大或最小规模、不同对象的权重以及对聚类结果的其他期望特征等。基于约束的聚类能发现用户指定的偏好或约束的簇。根据约束的性质，基于约束的聚类可以采用不同的方法。

（1）个体对象的约束：可以对聚类的对象指定约束，这种约束限制了聚类的对象集。

（2）聚类参数选择的约束：用户给每个聚类参数设定了一个期望的范围。对于给定的聚类算法，聚类参数通常是明确的，如 K-means 算法中期望的簇数目 k。尽管这种用户指定的参数可能对聚类结果产生很大的影响，但是它们通常只对算法本身进行限制。因此，对这些参数的微调和处理并不认为是一种基于约束的聚类。

（3）距离或相似度函数的约束：用户可以对聚类对象的特定属性指定不同的距离或相似度函数，或者对特定的对象指定不同的距离度量。

（4）用户对各个簇的性质指定约束：用户指定结果簇应该具有的性质，这可能会对聚类过程有很大的影响。这种基于约束的聚类在实际应用中很常见，常称为用户约束聚类分析。

（5）基于“部分”监督的半监督聚类：使用某种弱监督形式，可以明显地改进无监督聚类质量，这种被约束的聚类过程称为半监督聚类。

6.2.6 在线聚类

常规的聚类算法很难处理数据会随时间发生变化的数据集，因而研究者提出在线聚类算法。通常的聚类算法都明确地或者隐含地优化一个全局准则函数，聚类结果也常常表现出对于全局准则函数中参数变化过于敏感的缺点。特别是当这些方法用于在线学习时，可能会出现聚类结构不稳定的问题，如簇的波动或者漂移。在线聚类希望系统可以从新出现的数据中学习知识或者捕获信息，这就要求它必须是自适应的，具有一定“可塑性”，允许新的类别产生。另外，如果数据内部结构不稳定，且新获得的信息会造成较大的结构重组，那么问题就会变得复杂，因此不能把问题只归因于特定的聚类描述。这个问题被称为稳定性/可塑性两难问题。

产生这个问题的原因之一就是聚类算法使用了全局准则，每个新样本都可能影响一个聚类中心的位置，不管这个样本距离中心有多远。为此，有学者提出一种“竞争学习”的算法，只对与新样本最相似的一个聚类中心进行调整，与该样本无关的其他类的性质得以保留。竞争学习源自神经网络，下面介绍竞争学习算法，它可以看作串行 *k*-Means 算法的一种改进。

竞争学习算法以神经网络学习规则为基础，与判定导向的 *k*-Means 算法有内在的联系。竞争学习和判定导向都是先初始化簇数目和聚类中心，并在聚类过程中按照某种规则暂时将样本分到某一类。但它们在更新聚类中心时表现出不同的方式：在判定导向的算法中，每个聚类中心被更新为当前类中所有数据点的均值；而在竞争学习算法中，只有与输入模式最相似的聚类中心得到了更新。结果是，在竞争学习算法中，离输入模式很远的聚类不会被改变。

6.3 监督学习：严师出高徒

监督学习，也称为监督机器学习，是机器学习和人工智能的子类别。它通过标记的数据集来训练对数据进行分类或准确预测结果的算法。将输入数据输入模型后，它会通过学习过程来调整其权重，以确保正确拟合模型。监督学习最主要的特征是数据都有正确的标签，训练过程中可以明确地知道分类或预测结果的正确性。常见的监督学习方法有支持向量机、概率图模型、神经网络等。

6.3.1 支持向量机：在超平面上反复横跳

传统的统计学研究的是样本数目趋于无穷大时的渐进理论，但在实际问题中，样本数通常很有限，因此一些理论上很优秀的学习方法在实际中的表现未必尽如人意。统计学习理论（Statistical Learning Theory，SLT）的研究始于 20 世纪 60 年代末。苏联的 Vladimir Naumovich Vapnik 和 Alexey Chervonenkis 做了大量开创性、奠基性的工作。1964 年，Vladimir Naumovich Vapnik 和 Alexey Chervonenkis 提出了硬边距的线性支持向量机（Support Vector Machine，SVM）。20 世纪 90 年代，该理论被用来分析神经网络。1992 年，Bernhard Boser、Isabelle Guyon 和 Vladimir Naumovich Vapnik 提出了非线性 SVM。1995 年，Corinna Cortes 和 Vladimir Naumovich Vapnik 提出了软边距的非线性 SVM，并将其应用于手写字符识别。20 世纪 90 年代中期，基于该理论设计的支持向量机在解决小样本、非线性及高维模式识别中表现出许多特有的优势，并能够推广应用到函数拟合等其他机器学习问题中。

支持向量机是基于统计学习理论的机器学习方法，其基本思想是，定义最优超平面，并把寻找最优超平面的算法归结为一个求解凸规划的问题。这里的超平面包括两类：线性超平面和非线性超平面，与之相对应的支持向量机分别为线性支持向量机（线性可分和线性不可分情况）和非线性支持向量机。

对于非线性超平面，基于 Mercer 核展开定理，通过用内积函数定义的非线性变换将输入空间映射到一个高维空间（Hilbert 空间），在这个高维空间中寻找输入变量和输出变量之间的关系。简单地说就是“升维”和“线性化”。升维，即把样本向高维空间映射，一般只会增加计算的复杂性，甚至会引起“维数灾难”，因此人们很少问津。但是对于分类、回归等问题来说，在低维空间无法线性处理的样本集，很可能可以在高维空间通过一个线性超平面实现线性划分或回归。SVM 的线性化是在变换后的高维空间中应用求解线性问题的方法进行计算的。在高维空间中得到的是问题的线性解，但与之相对应的是原来样本空间中问题的非线性解。一般的升维会带来计算的复杂化，SVM 巧妙地解决了两个难题：① 由于应用了 Mercer 核展开定理，所以根本不需要知道非线性映射的显式表达式；② 由于是在高维空间中建立线性学习机，所以与线性模型相比，不但几乎不增加计算的复杂性，而且在某种程度上避免了“维数灾难”。这一切要归功于核的展开和计算理论。SVM 算法就是在核特征空间上使用最优化理论，有效地训练线性学习器，同时还考虑了该学习器的泛化问题。

支持向量机有着严格的理论基础，采用结构风险最小化原则，具有很好的推广能力。支持向量机算法是一个凸二次优化问题（convex Quadratic Programming problem，QP），保证找到的解是全局最优解，能较好地解决小样本、非线性、高维数、局部极小点等实际问题。

6.3.2 概率图模型：不确定性推理的模型

概率在机器学习中起着重要的作用，很多问题都可以使用概率分布的图形表示进行抽象建模，分析变量之间的关系，这种概率分布的图形表示被称为概率图模型（Probabilistic Graphical Model），简称图模型（Graphical Model，GM）。概率图模型是一种用图结构来描述多元随机变量之间条件独立关系的概率模型，它提供了一种简单的方式将概率模型的结构可视化，从而可以更深刻地认识模型的性质，设计新的模型。在概率图模型中，每个节点表示一个随机变量或一组随机变量，节点之间的边表示这些变量之间的概率关系。根据边的性质不同，概率图模型可大致分为两类：第一类使用有向无环图表示变量间的关系，称为概率有向图模型，在这个模型中，图之间的链接有一个特定的方向，使用箭头表示；第二类使用无向图表示变量间的关系，称为概率无向图模型，在这个模型中，链接没有方向。有向图对于表达随机变量之间的因果关系很有用，而无向图对于表示随机变量之间的软限制更有用。

1. 概率无向图模型

概率无向图模型（Probability Undirected Graphical Model），也称马尔可夫网络（Markov

Network，MN），其网络结构为无向图。设有联合概率分布 $P(Y)$，由无向图 $G=(V,E)$ 表示，其中，V 是顶点集，E 是边集，顶点表示随机变量，边表示随机变量之间的依赖关系。如果联合概率分布 $P(Y)$ 满足成对、局部或全局马尔可夫性，则称此联合概率分布为概率无向图模型或马尔可夫随机场（Markov Random Field）。对数线性模型是无向图中经常使用的一种模型，其利用特征函数以及参数对势函数进行定义，获得较好的效果。对数线性模型中最常用的模型是逻辑斯蒂回归模型（Logistic Regression Model）和最大熵模型（Maximum Entropy Model）。

在逻辑斯蒂回归模型中，采用 sigmoid 函数作为激励函数，所以又称 sigmoid 回归模型、对数概率回归模型。需要注意的是，虽然它的名字中带有回归，但事实上并不是一种回归算法，而是一种分类算法。它的优点是，直接对分类的可能性进行建模，无须事先假设数据分布，这样就避免了假设分布不准确所带来的问题。由于它针对分类的可能性进行建模，所以它不仅能预测出类别，还可以得到属于该类别的概率。逻辑斯蒂回归模型的主要思想是，根据现有数据对分类边界线（Decision Boundary）建立回归公式，以此进行分类。逻辑斯蒂回归模型是在线性回归模型的基础上，使用 sigmoid 函数，将线性模型 $\boldsymbol{w}^{\mathrm{T}}\boldsymbol{x}$ 的结果压缩到[0,1]区间内，使其拥有概率意义，它可以将任意输入映射到[0,1]区间内，实现由值到概率的转换。模型本质仍然是一个线性模型，实现相对简单。同时，逻辑斯蒂回归模型也是深度学习的基本组成单元。逻辑斯蒂回归模型属于概率性判别式模型，属于概率性模型是因为模型有概率意义，属于判别式模型是因为模型并没有对数据的分布进行建模，也就是说，模型并不知道数据的具体分布，而是直接将判别函数（分类超平面）求解出来。

最大熵模型是由最大熵原理推导实现的，最大熵原理应用于分类问题得到最大熵模型。给定训练数据集 $T=\{(\boldsymbol{x}_1,y_1),(\boldsymbol{x}_2,y_2),\cdots,(\boldsymbol{x}_N,y_N)\}$，目标是根据最大熵原理选择最优的分类模型。该模型的任务是对于给定的 $\boldsymbol{X}=\boldsymbol{x}$，以条件概率分布 $P(Y\mid \boldsymbol{X}=\boldsymbol{x})$ 预测 Y 的取值。根据训练数据能得出$(\boldsymbol{X},Y)$的经验分布，得出部分$(\boldsymbol{X},Y)$的概率值，或某些概率需要满足的条件，即问题变成求部分信息下的最大熵或满足一定约束的最优解。约束条件是通过特征函数引入的。

条件随机场（Conditional Random Field，CRF）由 John Lafferty 等人于 2001 年提出，它是一种条件概率分布模型 $P(\boldsymbol{y}\mid\boldsymbol{x})$，表示的是在给定一组输入随机变量 $\boldsymbol{x}$ 的条件下，另一组输出随机变量 $\boldsymbol{y}$ 的马尔可夫随机场，是一种可以直接建模条件概率的判别式无向图模型。条件随机场最早是针对序列数据分析提出的，现已成功应用于自然语言处理、生物信息学、机器学习及网络智能等诸多领域。

与最大熵模型不同，在条件概率分布模型 $P(\boldsymbol{y}\mid\boldsymbol{x})$ 中，$\boldsymbol{y}$ 一般为随机向量，因此需要对 $P(\boldsymbol{y}\mid\boldsymbol{x})$ 进行因子分解。假设条件随机场的最大团集合为 C，其条件概率为

$$P(\boldsymbol{y}\mid\boldsymbol{x},\boldsymbol{w})=\frac{1}{Z(\boldsymbol{x},\boldsymbol{w})}\exp\left(\sum_{Q\in C}\boldsymbol{w}_Q^{\mathrm{T}}\boldsymbol{f}_Q(\boldsymbol{x},\boldsymbol{y}_Q)\right)$$

条件随机场对多个变量给定观测值后的条件概率分布进行建模，假设 $X=\{\boldsymbol{x}_1,\boldsymbol{x}_2,\cdots\boldsymbol{x}_n\}$ 为观测序列，$Y=\{\boldsymbol{y}_1,\boldsymbol{y}_2,\cdots\boldsymbol{y}_n\}$ 为与之相应的标记序列，则条件随机场的目标是构建条件概率分

布模型 $P(Y|X)$。

2．概率有向图模型

概率有向图模型中，网络结构使用有向无环图（Directed Acyclic Graph，DAG）表示变量之间的关系。常见的有向图模型有贝叶斯网络和隐马尔可夫模型，下面介绍贝叶斯网络。

贝叶斯网络（Bayesian Network，BN）起源于贝叶斯统计学，是以概率论为基础的有向图模型，它为处理不确定知识提供了有效的方法。贝叶斯网络是用来表示变量间概率依赖关系的有向无环图，其中，顶点表示随机变量，是对过程、事件、状态等实体的某些特征的描述；有向边表示变量间的概率依赖关系。贝叶斯网络提供了一种表示因果信息的方法，在统计学、决策分析、自然语言处理、推荐系统、图像识别、博弈论等领域有较高的应用价值。

贝叶斯网络具有两个重要的条件独立性：一是顶点与其非后代顶点条件独立；二是给定一个顶点的马尔可夫覆盖，这个顶点和网络中的所有其他顶点是条件独立的。马尔可夫覆盖在贝叶斯网络的推理中起着非常重要的作用。贝叶斯网络具有如下特点。

① 贝叶斯网络本身是一种不定性因果关联模型。贝叶斯网络与其他决策模型不同，本身是将多元知识图解可视化的一种概率知识表达与推理模型，更为贴切地蕴含了网络节点变量之间的因果关系及条件相关关系。

② 贝叶斯网络具有强大的不确定性问题处理能力。贝叶斯网络用条件概率表达各个信息要素之间的相关关系，能在有限的、不完整的、不确定的信息条件下进行学习和推理。

③ 贝叶斯网络具有良好的可理解性和逻辑性。它自然地将先验知识与概率推理相结合，从而贴近现实问题，有助于优化决策。

④ 贝叶斯网络能有效地进行多源信息表达与融合。贝叶斯网络可将故障诊断与维修决策相关的各种信息纳入网络结构中，按顶点的方式统一进行处理，能有效地按信息的相关关系进行融合。

⑤ 贝叶斯网络结合了先验知识，并用图形化模型的形式描述数据间的相互关系，便于进行预测分析。

贝叶斯网络结构学习是从给定的数据集中学习出贝叶斯网络结构，即各顶点之间的依赖关系；只有确定了结构才能学习网络参数，即表示各顶点之间依赖性的条件概率。根据训练数据是否存在缺失，结构学习分为完整数据结构学习以及缺失数据结构学习。完整数据结构学习主要包括基于搜索评分的方法和基于约束的方法。根据已有的数据集学习贝叶斯网络结构，一种最简单的思想就是遍历所有可能的结构，然后用某个标准去衡量各个结构，进而找出最优的结构。这是搜索评分的基本思想。所有可能的结构可视为定义域，将衡量特定结构好坏的标准视为函数，寻找最优的结构的过程相当于在定义域上求函数的最优值，即最优化问题。但这里有两个关键点：一是定义域一般接近无穷大，不可能遍历，即需确定合适的搜索策略；二是衡量标准，即需确定所谓的评分函数。基于约束的贝叶斯网络结构学习（Constrain Based BN

Structure Learning）方法通过统计独立性测试来学习出顶点间的独立性和相关性，并根据独立性或相关性构建出相应的有向无环图结构。

基于约束的方法一般对于数据的要求较高，需要训练数据是无噪声且真实的，并且训练数据量需要足够大才能获得较好的独立性测试结果。而基于搜索评分的方法相对而言复杂度更高，尤其是当顶点较多时，搜索空间巨大，从庞大的搜索空间中搜索最优结构无疑是很耗时的。为了克服两类方法的缺陷，研究者们提出将这两类方法的思想进行融合，即利用混合的方法对贝叶斯网络进行结构学习，先通过独立性测试来降低搜索空间的大小，再利用搜索评分的方法来寻找最优的网络结构。典型的如 MMHC(Max-Min Hill Climbing）算法，它将局部学习、CI 测试以及搜索评分方法进行融合，通过独立性测试来学习出结构的框架，然后采用搜索评分的方法来确定网络中的边以及边的方向。

6.3.3 神经网络：神经元的化身

人工神经网络（Artificial Neural Network，ANN），简称神经网络（NN），基于生物学的神经网络的基本原理，在理解和抽象了人脑结构和外界刺激响应机制后，以网络拓扑知识为理论基础，模拟人脑的神经系统对复杂信息的处理机制。神经网络有不同的划分方法，按性能可分为连续型和离散型网络，或确定型和随机型网络；按拓扑结构可分为前向网络和反馈网络。前向网络中各个神经元接收前一级的输入，并输出到下一级，网络中没有反馈，可以用一个有向无环路图表示，这种网络可以实现信号从输入空间到输出空间的变换，它的信息处理能力来自简单非线性函数的多次复合，其网络结构简单，易于实现。反传网络是一种典型的前向网络，主要有自适应线性神经网络、多层感知机、误差反传网络等。反馈网络内神经元间有反馈，可以用一个无向的完备图表示，这种网络的信息处理是状态的变换，可以用动力学系统理论处理，系统的稳定性与联想记忆功能有密切关系。霍普菲尔德（Hopfield）网络、波耳兹曼机均属于这种类型。

感知机（Perceptron）是 1957 年由美国心理学家 Frank Rosenblatt 提出的一个二分类的线性分类器模型。它包含两层，输入层为样本的特征向量，输出层为样本的类别，用+1 或–1 标记。

感知机能够解决线性可分的情况，但真实世界中，大量分类问题是非线性可分问题。一种有效的解决方法是，在输入层和输出层之间引入隐含层，在每个隐含层中通过激活函数来处理非线性情况，从而将感知机转化为多层感知机来解决非线性可分问题。多层感知机是目前应用广泛的神经网络之一，这主要因为基于 BP 算法的多层感知机具有以下重要能力。

（1）非线性映射能力。多层感知机能学习和存储大量输入–输出模式映射关系，它能完成由 n 维输入空间到 m 维输出空间的非线性映射。

（2）泛化能力。多层感知机训练后将所提取的样本对中的非线性映射关系存储在权值矩阵中，在其后的测试阶段，当向网络输入训练时未曾见过的非样本数据时，网络也能完成由输入空间到输出空间的正确映射。这种能力称为多层感知机的泛化能力，它是衡量多层感知机性能优劣的一个重要因素。

（3）容错能力。多层感知机的优势还在于允许输入样本中带有较大的误差甚至个别错误。因为对权值矩阵的调整过程也是从大量的样本对中提取统计特性的过程，反映正确规律的知识来自全体样本，个别样本中的误差不能左右对权值矩阵的调整。

但 BP 算法具有一定的局限性，误差曲面的平坦区域会使训练次数大大增加，从而影响收敛速度；而误差曲面的多极小点会导致训练容易陷入局部极小，从而使训练无法收敛于给定误差。以上两个问题都是 BP 算法的固有缺陷，根源在于它基于误差梯度下降的权值调整原则，每一步求解都取局部最优（该调整原则即贪心算法的原则）。此外，对于较复杂的多层感知机，BP 算法能否收敛是无法预知的，因为训练最终进入局部极小还是全局极小与网络权值的初始状态有关，而初始权值是随机确定的。BP 算法已有很多改进方法，包括加入动量项、采用较好的初始权值、激活函数输出的限制法、变步长法、改进误差函数等。学习率 η 是对收敛速度有较大影响的参数。为了极小化总误差，学习率 η 应选得足够小，但是小的学习率 η 会导致学习过程很慢；大的学习率 η 虽然可以加快学习速度，但可能导致学习过程振荡从而收敛不到期望解；另外，学习过程可能收敛于局部极小点或在误差函数的平稳阶段停滞不前。BP 算法在学习率方面提升收敛速度主要有加入惯性项、调整连接权值矩阵的每一行学习率、依据学习率梯度局部调整学习率。

共轭梯度法（Conjugate Gradient Method，CGM）是另一种神经网络训练方法。共轭梯度法是介于最速下降法与牛顿法之间的一种方法，它仅需利用一阶导数信息，但解决了最速下降法收敛慢的问题，以及牛顿法需要存储和计算 Hessian 矩阵并求逆的问题。共轭梯度法是一个典型的共轭方向法，它的每个搜索方向是互相共轭的，而这些搜索方向仅是负梯度方向与上一次迭代的搜索方向的组合。共轭梯度法亦为二阶算法。共轭梯度法在目标函数二次性较强的区域有较好的收敛效果。

6.4 强化学习：不以物喜，不以己悲

强化学习（Reinforcement Learning，RL），又称再励学习、评价学习或增强学习，是机器学习的范式和方法论之一，用于描述和解决智能体（agent）在与环境的交互过程中通过学习策略以达成回报最大化或实现特定目标的问题。

强化学习是指智能体以“试错”的方式进行学习，通过与环境进行交互获得奖励，进而指导动作，目标是使智能体获得最大的奖励。强化学习理论受到行为主义心理学启发，侧重在线学习并试图在探索 - 利用（Exploration-Exploitation）间保持平衡。不同于监督学习和非监督学习，强化学习主要表现在强化信号（奖励或惩罚）上。强化学习由环境提供的强化信号对产生的动作进行评价，从而获得学习信息并更新模型参数，而不是告诉系统如何产生正确的动作。

由于外部环境提供的信息很少，强化学习强调靠自身的经历进行学习，在行动–评价的环境中获得知识，改进行动方案以适应环境。强化学习系统的学习目标是动态地调整参数，以达到强化信号最大的目的。

若智能体为适应环境而采取的学习具备以下特征，则称之为强化学习。

（1）智能体不是静态、被动地等待，而是主动对环境做出试探。

（2）环境对试探动作的反馈信息具有好或坏的评价。

（3）智能体在行动——评价的环境中获得知识，改进行动方案以适应环境，取得预期结果。

6.4.1 强化学习模型及基本要素

1. 强化学习模型

强化学习是受到生物能够有效适应环境的启发，以试错的机制与环境进行交互，通过最大化累积奖励的方式学习到最优策略。强化学习强调如何基于环境而行动，以取得最大化的预期利益。强化学习模型由智能体（agent）、状态（state）、奖励（reward）、动作（action）和环境（environment）五部分组成。在强化学习的世界里，算法称为智能体，它与环境发生交互，智能体从环境中获取状态，并决定要做出的动作，环境会根据自身的逻辑给智能体予以奖励（回报）。奖励有正向和反向之分，强化学习模型如图 6-1 所示。例如在游戏中，每击中一个敌人就是正向的奖励，掉血或者游戏结束就是反向的奖励。

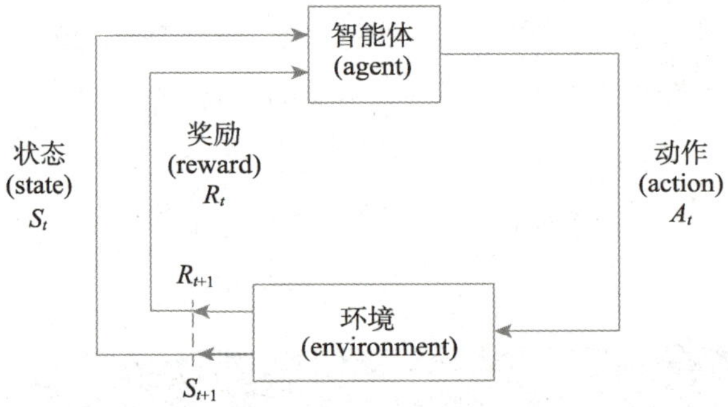

图 6-1　强化学习模型

智能体：智能体是整个强化学习系统的核心。它能够感知环境的状态，并且根据环境提供的强化信号，通过学习选择一个合适的动作，来最大化长期的奖励。

环境：环境会接收智能体执行的一系列的动作，并且对这一系列动作的好坏进行评价，转换成一种可量化的奖励反馈给智能体，而不会告诉智能体应该如何去学习动作。

奖励：奖励是环境提供给智能体的一个可量化的标量反馈信号，常称为回报，用于评价智能体在某一个时间步所做出动作的好坏。

状态：状态指智能体所处的环境信息，包含智能体用于进行动作选择的所有信息。

可见，强化学习的主体是智能体和环境。智能体为了适应环境并最大化长期的奖励而做出一系列的动作，这个学习过程称为强化学习。智能体在与环境交互时，每时刻循环发生如下事件序列。

（1）智能体感知当前的环境状态。

（2）根据当前的状态和奖励，智能体选择一个动作执行。

（3）当智能体选择的动作作用于环境时，环境的状态转移至新的状态，并给出新的奖励。

（4）奖励反馈给智能体。

强化学习不同于监督学习。监督学习给出有标签的训练数据，对于每个样例都有一个标签或者动作，系统的主要动作是判断数据属于哪一类别。强化学习也不同于无监督学习。无监督学习是从无标签的数据中找出其中的结构化信息，而强化学习是去最大化一个奖励信息而不是去寻找隐藏的结构化信息。

强化学习具有如下特点。

（1）强化学习通过智能体与环境不断地试错交互来进行学习，奖励可能是稀疏且合理延迟的，它不要求（或要求较少）先验知识，智能体在学习中所使用的反馈是数值回报形式的，不要求有提供正确答案的教师，即环境返回的奖励是 r，而不像监督学习中给出的教师信号 (s,a)。

（2）强化学习是一种增量式学习，可以在线使用。

（3）强化学习可以应用于不确定性环境。

（4）强化学习的体系可扩展。强化学习系统已扩展到规划的合并、智能探索、结构控制以及监督学习的任务中。

2．强化学习系统基本要素

一个强化学习系统还包括策略（policy，π）、值函数（Value Function，V）、奖励函数（Reward Function，R）和环境模型（Environment Model）。其中，环境模型可以有，也可以没有（Model Free）。

策略：确定智能体在给定时间的动作方式，表示状态到动作的映射。

奖励函数：常称为回报函数，定义了强化学习问题的目标，智能体通过一系列的策略选择，最终通过奖励函数映射到一个奖励信号，产生关于动作好坏的评价。每个步骤结束，环境给智能体一个数值信号作为反馈，即奖励。智能体的目标是最大化长期的奖励。

值函数：奖励函数计算当前策略的好坏，但没法衡量其未来的好坏，因此，通过值函数来预测未来的奖励的值，从长远角度来评价策略的好坏。

环境模型：强化学习系统中可选的部分。将强化学习和动态规划等方法结合在一起，环境模型用于模拟环境的行为方式，借助环境模型，智能体可以在进行策略选择时，考虑未来可能发生的情况，提前进行规划。

6.4.2 马尔可夫决策

在强化学习中，智能体与环境进行交互。在时刻 t，智能体会接收到来自环境的状态 s，基于这个状态 s，智能体做出动作 a，然后这个动作作用在环境上，于是智能体可以收到奖励并到达新的状态。智能体与环境之间的交互产生了一个序列，称为序列决策过程。而马尔可夫决策过程就是一个典型的序列决策过程的公式化。

1. 马尔可夫过程

马尔可夫过程（Markov Process）是一类随机过程，其原始模型马尔可夫链由俄国数学家 Andrey Andreyevich Markov 于 1907 年提出。马尔可夫过程是研究离散事件动态系统状态空间的重要方法，它的数学基础是随机过程理论。

马尔可夫性：设 $\{X(t),t\in T\}$ 为一随机过程，E 为其环境，若对任意的 $\{t_1<t_2<\cdots<t_n<t\}$ 和任意的 $x_1,x_2\cdots,x_n,x_i\in E$，随机变量 $X(t)$ 在已知变量 $\{X(t_1)=x_1,x_2,\cdots,X(t_n)=x_n\}$ 之下的条件分布函数只与 $X(t_n)=x_n$ 有关，而与 $X(t_1)=x_1,x_2,\cdots$， $X(t_{n-1})=x_{n-1}$ 无关，即条件分布函数满足等式 $F(x,t\mid x_n,x_{n-1},\cdots,x_1,t_n,t_{n-1},\cdots,t_1)=F(x,t\mid x_n,t_n)$，即

$$P\{X(t)\leqslant x\mid X(t_n)=x_n,X(t_{n-1})=x_{n-1},\cdots,X(t_1)=x_1\}=P\{X(t)\leqslant x\mid X(t_n)=x_n\}$$

此性质称为马尔可夫性，亦称无后效性或无记忆性。

若 $X(t)$ 为离散型随机变量，则马尔可夫性满足等式

$$P\{X(t)=x\mid X(t_n)=x_n,X(t_{n-1})=x_{n-1},\cdots,X(t_1)=x_1\}=P\{X(t)=x\mid X(t_n)=x_n\}$$

马尔可夫过程：若随机过程 $\{X(t),t\in T\}$ 满足马尔可夫性，则称为马尔可夫过程。

2. 马尔可夫决策过程

马尔可夫决策过程（Markov Decision Process，MDP）根据环境是否可感知，可分为完全可观测马尔可夫决策过程和部分可观测马尔可夫决策过程。

马尔可夫决策过程是一个离散时间的随机过程，由六元组 (S,A,D,P,r,J) 表示，其中 S 为有限的环境状态空间；A 为有限的系统动作空间；D 为初始状态概率分布，当初始状态确定时，D 在该初始状态下的概率为 1，当初始状态以相等的概率从所有状态中选择时，D 可以忽略；$P(s,a,s')\in[0,1]$ 为状态转移概率，表示在状态 s 下选择动作 a 后使环境状态转移到状态 s' 的概率；$r(s,a,s'):S\times A\times S\to R$ 为学习系统从状态 s 执行动作 a 转移到状态 s' 后获得的回报（奖励）函数；J 为决策优化目标函数。马尔可夫决策过程的特点是，目前状态 s 向下一个状态 s' 转移的概率和回报只取决于当前状态 s 和选择的动作 a，而与历史状态与动作无关，因此 MDP 的状态转移概率和回报函数也只取决于当前状态和选择的动作，与历史状态和历史动作无关。若状态转移概率 $P(s,a,s')$ 和回报函数 $r(s,a,s')$ 与决策时间无关，即不随着时间的变化而变化，则 MDP 称为平稳 MDP。

MDP 的决策优化目标函数 J 一般分为三种类型：有限阶段总回报目标函数、无限折扣总回报目标函数和平均回报目标函数。

有限阶段总回报目标函数为

$$J = E\left[\sum_{t=0}^{N} r_{t+1}\right]$$

其中，r_{t+1} 为 $t+1$ 时刻得到的立即回报；N 表示智能体的生命长度，即马尔可夫链的长度。在多数情况下，智能体学习的生命长度不可知，且当 $N \to \infty$ 时，函数可能发散。因此，有限阶段总回报目标函数很少被使用。

无限折扣总回报目标函数为

$$J = E\left[\sum_{t=0}^{\infty} \gamma^t r_{t+1}\right]$$

平均回报目标函数为

$$J = \lim_{N\to\infty} \frac{1}{N} E\left[\sum_{t=0}^{N} r_{t+1}\right]$$

其中，$\gamma \in (0,1]$ 为折扣因子，用于权衡立即回报和将来长期回报之间的重要性。平均回报是无限折扣总回报的一个特例，当折扣因子为 1 时，这两种目标函数等价。无限折扣总回报目标函数和平均回报目标函数在强化学习研究中均得到广泛应用，但不同形式的优化目标函数将产生不同的优化结果。无限折扣总回报目标函数可以在性能方面近似于平均回报目标函数。这里将以具有无限折扣总回报目标的 MDP 为例介绍相关算法。

在马尔可夫决策过程中，智能体根据决策函数（策略）来选择动作。策略定义了智能体在给定时刻的行为方式，直接决定了智能体的动作。平稳随机性策略定义为 π: $S \times A \to [0,1]$。平稳确定性策略定义为从状态空间到动作空间的一个映射，π: $S \to A$，表示在状态 s 下选择动作 a 的概率为 1，其他动作的选择概率均为 0，是随机性策略的一种特例。

MDP 对应的值函数可分为状态值函数 $V^{\pi}(s)$ 和状态–动作值函数（也称动作值函数）$Q^{\pi}(s,a)$。状态值函数 $V^{\pi}(s)$ 表示学习系统从状态 s 根据策略 π 选择动作所获得的期望总回报

$$V^{\pi}(s) = E^{\pi}\left[\sum_{k=0}^{\infty} \gamma^k r_{t+k+1} | s_t = s\right] \tag{6-1}$$

其中，E^{π} 表示在状态转移概率和策略 π 分布上的数学期望。

对于策略 π 和状态 s，式(6-1)可以表示为式(6-2)，即贝尔曼（Bellman）方程

$$\begin{aligned} V^{\pi}(s) &= E^{\pi}\left\{r_{t+1} + \gamma r_{t+2} + \gamma^2 r_{t+3} + \cdots | s_t = s\right\} \\ &= E^{\pi}\{r_{t+1} + \gamma V^{\pi}(s_{t+1}) \mid s_t = s\} \\ &= \sum_a \pi(s,a) \sum_{s'} P(s,a,s')\left(R(s,a,s') + \gamma V^{\pi}(s')\right) \mid s_t = s, s_{t+1} = s' \end{aligned} \tag{6-2}$$

其中，$R(s,a,s') = E\left[r_{t+1} + \gamma r_{t+2} + \gamma^2 r_{t+3} + \cdots | s_t = s, a = a_t = \pi(s_t), s_{t+1} = s'\right]$，表示在状态 s 下选择动

作 a 使环境状态转移到状态 s' 的期望回报。

由 Bellman 方程可知，状态转移概率和回报函数已知的情况下，容易求得 $V^{\pi}(s)$ 。

MDP 的动作值函数 $Q^{\pi}(s,a)$ 表示学习系统从状态-动作对 s,a 出发，根据策略 π 选择动作所获得的期望回报

$$Q^{\pi}(s,a)=E^{\pi}\left[\sum_{t=0}^{\infty}\gamma^{k}r_{t+k+1}|s_{t}=s,a_{t}=a\right]$$

$V^{\pi}(s)$ 与 $Q^{\pi}(s,a)$ 之间存在一定的关联。对于一个确定性策略 π，有

$$V^{\pi}(s)=Q^{\pi}(s,\pi(s))$$

对于一个随机性策略 π，

有 $$V^{\pi}(s)=\sum_{a\in A}\pi(s,a)Q^{\pi}(s,a)$$

因此，给定一个策略，无论是确定性策略还是随机性策略，动作值函数 $Q^{\pi}(s,a)$ 均可用状态值函数 $V^{\pi}(s)$ 来表示，即

$$Q^{\pi}(s,a)=R(s,a)+\gamma\sum_{s'\in S}P(s,a,s')V^{\pi}(s')$$

其中， $R(s,a)=\sum_{s'\in S}P(s,a,s')R(s,a,s')$ 表示在状态 s 下选择动作 a 的期望回报。

状态值函数 V^{π}（或动作值函数 Q^{π} ）是对回报函数的一种预测，目的是获得更多的回报。因此，在选择动作时，通常依据值函数而不是回报函数做出决策，选择那些能带来最大值函数的动作。

智能体的最终目标是发现最优策略 π^{*}，对于任意 MDP，至少存在一个平稳确定性的最优策略，最优策略可以不唯一。最优策略 π^{*} 可以通过最优值函数获得，假设 π^{*} 对应的最优状态值函数和动作值函数分别为 V^{*} 和 Q^{*}，则对于任意 $s\in S$ ，任意 π' ，有

$$V^{*}(s)\geqslant V^{\pi'},Q^{*}\left(s,\pi^{*}(s)\right)\geqslant Q^{\pi'}\left(s,\pi'(s)\right)$$

最优状态值函数 V^{π} 也满足 Bellman 最优方程，定义为

$$V^{*}(s)=\max_{\pi}V^{\pi}(s)=\max_{a\in A}\sum_{s'\in S}P(s,a,s')\left(R(s,a,s')+\gamma V^{*}(s')\right)$$

类似地，对于任意 $s\in S,a\in A$ ，最优动作值函数 Q^{*} 定义为

$$Q^{*}(s,a)=\max_{\pi}Q^{\pi}(s,a)=\sum_{s'\in S}P(s,a,s')\left[R(s,a,s')+\gamma\max_{a'\in A}Q^{*}(s',a')\right]$$

由此，可以得出最优策略

$$\pi^{*}(s)=\arg\max_{a\in A}\sum_{s'\in S}P(s,a,s')(R(s,a,s')+\gamma V^{*}(s'))$$

$$\pi^{*}(s)=\arg\max_{a\in A}Q^{*}(s,a)$$

如果给定最优动作值函数 Q^{*}，就容易确定最优策略；而如果给定最优状态值函数 V^{*}，就需要已知 MDP 的状态转移概率和回报函数才能确定最优策略。

6.4.3 Q 学习：愤怒的小鸟

Q 学习是一种用于机器学习的强化学习技术，令人惊艳的愤怒的小鸟游戏就离不开 Q 学习。

1. Q 学习

Q 学习（Q-learning）是由 Christopher J.C.H. Watkins 提出的一种与模型无关、采用离线策略且基于 TD 算法的强化学习算法。不同于 TD 算法，Q 学习迭代的是状态–动作对的值函数，而不是 $V(s)$；Q 学习中需采用贪婪策略选择动作，无须依赖模型最优。Q 学习迭代时采用状态–动作对的回报和 $Q(s,a)$ 作为估计函数。因此，智能体在每一次学习迭代时都需要考察每一个动作，这样可确保学习过程收敛。

Q 学习中的 Q 函数 $Q(s,a)$ 就是在某时刻的状态 s 下，采取动作 a 能够获得回报的期望，环境会根据智能体的动作反馈相应的回报，所以算法的主要思想就是将状态与动作构建成一张 Q-table 来存储 Q 值，然后根据 Q 值来选取能够获得最大回报的动作，如图 6-2 所示。

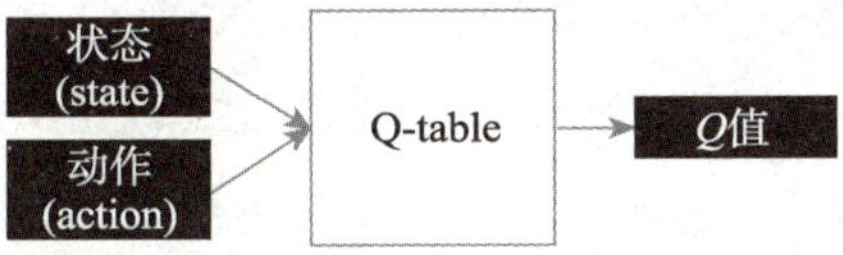

图 6-2　Q-table

Q 学习算法的基本形式为

$$Q^*(s,a)=\gamma\sum_{s\in S'}P(s,a,s')(r(s,a,s')+\max_{a'}Q^*(s',a'))$$

$Q^*(s,a)$ 表示智能体在状态 s 下采取动作 a 所获得的最优回报折扣，即最优策略是在状态 s 下选取 Q 值最大的动作。

Q 学习的 Q 函数更新公式为

$$Q(s_t,a_t)\leftarrow Q(s_t,a_t)+\alpha\left(r_{t+1}+\gamma\max_a Q(s_{t+1,a})-Q(s_t,a_t)\right) \tag{6-3}$$

Q 学习首先初始化 Q 值，然后智能体在状态 s_t 下根据 ε 贪婪策略确定动作 a_t，并得到经验知识和训练样本 $(s_t,a_t,s_{t+1},a_{t+1})$；其次根据此经验知识和式(6-3)更新 Q 值。当智能体访问到目标状态时，算法终止一次迭代循环，继续从初始状态开始新的迭代循环，直至学习结束，具体算法如算法 6.9 所示。

算法 6.9：Q 学习算法

初始化：给定任意 $Q(s,a)$，参数 α，γ 初值

repeat

　　给定起始状态 s

　　repeat(对于 episode 的每一步)

　　　　根据 ε 贪婪策略选择动作 a_t，得到立即回报 r_t 和下一个状态 s_{t+1}

$$Q(s_t,a_t) \leftarrow Q(s_t,a_t)+\alpha(r_t+\gamma\max_a Q(s_{t+1},a)-Q(s_t,a_t))$$

$s_t \leftarrow s_{t+1}$

until s_t 是终止状态

until 所有的 $Q(s,a)$ 收敛

输出最终策略：$\pi(s)=\underset{a\in A}{\operatorname{argmax}}\, Q(s,a)$

由于在一定条件下，Q 学习只采用 ε 贪婪策略即可保证收敛（保证每个状态被访问的概率大于 0），因此 Q 学习是目前最有效的模型无关强化学习算法。同时，Q 学习中的动作策略与评估策略是不一致的，所以其属于离策略学习。同样，Q 学习可根据 TD(λ) 算法的方式扩充到 $Q(\lambda)$ 算法。

2．SARSA 学习

G.A. Rummery 和 Mahesan Niranjan 于 1994 年提出了 SARSA（State-Action-Reward-State-Action）学习算法，它是一种在线策略 Q 学习算法。SARSA 采用实际的 Q 值进行迭代，它根据执行某个策略所获得的经验来更新值函数。在 Q 学习算法中，学习系统的动作选择策略和值函数的迭代是相互独立的，而 SARSA 学习算法以严格的 TD 学习形式实现动作值函数的迭代，即动作决策与值函数的迭代是一致的。SARSA 学习算法在一些学习控制问题的应用中被验证具有优于 Q 学习算法的性能。SARSA 学习算法如算法 6.10 所示。$s \leftarrow s', a \leftarrow a'$

算法 6.10：SARSA 学习算法

初始化：给定任意 $Q(s,a)$，参数 α，γ

repeat

给定起始状态 s，并根据 ε 贪婪策略在状态 s 选择动作 a

repeat(对于 episode 的每一步)

根据 ε 贪婪策略在 s 状态下选择动作 a，得到回报 r 和下一个状态 s'

根据 ε 贪婪策略在状态 s' 下得到动作 a'

$Q(s,a) \leftarrow Q(s,a)+\alpha[r+\gamma Q(s',a')-Q(s,a)]$

$s \leftarrow s', a \leftarrow a'$

until s 是终止状态

until 所有的 $Q(s,a)$ 收敛

输出最终策略：$\pi(\mathrm{s})=\underset{a\in A}{\operatorname{argmax}}\, Q(s,a)$

在 SARSA 学习算法中，动作探索策略的选择对算法的收敛性具有关键作用。Satinder Singh 提出了两类动作探索策略：渐进贪婪无限探索（Greedy in the Limit and Infinitel Exploration，GLIE）策略和基于排名的受限随机（Restricted Rank-Based Randomized，RRR）策略，以实现对 MDP 最优值函数的逼近。G.A. Rummery 将 TD(λ) 与 SARSA 学习结合得到一种增量式在线策略学习方法 SARSA(λ)，可以充分利用经验数据，提高学习效率。

SARSA 学习与 Q 学习的最大区别如下。

（1）SARSA 学习是用 ε 贪婪策略得到动作 a、回报 r 和下一个状态 s'，并对 s' 也使用 ε 贪婪策略得到动作 a' 和状态动作值函数 $Q(s',a')$，并计算 TD 目标 $r+\gamma Q(s',a')$。

（2）Q 学习是用 ε 贪婪策略得到动作 a、回报 r 和下一个状态 s'（这部分与 SARSA 学习一样），计算 TD 目标 $r+\gamma\max_{a'}Q(s',a')$，可见这里不再是通过 ε 贪婪策略选出的 a'来计算 $Q(s',a')$，而是 $\max_{a'}Q(s',a')$，也就是强制选取使 Q 值最大的那个动作带来的 Q 函数，而非随机策略。

6.4.4 深度 Q 学习：强化学习的未来

随着深度学习在多个领域中不断地取得突破性成就，将深度学习的感知能力和强化学习的决策能力相结合的深度强化学习受到了越来越多人的关注，深度强化学习能够通过端对端的学习方式实现从原始输入到输出的直接控制。深度强化学习自提出以来，在许多需要感知高维度原始输入数据和决策控制的任务中已经取得了实质性的进展。

深度学习与强化学习相结合，需要面临如下问题。

（1）深度学习需要大量带标签的样本进行监督学习；强化学习只有回报的返回值，而且伴随着噪声、延迟、稀疏（很多状态的回报是 0）等问题。

（2）深度学习的样本独立；强化学习前后状态相关。

（3）深度学习目标分布固定；强化学习的目标分布一直变化，例如玩一个游戏，当前关卡和下一个关卡的状态分布是不同的，所以训练好了当前关卡，下一个关卡仍要重新训练。

（4）使用非线性网络表示值函数时出现不稳定等问题。

深度 Q 学习网络（Deep Q-Learning Network，DQN）通过如下方式来解决上述问题。

（1）通过 Q 学习使用回报来构造标签（对应问题（1））。

（2）通过 Experience Replay（经验回放）解决相关性及非静态分布问题（对应问题（2）、（3））。

（3）使用一个卷积神经网络（MainNet）产生当前 Q 值，使用另一个卷积神经网络（目标网络，TargetNet）产生目标 Q 值（Target Q）（对应问题（4））。

1. 构造标签

深度 Q 学习中，卷积神经网络的作用是对在高维且连续状态下的 Q-table 进行函数拟合，而对于函数优化问题，监督学习的一般方法是先确定损失函数，然后求梯度，使用随机梯度下降等方法更新参数。深度 Q 学习则基于 Q 学习来确定损失函数。

Q 学习的更新公式为

$$Q(s_t,a_t)\leftarrow Q(s_t,a_t)+\alpha(r_{t+1}+\gamma\max_a Q(s_{t+1,a})-Q(s_t,a_t))$$

DQN 的损失函数为

$$L(\boldsymbol{\theta})=E\left[(\text{Target }Q-Q(s,a;\boldsymbol{\theta}))^2\right]$$

其中，$\boldsymbol{\theta}$ 是网络参数，目标为 $\text{Target}Q=r+\gamma\max_{a'}Q\left(s',a';\boldsymbol{\theta}\right)$。

损失函数是基于 Q 学习更新公式的第二项确定的，两个公式意义相同，都是使当前的 Q 值逼近目标 Q 值。

求 $L(\boldsymbol{\theta})$关于$\boldsymbol{\theta}$的梯度，更新网络参数$\boldsymbol{\theta}$。损失函数的求解示意图如图 6-3 所示。

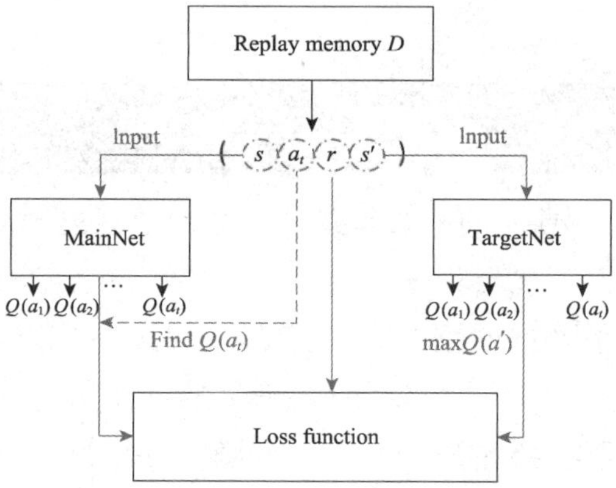

图 6-3　损失函数的求解示意图

2．经验回放（Experience Replay）

在训练神经网络时，假设训练数据是独立同分布的，但是强化学习数据采集过程中的数据是具有相关性的，利用这些时序关联的数据训练时，神经网络无法稳定，利用经验回放可以打破数据间的相关性。经验回放的功能主要是解决相关性及非静态分布问题。具体做法是，把每个时间步智能体与环境交互得到的转移样本(s_t,a_t,r_t,s_{t+1})存储到回放记忆（Replay Memory）单元，要训练时就随机拿出一些（minibatch）来训练。利用均匀随机采样的方法从记忆单元中抽取数据，利用抽取到的数据训练神经网络。训练时随机抽取就可以解决相关性问题。

3．目标网络

DQN 有两个版本（NIPS 206.4、Nature 2015）。在 Nature 2015 版本的 DQN 中使用目标网络产生目标 Q 值。具体来说，$Q(s,a;\boldsymbol{\theta}_i)$ 表示当前网络 MainNet 的输出，是用来评估当前状态动作对的值函数；$Q(s,a;\boldsymbol{\theta}_i^-)$ 表示目标网络的输出，代入求目标 Q 值的公式中得到目标 Q 值。根据损失函数更新 MainNet 的参数，每经过 N 轮迭代，将 MainNet 的参数复制给目标网络。引入目标网络后，在一段时间里目标 Q 值保持不变，降低了当前 Q 值和目标 Q 值的相关性，提高了算法稳定性。

深度 Q 学习算法如算法 6.11 所示。$\hat{Q}=Q$

算法 6.11：深度 Q 学习（Nature 2015 版本）

step1　初始化回放记忆（Replay Memory）单元 D，设为 N；

step2　使用随机权重 $\boldsymbol{\theta}$ 初始化动作值函数 Q；

step3　使用权重 $\boldsymbol{\theta}^-=\boldsymbol{\theta}$ 初始化目标动作值函数 $\hat{Q}$；

step4　for episode=[1,2, ⋯,M]　do

（1）初始化事件的第一个状态（$\boldsymbol{x}_1$ 是第一张图片）$s_1=|\boldsymbol{x}_1|$，并通过预处理得到状态对应的特征输入 $\boldsymbol{\Phi}_1=\phi(s_1)$；

(2) for t=[1,2,⋯,T] do

① 根据概率 E 随机选择一个动作 a_t；

② 如果小概率事件没有发生，就用贪婪策略选择当前动作值函数最大的那个动作，即 $a_t = \arg\max_a \left(Q\left(\phi\left(s_t\right), a; \boldsymbol{\theta}\right)\right)$；

③ 在模拟器中执行动作 a_t，得到回报 r_t 和图片 $\boldsymbol{x}_{t+1}$；

④ 令 $s_{t+1} = s_t$，然后预处理 $\boldsymbol{\Phi}_{t+1} = \phi\left(s_{t+1}\right)$；

⑤ 将 Transition$\left(\boldsymbol{\Phi}_t, a_t, r_t, \boldsymbol{\Phi}_{t+1}\right)$ 存入 D;

⑥ 从 D 中随机抽取出一小批经验 Transition$\left(\boldsymbol{\Phi}_j, a_j, r_j, \boldsymbol{\Phi}_{j+1}\right)$；

⑦ 令

$$y_i = \begin{cases} r_j & ,\boldsymbol{\Phi}_{j+1}\text{为终止状态} \\ r_j + \gamma \max_{a'} \hat{Q}\left(\boldsymbol{\Phi}_{j+1}, a'; \boldsymbol{\theta}^-\right), & \text{其他} \end{cases}$$

⑧ 对 $(y_j - Q(\boldsymbol{\Phi}_j, a_j; \boldsymbol{\theta}))^2$ 的参数 $\boldsymbol{\theta}$ 进行一个梯度下降 step 的更新;

⑨ 每 C 个 step，令 $\hat{Q} = Q$，即令 $\boldsymbol{\theta}^- = \boldsymbol{\theta}$;

(3) end for

step5 end for

6.5 实践出真知

理论结合实践是学习最好的方法，本节以机器学习领域最基础的分类任务作为应用示例进行介绍。

分类是一项需要使用机器学习算法去学习如何根据问题域为示例分配类标签的任务。一个简单易懂的例子是将电子邮件分为“垃圾邮件”和“非垃圾邮件”。

从建模的角度来看，分类需要一个训练数据集，其中包含许多可供学习的输入和输出示例。模型会使用训练数据集并计算如何将输入数据映射到最合适的特定类别标签。因此，训练数据集必须具有一定代表性，并且每个类别都应有足够多的样本。类别标签通常是字符串，如"垃圾邮件"和"非垃圾邮件"。必须先将类别标签映射为数值，才能用于建模算法。该过程通常称为标签编码，标签编码将唯一的整数分配给每个类标签，如"垃圾邮件"=0，"非垃圾邮件"=1。

对分类问题进行建模，有许多不同类型的分类算法可供使用。关于如何为某一问题选择一个最合适的算法，目前没有很好的理论支持。我们通常建议相关人员通过受控实验来探究什么样的算法和算法配置在给定的分类问题上能实现最佳性能。

分类模型的好坏通常用分类算法的结果进行评估。分类准确率是一种通用的度量标准，能够根据预测的类别标签评估模型的性能。分类准确率并不是完美的，但对于许多分类任务来说是一个很好的起点。

某些分类任务可能会要求预测每个样本属于各类别的概率而不是给出一个类别标签，对于应用程序或用户随后的预测而言，这增加了额外的不确定性。用于评估预测概率的常用方法是 ROC 曲线。

本章小结

机器学习的主要研究内容是建立能够根据经验自我提高处理性能的计算机程序。

（1）机器学习的诸多概念来源于人工智能、概率和统计、计算复杂性、信息论、心理学和神经生物学、控制论以及哲学等不同的学科。

（2）完整定义的学习问题需要一个明确界定的任务、性能度量标准和训练经验的数据源。

（3）机器学习算法设计过程包括许多选择，具体涉及选择训练经验的类型、学习的目标函数、目标函数的表示形式以及从训练样例中学习目标函数的算法。

（4）学习的过程即搜索的过程，搜索包含可能假设的空间，使得到的假设最符合已有的训练样例和其他先验的约束或知识。

（5）机器学习算法在很多应用领域已被证明具有实用价值。

思考题

1．如何评价 *k*-Means 算法与 *K* 中心点算法在处理不同类型数据时的优缺点？请结合实际应用场景进行分析。

2．在监督学习中，如何选择适合特定分类任务的算法？请结合分类准确率、ROC 曲线等评价指标，讨论这些指标在算法选择中的作用，并举例说明如何在不同的应用场景中优化算法性能。

3．在强化学习模型中，如何通过设计奖励函数来平衡探索（Exploration）和利用（Exploitation）之间的关系？请结合具体的强化学习算法（如 *Q* 学习或 SARSA）进行分析。

第 7 章

CT

神经网络：让机器更像人一样思考

7.1 概 述

设计与制造出能像人一样思考的机器是人类孜孜追求的目标。从仿生学的角度出发，要设计出像人一样思考的机器，需要先了解人的大脑是如何思考的。围绕人脑是如何思考的，人类进行了长期探索，由于人脑自身的复杂性和伦理方面的困境，直至今日人类也还未弄清楚其全部原理，仍然处于刚“入门”的状态。实际上，人类社会自身发展的需求与日俱增，不可能等人类完全地弄清楚人脑的运作原理才去发展像人一样思考的机器，因此，从功能性的角度来说，人类不必制造一个和人脑一模一样的机器，只要功能是一样的就行，就像人类不必制造一架和鸟一模一样的飞机，只要能飞起来就行。

目前，制造一台具有人脑全部功能的机器，从实际角度出发难度太大，从方法论上讲也是行不通的。因此，采用从简单到复杂、从单功能到多功能渐进的技术路线，是一条现实可行的途径。各行各业的研究人员结合自己的行业特点和痛点，研发了各类机器人，如扫地机器人、人脸识别机器人、写诗机器人、屠宰机器人、跳绳计数机器人、各类工业机器人等。每类机器人本质上都只能代替人类完成某一项或某几项工作，从而部分解放人类的双手，让人类可以从事更加具有挑战性的工作。

制造一台具有某项功能的机器，一般需要两部分的支撑：硬件和软件。硬件，顾名思义就是实体可见的部分，如扫地机器人的扫把和轮子等；软件，即肉眼不可见的部分，但是它起到控制硬件完成相应功能的作用，如扫地机器人如何规划扫地的行走路径、如何在快没电的时候自动回到充电位置充电。本章主要集中在软件部分，对硬件的设计与制造原理感兴趣的读者可以去寻找相关书籍进一步学习。

当前，软件部分智能算法主要以神经网络为核心组件，因此本章将重点介绍神经网络。那么什么是神经网络呢？从生物学的角度，人类的大脑可以实现复杂的计算和记忆，完全靠900亿神经元组成的神经网络。生物神经网络依赖神经元与神经元之间的连接，从而实现智能。单个的生物神经元示意图如图 7-1 所示。神经网络通过神经元接收外界信号，达到一定阈值，则触发动作电位，通过突触释放神经递质，可以是兴奋或抑制，影响突触后神经元，从而实现大脑的计算、记忆、逻辑处理等智能行为；同时，通过不断地在不同神经元之间构建新的突触连接以及对现有突触进行改造，大脑能够更好地适应最新情况；经过从幼儿、童年至成年不断训练和适应，一个由 900 亿神经元组成的神经网络就被成功构造出来，从而让大脑实现复杂的计算和逻辑处理。

科学家在生物神经网络相关研究的启发下，试图通过构建人工神经网络去实现部分的智能功能，从而引发了本次以神经网络为核心的人工智能研究的大潮。那么，人工神经网络是什么样子的呢？下面将简要进行描述。图 7-2 所示为人工神经网络的神经元基本结构。

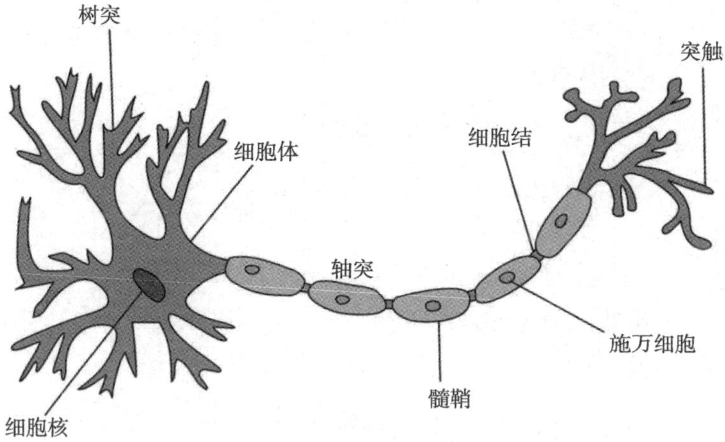

图 7-1　生物神经元示意图

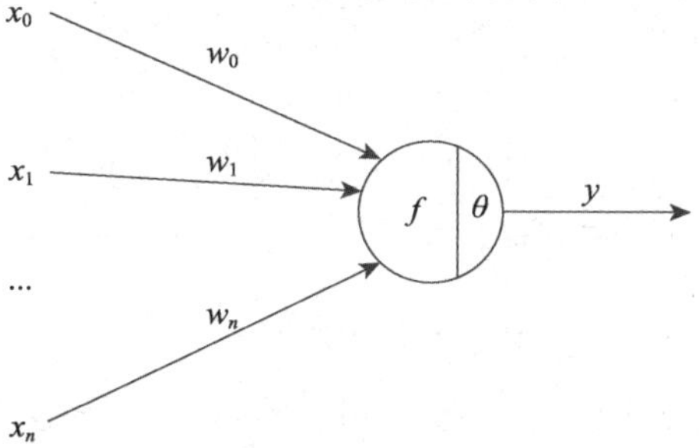

图 7-2　人工神经网络的神经元基本结构

输入向量 $\boldsymbol{X}$ 和输出 y 之间的关系，可以描述为

$$y = f\left(\sum_{0}^{n} w_i x_i - \theta\right)$$

（1）$x_1, x_2, \cdots, x_n$：输入数据，模拟生物神经网络中来自其他神经元的输入。

（2）$w_1, w_2, \cdots, w_n$：权重，模拟生物神经网络中每个神经元接收的突触的不同强度，相当于为每个输入信号赋予不同的权重。

（3）x_0 和 w_0：偏置（bias）及其权重，模拟生物神经网络中神经元的基准敏感性，即每个神经元的敏感性不同，用偏置来调整汇总信号值大小。

（4）f：激活函数，模拟生物神经网络中信号量达到某个阈值后产生的动作电位，当达到某阈值后就会“激活”动作电位。通常可以使用 sigmoid 函数、Tanh 函数等。

（5）y：输出值，模拟生物神经网络中神经元对外释放的信号。

这是最简单的神经元模块，更加复杂的神经元模块结构与原理也大抵一致，这里不再赘述。通过该神经元模块，我们可以像搭建积木一样构建更为复杂的神经网络模型。在介绍更为复杂的神经网络模型之前，我们先通过上述的单个神经元模块，也就是最简单的神经网络模型来处理二分类问题，以便读者更加清晰地理解神经网络的原理。下面先介绍要处理的问题和数据，再进行模型推导，学习参数。

表 7-1 训练数据

训练数据		
X_1	X_2	Y
0	0	0
0	1	0
1	0	0
1	1	1

在表 7-1 所示的训练数据上，运用单个神经元，训练一个能处理二分类的分类器。

首先，设定神经元的激活函数为

$$f(x)=\begin{cases}1, & x>0\\ 0, & x\leqslant 0\end{cases}$$

其次，针对某输入 $\boldsymbol{X}$，假设 y'是通过模型得到的输出，而 y 是实际值，我们训练的目标是尽可能地让每条输入数据所对应的模型的输出值 y'与 y 相同。因此，基于单个神经元的二分类的分类器，可以形式化为

$$y'=f\left(\sum_{i=0}^{n} w_i x_i\right)$$

优化目标函数为

$$\operatorname{argmin}|y-y'|$$

以上函数难以求解绝对值，因此转换为

$$\operatorname{argmin}(y-y')^2$$

为了求解参数向量 $\boldsymbol{w}$，我们可以通过顺序增量学习规则（Sequential Delta Learning Rule）和 BP 算法，得到参数求解迭代公式

$$\boldsymbol{w}\leftarrow\boldsymbol{w}+\eta(y-y')\boldsymbol{X}^{\mathrm{T}}$$

这里，模型的偏置（bias）是 x_0，我们可以设置一个初始值，这样输入向量 $\boldsymbol{X}$ 的所有维度都有值了，即可通过迭代公式进行计算，直到参数向量 $\boldsymbol{w}$ 处于稳态或变化不大，就求得了参数向量 $\boldsymbol{w}$ 的值，我们所提出的模型就完成了训练，然后给定一个新的输入数据，就可以通过训练得到的模型给出其分类标签。

7.2 感知机：安能辨我是雄雌

给定一张人脸的图片，要判断其是男性还是女性。这样一个简单任务，如何设计模型去完成呢？本质上，这个任务是一个二分类任务，本节将首先介绍传统的解决思路，然后介绍最简单的神经网络算法，即感知机，而感知机又可以分为单层感知机和多层感知机。

7.2.1 传统方法

直观上，要解决人脸照片的性别判断问题，我们可以采用如下步骤。

（1）构建一个人脸照片的数据集，然后对这个数据集中的每张照片都进行人工标注，标明性别。

（2）把这个数据集分为两个部分：训练集和测试集。

（3）在训练集中，对每张人脸照片，提取相应的特征，如眉毛、头发长短、嘴唇等。

（4）找到一个算法，使其能通过照片提取的特征准确地预测出人脸照片的性别，最简单的方式就是给出一些规则，例如，如果特征是长头发，那么就是女，否则就是男。这种方式准确率较高，虽然有部分反例，但是有长头发的男性还是相对较少的。我们可以写出多条规则，更加准确地进行预测。

（5）如何评估自己提出的算法的效果呢？需要把算法在训练数据上训练好之后，在测试集上进行评估，如果在测试集上表现较好，那就说明训练的算法是可以使用的；如果在测试集上效果不好，那就说明训练的算法还需要进一步完善，所以返回上一步，进一步改进算法，然后再次评估，直到效果满意为止。

上述就是分类算法的一般处理步骤，各类算法之间的差异，主要集中在步骤（3）和步骤（4）中，即特征提取和分类模型。传统方法中，特征提取和分类模型是分开的，两个步骤呈现流水线处理方式；而现在的深度学习，可以把特征提取和分类模型合二为一地处理。下面我们将介绍感知机和相应的模型参数学习方法。

7.2.2 感知机：从 0 到 1，最简单的神经网络

常说的感知机通常指单层感知机，采用典型的监督式训练算法，是神经网络构建的基础，下面我们进行详细讲解。

首先，单层感知机解决的是二分类问题，问题可以描述为，假如平面中存在 n 个数据点，每个数据点的标签是“0”或“1”，我们需要训练一个分类曲线，使得该分类曲线不仅能很好地把这 n 个数据点区分开，而且对于未参与训练的数据点也能进行很好地分类（具有泛化能力）。那么，对于新的数据点，就可以通过训练好的分类器打标签，从而知道该数据点属于哪个类别。

如何解决这个问题呢？图 7-3 为线性分类示意，我们可以在平面上寻找一条合理的直线，使这条直线可以较好地分开两种类别的数据点，那么这条直线就是我们训练的模型，而对于新数据点的分类，只需要看这个新数据点与直线的位置关系即可。例如，在图 7-3 中，如果新数据点位于直线的左上方，那么就属于红色的类别；如果位于右下方，那么就属于蓝色的类别。

下面将形式化地对这个过程建模。

1．模型描述

二维平面中表示一条直线，可以用 $f(\boldsymbol{x})=\boldsymbol{w}^{\mathrm{T}}\cdot\boldsymbol{x}+b$ 来描述，$\boldsymbol{x}$ 是输入数据，参数是 $\boldsymbol{w}$ 和 b。因此，如果输出为实例的类别，可以用 1 和–1 两个值分别代表两个类别，同时通过一个表示权重的向量 $\boldsymbol{w}$ 和一个偏移量 b 来构造直线。进一步，我们通过一个激活函数建立输入与输出之间的关系，最简单的激活函数可选用符号函数，有

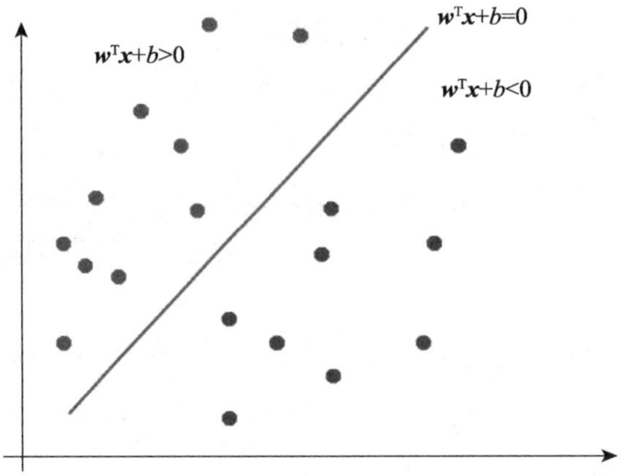

图 7-3　线性分类示意图（扫码见彩图）

$$f(\boldsymbol{x}) = \text{sign}(\boldsymbol{w}^{\text{T}}\boldsymbol{x} + b)$$

其中，sign()是符号函数，表示为

$$\text{sign}(x) = \begin{cases} 1, & x \geqslant 0 \\ -1, & x < 0 \end{cases}$$

将其表示为神经网络的形式，如图 7-4 所示。

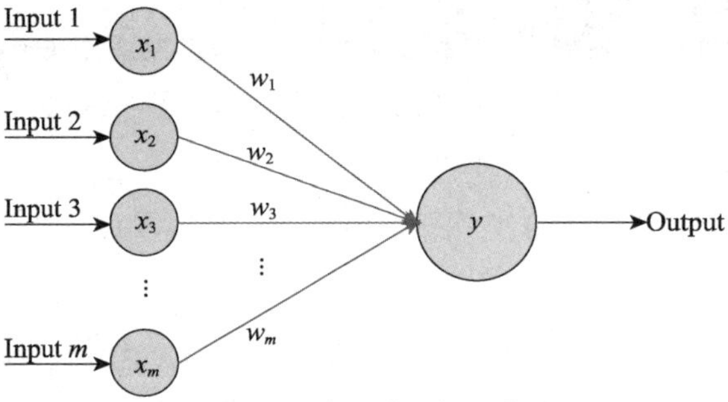

图 7-4　单层感知机网络

2．损失函数和参数训练

感知机的潜在假设是“数据是线性可分的”，其目标是求得一个使两个类别（1 和 –1）的数据点能被完全正确分开的分割线。为了训练出模型的参数，首先需要定义损失函数，然后求得使损失函数最小的模型参数。

在空间中，感知机选择的损失函数是误分类点到超平面的距离之和。具体地，空间中任一点 x_0 到超平面 $f(\boldsymbol{x}) = \boldsymbol{w} \cdot \boldsymbol{x} + b$ 的距离公式为

$$D = \frac{|\boldsymbol{w} \cdot x_0 + b|}{\|\boldsymbol{w}\|}$$

对于误分类点 (x_i, y_i)，满足

$$-y_i(\boldsymbol{w} \cdot x_i + b) > 0$$

成比例地缩放参数并不改变超平面与数据点之间的相对位置，与支持向量机的思想类

似，为方便计算，统一将法向量的模长设置为 1，不考虑 $\frac{1}{\|\boldsymbol{w}\|}$，因此感知机的损失函数可以定义为

$$L(\boldsymbol{w},b)=-\sum_{x_i\in M}y_i\left(\boldsymbol{w}\cdot x_i+b\right)$$

其中，M 是误分类点的集合。

通过观察可知，这个损失函数是可微的，因此我们可以用随机梯度下降的方法求得使该损失函数最小的参数。首先设置一个初始点，即给参数 $<\boldsymbol{w},b>$ 选取一个初始值 $<\boldsymbol{w}_0,b_0>$；然后，从误分类点集合中任选一个数据点 (x_i,y_i)，其损失函数为

$$L(\boldsymbol{w},b)=-y_i\left(\boldsymbol{w}\cdot x_i+b\right)$$

通过计算损失函数在该点的梯度，即对损失函数求偏导可得

$$\nabla_{\boldsymbol{w}}L(\boldsymbol{w},b)=-y_i x_i$$
$$\nabla_b L(\boldsymbol{w},b)=-y_i$$

依据梯度下降方法的原理，参数更新公式为

$$\boldsymbol{w}\leftarrow\boldsymbol{w}+\eta y_i x_i$$
$$b\leftarrow b+\eta y_i$$

其中，η 是学习率，可人为设定也可自动设定，$\eta\in(0,1]$，学习率越大，则每次迭代 $\boldsymbol{w}$ 和 b 的变化越大。不断迭代，直至 M 集合为空，即没有误分类点为止。算到迭代结束时损失函数为 0，此时得到最终参数 $<\boldsymbol{w},b>$。值得注意的是，随机梯度下降方法不能保证每次迭代一定使误分类点的个数减少，也有可能会增加，但是已经有理论（Novikoff 定理）证明了“对于线性可分的数据，经过有限次的迭代，可以找到将训练数据集完全正确分开的超平面”，即感知机模型采用的随机梯度下降方法是有理论保障其收敛性的。如果数据本身不是线性可分的，那么感知机算法不会收敛，迭代会一直震荡。另外，由于梯度下降算法的特性，不能保证一定得到全局最优解，因此初始点 $<\boldsymbol{w}_0,b_0>$ 的选择会影响最后的参数学习结果，即初始参数值不同，学习得到的参数值可能是不同的。

综上，可以把感知机的学习算法总结为如下步骤。

（1）初始化 $t=1$；设置所有的参数为 0，即 $<\boldsymbol{w}_1,b_1>=0$。

（2）给定一个输入 $\boldsymbol{x}$，当且仅当 $\boldsymbol{w}^{\mathrm{T}}\boldsymbol{x}>0$ 时，预测其标签是 1。

（3）对一个误分类点，更新参数为

$$\boldsymbol{w}_{t+1}=\boldsymbol{w}_t+\eta y_i x_i$$
$$b_{t+1}=b_t+\eta y_i$$

（4）t 增 1，跳转到步骤（3），直至没有错误，循环结束。

3. 感知机的缺点

感知机模型有个很强的假设，即数据必须是线性可分的，也就是说，学习得到的分割函数

是线性的。而实际中，线性可分的场景是非常少的，大部分场景其实都是线性不可分的。通过将感知机作为基本模块，进行更为复杂的组合，可以得到更强大的学习模型，下面我们将介绍更为强大的多层感知机模型，这也是更为复杂的神经网络模型。

7.2.3 多层感知机：从 1 到 100，更复杂的神经网络

多层感知机，又被称为全连接多层神经网络(Fully Connected Multi-Layer Neural Network)，实际上就是将大量单层感知机进行组合，用不同的方法进行连接并作用在不同的激活函数上。

图 7-5 是多层感知机架构，下面介绍其基本构成。

（1）一个输入层，一个输出层，一个或多个隐藏层。如图 7-5 所示的神经网络，输入层有三个神经元，隐藏层有四个神经元，输出层有两个神经元。

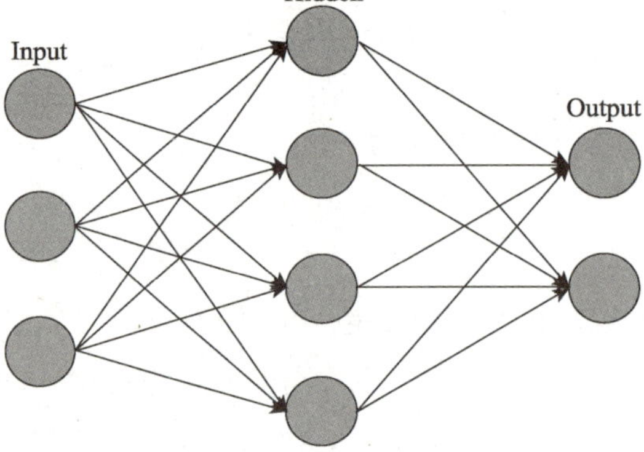

图 7-5　多层感知机架构

（2）每个神经元都是一个单层感知机。

（3）输入层的神经元是隐藏层的输入，同时隐藏层神经元也是输出层的输入，隐藏层可以大于一层，在隐藏层之间，前一个隐藏层的输出就是下一个隐藏层的输入。

（4）由于是全连接网络，所以某一层的某个神经元的输入是前一层所有神经元的输出，且神经元之间的连接都有权重。

（5）输入数据通过神经元之间的连接、权重和后续的激活函数，不断地计算并向前传播，直到输出层输出结果。

1．激活函数与隐藏层数

如果神经网络的激活函数是线性的，那么无论隐藏层有多少层，都不会改变输入和输出之间的关系是线性的这一事实，这样的神经网络建模能力较差。因此，神经网络的激活函数应该使用非线性的，常见的有对数函数、双曲正切函数、阶跃函数、整流函数等。

关于隐藏层的层数，理论上讲，具有有限数量神经元的隐藏层，可以逼近任何函数，即含有一层有限数量神经元的隐藏层的神经网络可以拟合任何函数。那为什么需要用多个隐藏层，需要用深度学习呢？目前，较好的解释是，多个隐藏层可以学习到抽象特征，这是单层或少层

神经网络学习不到的，与人类大脑对世界的抽象能力有些类似。

2．模型训练

为了训练得到模型的参数，这里要介绍最有名的算法之一——反向传播算法，其基本的处理流程如下。

（1）输入数据通过神经网络的结构进行前向传播，直到输出位置。

（2）计算实际值与预测之间的差异，通常用均方误差（MSE）

$$E=\frac{1}{2}(y-t)^2$$

其中，t 是预测，y 表示通过前向传播得到的实际值。

（3）传统方法在知道上述优化函数后，参数学习可以通过随机梯度下降的方法来最小化，从而求得参数值；然而，由于神经网络的参数特别多，这种优化方法非常低效。反向传播算法提供了一种利用输出误差来修正两个神经元之间权重的方法，从而有效地提升了参数学习的效率。具体地，其对一个给定结点间的权重按如下公式修正：

$$\Delta w_i=-\alpha\frac{\partial E}{\partial w_i}$$

其中，E 是输出误差，w_i 是输入 i 的权重。该公式本质上是用来修正梯度的方向的，与随机梯度下降算法的本质相同。

整个训练过程本质上就是先前向传播，计算预测值与实际值的差距，如果有偏差，再反向传播，逐层修正边的权重，然后前向传播，计算预测值与实际值的差距；如果还有偏差，再继续上述过程，直到没有偏差或偏差足够小或偏差变化不大，那么迭代循环就结束了，可以认为学习到了参数。

3．隐藏层增加面临的问题

通常，神经网络有多个隐藏层，隐藏层的层数越多，就能学习到更高抽象度的特征，从而实现更好的性能。通常，增加隐藏层的层数会面临两个问题。

（1）梯度消失问题。反向传播算法的缺陷之一就是在层数较多时，反向传播的梯度值基本接近 0，即没有任何信息可以通过反向传播传回，导致不能实现边权重的调整，相当于虽然增加了层数，但是调整不了边权重，这就是传统神经网络研究面临的梯度消失问题，也是 20 世纪 80 年代神经网络无法流行起来的重要原因之一。

（2）过拟合问题。过拟合是任何机器学习方法都可能面临的难题，神经网络模型也不能避免。过拟合的本质就是采用一个过于复杂的模型，使其在训练数据上效果特别好，但是其预测能力却非常差；也就是说，该过于复杂的模型其实并没有学习到数据内在的规律，而仅仅因为模型本身非常复杂，使得其可以完全拟合训练数据。而隐藏层数非常多的神经网络，由于其参数非常多，属于非常复杂的模型，也面临过拟合问题。

7.3 参数学习：填饱神经网络的肚子

通过上述对感知机的介绍，我们已经对神经网络有了基本的认识。实际上，我们的神经网络可以根据需要任意设计，这里面有一个核心的难点，即神经网络的参数如何获取？本节首先介绍一个经典通用的神经网络参数的学习方式，即反向传播算法，然后介绍一个近年提出的一种新的参数学习方式，即层间学习法。

7.3.1 反向传播算法

在介绍感知机的时候，为了完整性，已经简要介绍了反向传播算法，从而直接利用反向传播算法求取感知机网络的参数。本节较为详细地对反向传播算法的原理和步骤进行一般性讲解，以更加全面深入地理解这一经典算法。

反向传播算法是用来训练人工神经网络的重要算法，它的基本原理是，首先，通过前向传播计算网络的输出；其次，计算网络的输出与理想的输出之间的误差；最后，依据误差的大小，反向沿着网络从输出层向输入层逐步用梯度误差更新权重。可见，该算法得名于其操作过程。下面是反向传播算法的详细步骤。

（1）前向传播（Forward Propagation）：将输入数据送入神经网络，逐层计算直至得到输出结果。每层的计算包括两个步骤。

① 线性计算：将输入与权重相乘并加上偏置，得到每个神经元的加权和。

② 激活函数：线性计算的结果经过激活函数激活，得到每个神经元的输出。

（2）计算损失函数（Compute Loss）：将网络的预测值与实际值进行比较，计算损失函数。损失函数衡量了预测值与实际值之间的差异，常用的损失函数包括均方误差、交叉熵等。

（3）反向传播（Backward Propagation）：在反向传播过程中，我们计算损失函数对于网络中每个参数的梯度，这个过程可以分为以下几个步骤。

① 计算输出层的梯度：计算损失函数对于输出层的参数（权重和偏置）的梯度。

② 逐层反向传播：将这些梯度沿着网络反向传播，逐层计算每层的梯度。

③ 梯度传递：在计算每层的梯度时，利用链式法则将损失函数的梯度逐层传递回来。

（4）参数更新（Update Parameters）：最后，利用梯度下降或其他优化算法，根据损失函数的梯度来更新网络中的参数。参数更新的大小和方向由梯度的大小和方向决定，这样可以使得损失函数逐渐减小，网络的性能逐渐提高。

反向传播算法的关键在于计算损失函数对于网络中每个参数的梯度，这样可以根据梯度的方向和大小来调整参数，从而使得网络的预测能力不断提升。

7.3.2 层间学习法

反向传播算法存在一个缺点，即反向传播过程中，如果层数较多，那么反向传播的梯度将接近 0，使得反向传播过程压根不能将前向传播过程的结果与准确的数值（Ground Truth）之间的差异回传，以指导后续边权重的调整。因此，即使网络设计了很多层，但是实际上并不起作用，因为其边的权重无法得到相应回传信号的指导。因此，有很多的方法试图解决梯度消失问题，本节将简要介绍其中一种方法（层间学习法）的核心思想。

如图 7-6 所示，假设给定一个四层结构的网络，现在要训练其参数。层间训练的思想是，每次单独训练两层间的边权重，同时保持其他层间的边权重不变。例如，四层网络共三个层间边，如图 7-6(b) 中的①所示，首先学习最底下两层间的边权重，同时保持其他边权重不变，学习的核心思想就是从最底层学习得到倒数第二层的值，如果反过来，能从倒数第二层的值重构出最底层的值，就说明倒数第二层是最底层的一种表示，也就是把最底层和倒数第二层之间的边权值学习到了；以此类推，图 7-6(c) 中的②和图 7-6(d) 中的③也可以学习得到相应的边权值，至此，图中所有的边权值都可以学习到。

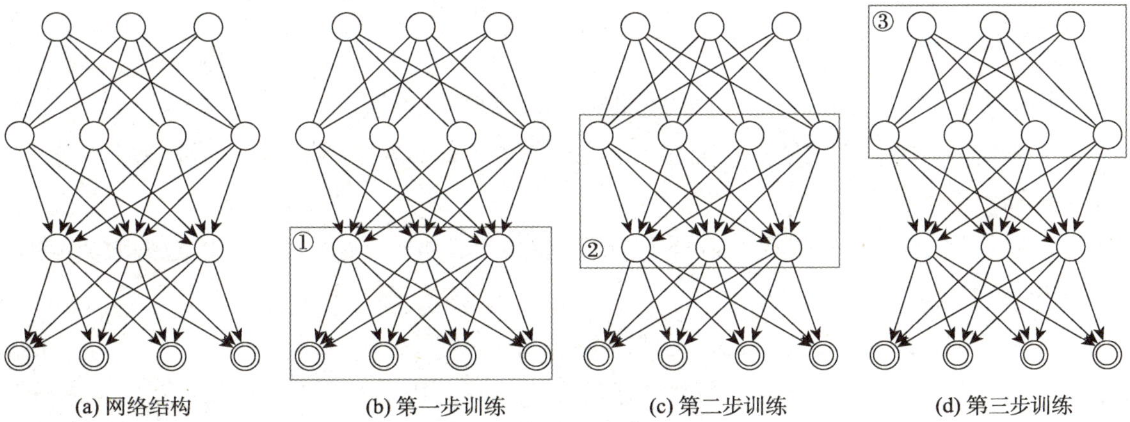

图 7-6 层间学习法基本思想

7.4 久经考验的大神们

本节将介绍当前比较流行的神经网络，从而更加深刻地理解神经网络与深度学习的思想和具体实现。

7.4.1 卷积神经网络

之前介绍的全连接神经网络（Fully Connected Neural Network）存在的缺陷是，全连接层的参数太多，而参数增多除了导致计算速度减慢，还很容易导致过拟合问题，所以需要一个更合理的神经网络结构来有效减少神经网络中参数的数目。卷积神经网络（Convolutional Neural Network，CNN）由于其特殊的机制，可以有效减轻这一问题带来的影响。

卷积神经网络是非常有名且有效的神经网络模型，在人脸识别、手写数字识别、目标跟踪等很多任务上性能卓越。当前，有名的卷积神经网络非常多，如 2012 年的 AlexNet、2014 年的 VGGNet、GoogLeNet 和 2015 年的 ResNet 等。虽然有这么多不同的网络结构，但是它们都具有一些相同的组成模块。总结起来，卷积神经网络通常有输入层、卷积层、池化层和全连接层，其大概的结构如图 7-7 所示。

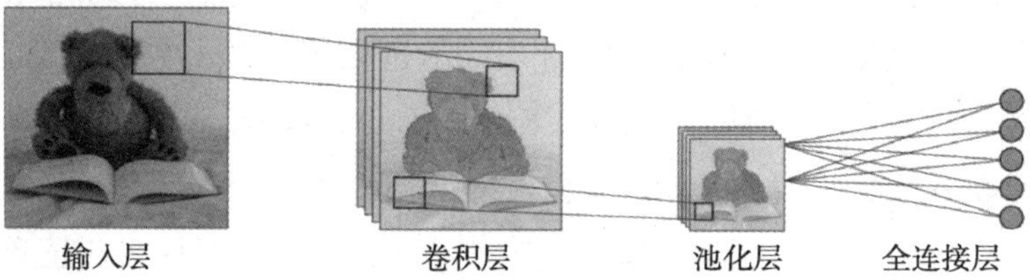

图 7-7　卷积神经网络结构

本节将对这些类型的层进行逐一讲解。

1. 输入层

该层主要是对原始输入图像数据进行相应的预处理，主要包括以下内容。

（1）去均值：把输入数据各个维度都中心化为 0，如图 7-8 所示，其目的就是把样本的中心拉回坐标系原点。

（2）归一化：将幅度归一化到同样的范围，如图 7-8 所示，即减少各维度数据取值范围的差异而带来的干扰。

（3）去相关：通常用 PCA 降维，去除相关变量，如图 7-9 所示。

（4）白化：主要对数据各个特征轴上的幅度进行归一化，如图 7-9 所示。

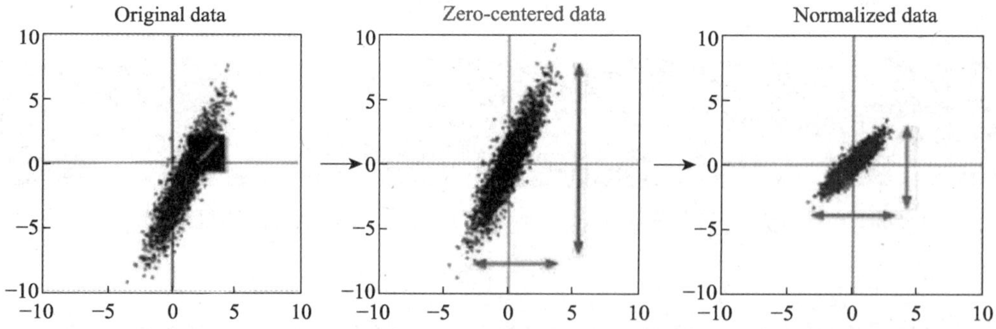

图 7-8　去均值与归一化

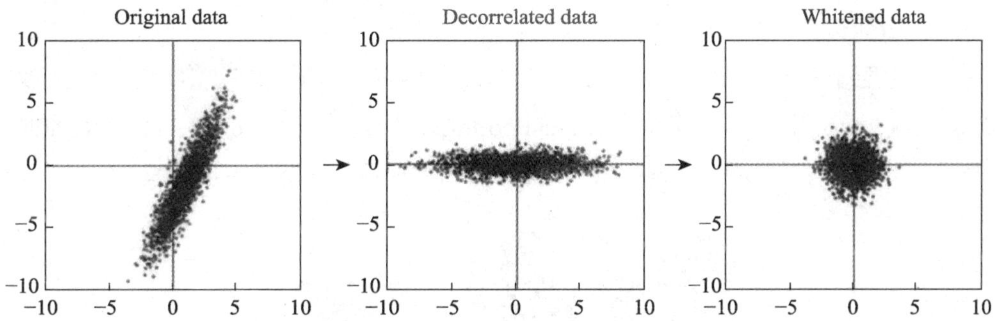

图 7-9　去相关与白化

2．卷积层

卷积层最核心的部分就是卷积操作，也是卷积神经网络名字的由来。为了讲清楚卷积操作，需要介绍几个基本概念。传统上是先讲基本概念，再讲卷积操作，本节将先讲卷积操作的例子，再让读者自然地理解这些基本概念。

如图 7-10 所示，输入是一个高和宽均为 3 的图像，表达为二维数组，记为 3×3 或(3, 3)；核数组的高和宽分别为 2，记为 2×2，该数组在卷积计算中又被称为卷积核或过滤器（Filter）。图 7-10 中的阴影部分为第一个输出元素及其计算所使用的输入和核数组元素，即输出中的 19 通过 0×0+1×1+3×2+4×3=19 计算得到，其他输出值类似可得，这就是卷积操作。

上面的例子的卷积核在长和宽方向上移动的幅度都是 1，为了更灵活地进行卷积操作，步长可以根据情况任意设定，如图 7-11 所示，长和宽方向上步长分别为 2 和 3，从而得到了相应的输出。图 7-11 中还涉及另一个概念，就是填充（Padding），即在输入高和宽的两侧填充元素（通常是 0 元素，Zero Padding）。当 P=1 时，在图像周围填充一圈；当 P=2 时，在图像周围填充两圈。

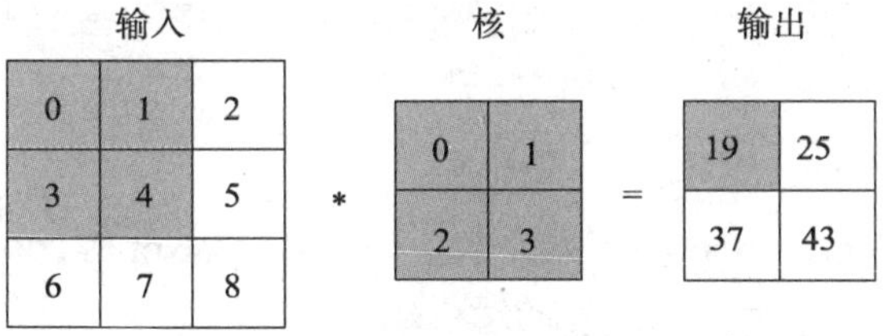

图 7-10　卷积操作示例
（长和宽方向上步长均为 1）

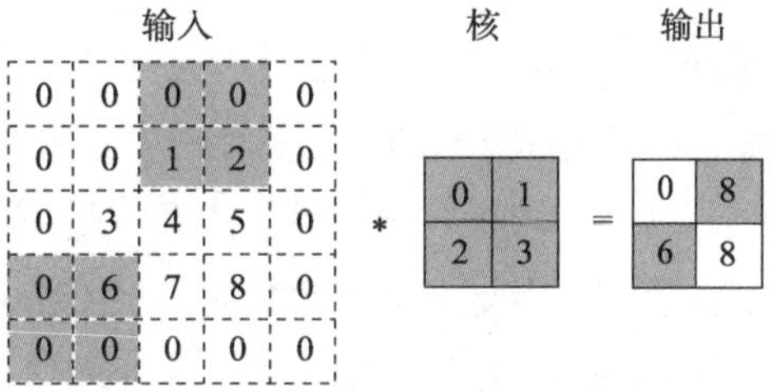

图 7-11　卷积操作示例
（长和宽方向上步长分别为 2 和 3）

3．池化层

池化层又称下采样层，主要是为了缓解卷积层对位置的敏感性过高的问题，池化函数通过使用某一位置相邻输出的总体统计特征来代替该位置的输出，从而根据特征矩阵的局部统计信息进行池化（下采样），在保留有用信息的同时减小特征矩阵的大小。显然，池化层可以非常有效地缩小特征矩阵的尺寸，从而减少最后全连接层中的参数量。同时，使用池化层既可以加快计算速度，也可以防止过拟合。

通常，池化层不包含需要学习的参数，人为设定相应参数值即可。常见的池化函数有最大池化（Max Pooling）和平均池化（Average Pooling)。最大池化函数将相邻矩形区域内的最大值作为输出，如图 7-12 所示。平均池化函数将相邻矩形区域内的均值作为输出。

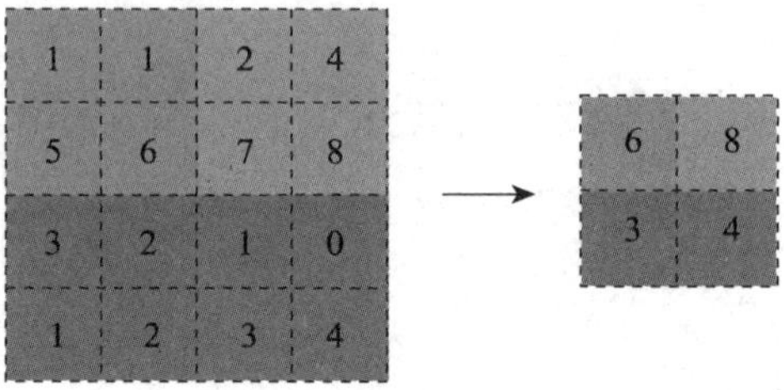

图 7-12　最大池化函数

池化层通常具有三个作用：① 增加特征平移不变性，提高模型对输入数据微小变动的包容能力；② 有效减小特征矩阵大小，由于进行了下采样，极大地减少了下一层需要的参数量和计算量，并降低了过拟合风险；③ 下采样是非线性的，提升了模型的拟合能力。

4．全连接层

全连接层与之前介绍的全连接网络差别不大，都需要进行神经元之间的全连接。具体地，全连接层之前的层学习到的特征矩阵在全连接层中会失去空间拓扑结构，被展开连接为向量进行输入。因此，卷积层和池化层进行特征提取，而全连接层则是对提取的特征进行非线性组合得到输出，即全连接层本身不被期望具有特征提取能力，而是试图利用现有的高阶特征完成学习目标。

5．经典的卷积神经网络 AlexNet

卷积神经网络可以把上述介绍的各种层进行组合，形成新的神经网络模型，常见的卷积神经网络通常按照如下结构进行组合：

输入层→(卷积层→池化层?)→全连接层→输出层

常见的卷积神经网络有 LeNet-5、AlexNet、VGG、GoogLeNet、ResNet、DenseNet 等，下面以 AlexNet 为例，展示如何将各种层进行组合，得到一个卷积神经网络。

如图 7-13 所示，AlexNet 模型包含 6000 万个参数和 65 万个神经元，包含 5 个卷积层，其中有几层后接最大池化层和 3 个全连接层，最后还有一个 1000 路的 softmax 层。为了加快训练速度，AlexNet 使用了 ReLU 非线性激活函数以及一种高效的基于 GPU 的卷积运算方法。为了防止全连接层的过拟合，AlexNet 采用了 Dropout 防止过拟合，该方法被证明非常有效。

AlexNet 的网络结构如下。

1）输入层

原始图像尺寸为 224×224×3（RGB 模式），训练时经过预处理变为 227×227×3。

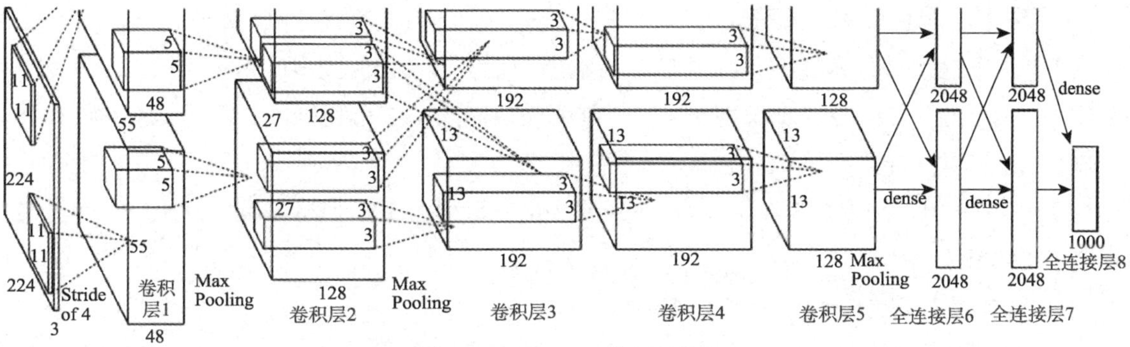

图 7-13　AlexNet 模型结构

2）第一层（带池化的卷积层）

（1）96 个卷积核，卷积模板大小为 11×11×3，步长为 4，输出 96 个特征图，每个大小为 ((227-11)/4+1)×((227-11)/4+1)=55×55。

（2）经过 ReLU 激活函数。

（3）经过最大池化层，池化模板大小为 3×3，步长为 2，池化后的特征图大小为((55−3)/2+1)×((55−3)/2+1)=27×27。

（4）经过 LRN（Local Response Normalization，局部响应归一化），归一化大小为 5×5，归一化后的特征图大小不变，仍为 27×27。

（5）最终输出大小为 27×27×96，被分成 2 组，每组各 48 个特征图，分别在一个独立的 GPU 上进行运算。

3）第二层（带池化的卷积层）

（1）由于输入被分为 2 组，因此该层的所有运算也被分成 2 组，每组各 128 个卷积核，卷积模板大小为 5×5×48，步长为 1，采用零填充，输出 128 个特征图，每个大小为 27×27。

（2）经过 ReLU 激活函数。

（3）经过最大池化层，池化模板大小为 3×3，步长为 2，池化后的特征图大小为((27−3)/2+1)×((27−3)/2+1)=13×13。

（4）经过 LRN，归一化大小为 5×5，归一化后的特征图大小不变，仍为 13×13。

（5）最终输出大小为 13×13×256，被分成 2 组，每组各 128 个特征图，分别在一个独立的 GPU 上进行运算。

4）第三层（带池化的卷积层）

（1）384 个卷积核，卷积模板大小为 3×3×256，步长为 1，采用零填充，输出 384 个特征图，每个大小为 13×13。

（2）经过 ReLU 激活函数。

（3）最终输出大小为 13×13×384，被分成 2 组，每组各 192 个特征图，分别在一个独立的 GPU 上进行运算。

5）第四层（带池化的卷积层）

（1）由于输入被分为 2 组，因此这一层的所有运算也被分成 2 组，每组各 192 个卷积核，卷积模板大小为 3×3×192，步长为 1，采用零填充，输出 192 个特征图，每个大小为 13×13。

（2）经过 ReLU 激活函数。

（3）最终输出大小为 13×13×384，被分成 2 组，每组各 192 个特征图，分别在一个独立的 GPU 上进行运算。

6）第五层（带池化的卷积层）

（1）由于输入被分为 2 组，因此这一层的所有运算也被分成 2 组，每组各 128 个卷积核，卷积模板大小为 3×3×192，步长为 1，采用零填充，输出 128 个特征图，每个大小为 13×13。

（2）经过 ReLU 激活函数。

（3）经过最大池化层，池化模板大小为 3×3，步长为 2，池化后的特征图大小为((13-3)/2+1)×((13-3)/2+1)=6×6。

（4）最终输出大小为 6×6×256，被分成 2 组，每组各 128 个特征图，分别在一个独立的 GPU 上进行运算。

7）第六层（全连接层）

（1）4096 个节点，经过 ReLU 激活函数，采用 Dropout 防止过拟合。

（2）最终输出 4096 个节点，被分为 2 组，每组各 2048 个节点，分别在一个独立的 GPU 上进行运算。

8）第七层（全连接层）

（1）4096 个节点，经过 ReLU 激活函数，采用 Dropout 防止过拟合。

（2）最终输出 4096 个节点，被分为 2 组，每组各 2048 个节点，分别在一个独立的 GPU 上进行运算。

9）第八层（全连接层/输出层）

1000 个节点（对应 1000 个待分类的类别）。

至此，卷积神经网络的基本结构和原理已经阐述完毕。

7.4.2　注意力机制

在大模型时代，TransFormer 模型是通用的底层架构，使得注意力机制成为这个时代的宠儿，在自然语言处理、图像处理、语音信息处理等领域发挥着巨大作用。本节将简要地讲解注意力机制的基本原理，使读者能够理解其应用。

1．什么是注意力机制

注意力机制本质上就是不对输入数据同等看待，而对输入数据进行权重分配，这非常符合直觉。例如，输入一个句子，对人来说，这里面的词不是同等权重的，里面的名词是最重要的；输入一张图片，里面的每个像素也不应该是同等权重的，里面的人物、动物等对象部分应该是较为重要的。因此，注意力机制，本质上提供了一种对输入数据进行权重分配的方案，这需要从数据中学习得到。如图 7-14 所示，最早的注意力机制被应用在编码器－解码器（Encoder-Decoder）框架中，对编码器所有时间步的隐藏状态做加权平均然后输入到下一层。

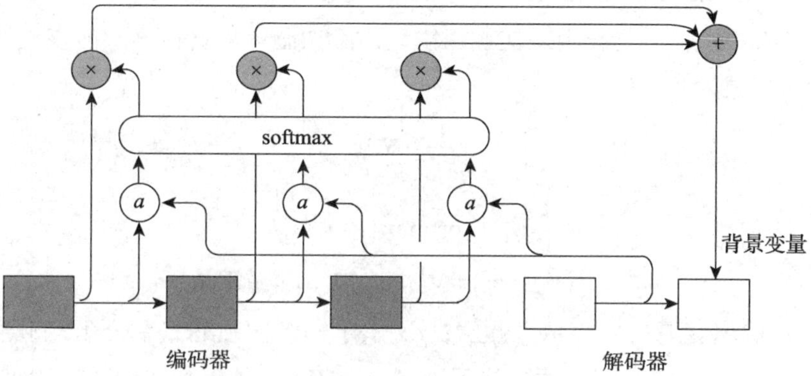

图 7-14　编码器-解码器框架

具体地，注意力机制可以抽象地写为

$$\boldsymbol{O} = \text{softmax}(\boldsymbol{Q}\boldsymbol{K}^{\mathrm{T}})\boldsymbol{V}$$

其中，$\boldsymbol{Q}$ 是查询项矩阵；$\boldsymbol{K}$ 是所对应的键；$\boldsymbol{V}$ 是输入，即待加权平均的值。

由此可知，注意力机制可以理解成一个由查询项矩阵 $\boldsymbol{Q}$ 与所对应的键 $\boldsymbol{K}$ 以及输入 $\boldsymbol{V}$ 所构成单层感知机（见 7.2 节）。

为了更深入地理解注意力机制，有两个视角。

1）工程视角

如图 7-15 所示，注意力机制把输入 $\boldsymbol{V}$ 从内存槽中通过键转化为输出，所以理解注意力机制的核心就是如何构建查询项矩阵和键。

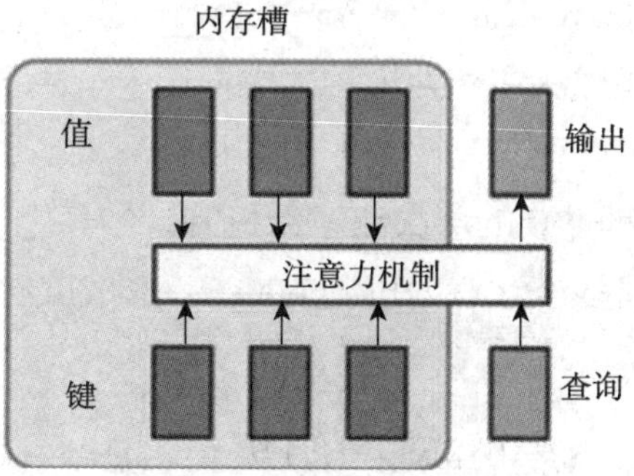

图 7-15　注意力机制

2）理论视角

理论上，我们可以把注意力机制和前述卷积神经网络（CNN）中的池化操作类比，也就是卷积神经网络中的池化操作本质上是一种特殊的平均加权的注意力机制，即注意力机制是一种对输入数据进行权重分配的池化方法。

2．注意力机制的形式化

1）注意力机制的提出

论文“Neural Machine Translation by Jointly Learning to Align and Translate”首次提出了注意力机制。注意力机制主要被用来在翻译模型中解决翻译对齐问题。在该工作中，查询项矩阵和键值的计算公式为

$$\boldsymbol{C}_{t'}=\sum_{t=1}^{T}\alpha_{t't}\boldsymbol{h}_t \tag{7-1}$$

$$\alpha_{t't}=\operatorname{softmax}\left(\sigma\left(\boldsymbol{s}_{t'-1},\boldsymbol{h}_t\right)\right) \tag{7-2}$$

$$\sigma\left(\boldsymbol{s}_{t'-1},\boldsymbol{h}_t\right)=\boldsymbol{v}^{\mathrm{T}}\tanh\left(\boldsymbol{W}_s\boldsymbol{s}_{t'-1}+\boldsymbol{W}_h\boldsymbol{h}_t\right) \tag{7-3}$$

其中，$\boldsymbol{C}_{t'}$ 表示输出变量；$\boldsymbol{h}_t$ 表示隐藏层；$\alpha_{t't}$ 表示一个权重的概率分布，即通过查询项矩阵和键计算 softmax 值，这里的查询项矩阵采用了 $\tanh(\boldsymbol{W}_s\boldsymbol{s}_{t'-1}+\boldsymbol{W}_h\boldsymbol{h}_t)$；式(7-1)中的 $\boldsymbol{h}_t$ 是输入数据，即前文的输入 $\boldsymbol{V}$；式(7-2)可以计算得到权重概率分布。由于 σ 本质是一个单层的感知机，通过变更 σ 函数使其参数不同，注意力机制可以变化为多种形式。

2）注意力机制的抽象形式

根据式(7-1)～式(7-3)，可以将注意力机制抽象为

$$\boldsymbol{C}_t=\sum_{t=1}^{T}\sigma(\boldsymbol{Q},\boldsymbol{K}_t)\boldsymbol{h}_t$$

其中，$\boldsymbol{Q}$ 为查询项矩阵，$\boldsymbol{K}$ 为键，σ 为变换函数，$\boldsymbol{C}_t$ 表示模型输出的上下文向量（Context Vector），即输入 $\boldsymbol{h}_t$，通过其对应键 $\boldsymbol{K}$ 查询 $\boldsymbol{Q}$，通过 σ 输出 $\boldsymbol{C}_t$。

3．注意力机制的变种形式

1）层次注意力机制（Hierarchical Attention Networks）

注意力机制的一个变种是层次注意力机制，主要用于解决多层次注意力建模问题。例如，在文本分类中，词作为一层，而段落是更高一层，从而形成多层结构，低层对上一层有影响，如图 7-16 所示，可以建立一种堆叠的层次注意力机制。

层次注意力机制本质上是多个注意力机制的堆叠，形成层次结构的注意力机制，用公式可以表示为

$$\boldsymbol{C}_t^{(i+1)}=\sum_{t=1}^{T}\sigma^{(i)}\left(\boldsymbol{Q}^{(i)},\boldsymbol{K}_t^{(i)}\right)\boldsymbol{h}_t^{(i)} \tag{7-4}$$

$$\boldsymbol{h}_t^{(i)}=\boldsymbol{v}_t^{(i+1)}\boldsymbol{C}_i^{(t)} \tag{7-5}$$

$$\boldsymbol{h}_0=\boldsymbol{W}_t^{(0)}\boldsymbol{X} \tag{7-6}$$

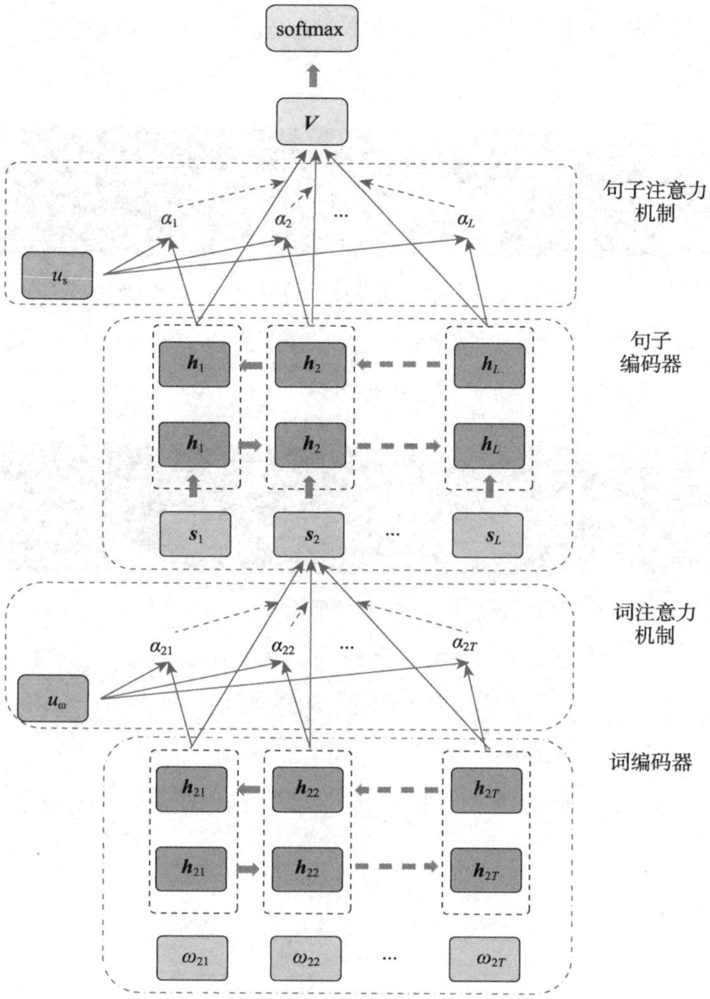

图 7-16　层次注意力机制

2）循环注意力机制

循环注意力机制本质上就是最早提出的序列到序列（seq2seq）模型，如图 7-17 所示。

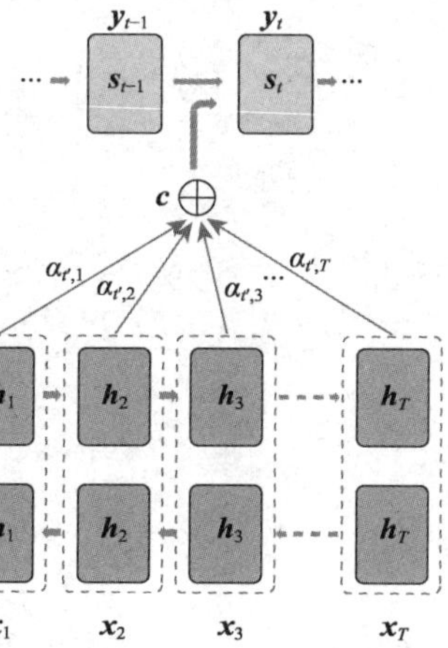

图 7-17　循环注意力机制

其核心思想是将上一个输出状态 $\boldsymbol{s}_{t-1}$ 一起输入 σ 函数。$\alpha_{t',t}$ 就是注意力模型中的权重项，$\boldsymbol{h}_t$ 表示编码器中的隐藏层变量。

本章小结

本章首先介绍了神经网络的起源、基本结构，其次介绍了最简单的神经网络，即感知机，全面深刻地对神经网络进行了理解，再次介绍了神经网络的参数学习，最后介绍了目前比较主流的两类神经网络：卷积神经网络和注意力机制。

思考题

1．自行构建有 100～500 张人脸照片的人脸数据集，并进行性别标注，然后用 Python 语言实现一个单层感知机，把构建的人脸数据集分为训练集和测试集，使用自己实现的单层感知机在训练集上训练模型，使用测试集评估训练模型的准确性。

2．卷积神经网络有什么缺点？

3．神经网络涉及网络结构设计和数据，你觉得哪个更重要？为什么？

第 8 章

CT

人工智能应用研究

8.1 概　述

人工智能不是空中楼阁，而是对现实世界产生巨大作用的工具。自诞生之日，人工智能始终朝着为人类服务或为人类解决问题的方向前行，目前对人类社会已经产生了巨大的推动作用，并在各个领域发挥越来越大的作用。人工智能诞生之初（20 世纪 60 年代），就有针对月球岩石成分的 Lunar 问答系统，可以准确地回答关于月球岩石成分的问题；20 世纪 90 年代，IBM 公司设计的国际象棋机器人深蓝轰动全球，它战胜了国际象棋世界冠军卡斯帕罗夫；2010 年，谷歌无人驾驶汽车曝光，创下了超过 16 万千米无事故的纪录；2011 年，IBM 公司的 Waston 参加智力游戏危险边缘，击败最高奖金得主 BradRutter 和连胜纪录保持者 Ken Jennings；2016 年，谷歌所提出的 AlphaGo 以 4:1 的比分战胜围棋九段棋手李世石，并且其能力还在不断增长；2021 年，Deepmind 所提出的 AlphaFold2 确定了覆盖几乎整个人类蛋白质组（98.5%的人类蛋白，即 Uniprot 里所有 2700aa 以下的蛋白）的蛋白质结构，可以更加准确地预测蛋白质的形状，可以应用于医疗保健和生命科学领域，加速药物的研发。无数强大的人工智能工具的发明，都极大地推动了相关领域的发展，下面将选择几个重要的人工智能应用领域进行介绍，使读者对人工智能的应用有更加直观形象的理解。

8.2 智能司法：让冤假错案远离人间

在司法领域，传统的案件判决依赖于法官的专业知识，而一名专业法官的培养代价是十分高昂的，要成为一名合格的法官，不仅要通过多年的学习，还要经过多年的实践。法官面临的历史案件和法律条文非常繁杂，因此判案过程涉及的变量非常多。如何利用人工智能来辅助法官判案，具有十分重要的研究意义。

上海市长宁区人民法院法官助理李超和李旭颖在研究中提到，在中国，2015 年最高人民法院首次提出“智慧法院”概念，2016 年 2 月 25 日，最高人民法院发布人民法院信息化 3.0 版本，更加清晰具体地描绘了人工智能司法嵌入的蓝图。随后，地方各级法院智能化、信息化建设大幕拉开，人工智能技术在司法领域的嵌入也逐步向纵深发展。但依当前的发展态势，人工智能技术在司法领域也只是作为辅助法官办案的工具，包括梳理基本案件事实、收集整合案件证据、整理案件卷宗等。法官司法职业的亲历性、案件中的价值渗透性等特征决定了人工智能无法取代法官职业，但是可以极大地提升法官的判案效率。

8.3 人脸识别：小偷竟然凭空消失

人脸识别是指能够识别或验证图像与视频中主体的身份的技术。首个人脸识别算法诞生于

20 世纪 70 年代初。现在，相比于指纹识别、虹膜识别等被认为更加稳健的生物识别方法，人们往往更偏爱人脸识别，其中一个重要原因是，人脸识别是非侵入性的。例如，指纹识别需要用户将手指按在传感器上，虹膜识别需要用户与相机靠得很近，语音识别则需要用户大声说话。相对而言，现代的人脸识别系统仅需要用户处于相机的视野内（假设他们与相机的距离也合理）。这使得人脸识别成为对用户最友好的生物识别方法。同时，人脸识别的潜在应用范围更广，因为它能够让人脸信息被被动收集，如在监控系统中的应用。人脸识别的其他常见应用还包括访问控制、欺诈检测、身份认证和社交媒体登录。

当被部署在无约束环境中时，人脸图像在现实世界中的呈现具有高度的可变性，这类人脸图像通常被称为自然人脸（faces in-the-wild），因此人脸识别也是技术难度最高的生物识别方法之一。人脸图像可变的地方包括头部姿势、年龄、光照条件、表情和遮挡。

人脸识别技术这些年已经发生了重大的变化。传统方法依赖人工设计的特征（如边和纹理描述）与机器学习技术（如主成分分析、线性判别分析和支持向量机）的组合。人工设计在无约束环境中不同变化情况的特征是很困难的，这使得过去的研究者侧重研究针对每种变化类型的专用方法，如能应对不同年龄的方法、能应对不同光照条件的方法等。近年来，传统的人脸识别方法已经被基于卷积神经网络（CNN）的深度学习方法代替。深度学习方法的主要优势是，它们可以用大型的数据集进行训练，从而学习到表征这些数据的最佳特征。网络上可用的大量自然人脸就是最容易收集的人脸数据集，这些图像包含了真实世界中的各种变化情况。使用这些数据集训练的基于 CNN 的人脸识别方法已经达到了非常高的准确度。此外，深度学习在计算机视觉方面的不断普及也加速了人脸识别的发展，CNN 也被用于解决许多其他计算机视觉任务，如目标检测和识别、分割、光学字符识别、面部表情分析、年龄估计等。

人脸识别系统的构建模块通常如图 8-1 所示。

图 8-1　人脸识别系统的构建模块

① 人脸检测。人脸检测的目的是寻找图像中人脸的位置，如果有人脸，就返回包含每张人脸的边界框的坐标。

② 人脸对齐。人脸对齐的目标是使用一组位于图像中固定位置的参考点来缩放和裁剪人脸图像。这个过程通常需要使用一个特征点检测器来寻找一组人脸特征点，然后通过仿射变换进行人脸 2D 对齐。更复杂的人脸 3D 对齐算法还能实现人脸正面化，即将人脸的姿势调整到正面向前。

③ 人脸表征。在人脸表征阶段，人脸图像的像素值会被转换成紧凑且可判别的特征向量，这也被称为模板（Template）。理想情况下，同一个主体的所有人脸都应该映射为相似的特征向量。

④ 人脸匹配。在人脸匹配构建模块中，两个模板会进行比较，从而得到一个相似度分数，

即判断两者属于同一个主体的可能性。

8.4 智能交互：强大的秘书

智能交互，特别是智能语音交互，是基于语音输入的新一代交互模式，通过说话就可以得到反馈结果。典型的应用场景是语音助手。自从 iPhone 4S 推出 Siri，智能语音交互应用便得到飞速发展。中文典型的智能语音交互应用（如虫洞语音助手、讯飞语点）已得到越来越多用户的认可。

对话系统（Dialogue System）是一种模拟人类并旨在与人类形成连贯通顺对话的计算机系统。由于自然语言天然的复杂性，对话系统涉及了非常多的 NLP 子任务。我们一般将对话系统分成两种类型：任务型（Task-Oriented）对话系统和开放域（Open-Domain）对话系统。

任务型对话系统的特点是有明确的任务目标，能够精确地定义用户的意图和动作。应用实例为订票、导航等智能助手。

开放域对话系统的特点是不限定领域和话题。应用实例为聊天机器人等。

8.4.1 任务型对话系统

任务型对话系统的技术架构有流水线式（Pipeline）和端到端式（End-to-End）。前者是目前业界主流的做法，后者当前处在探索阶段。

1. 流水线式

流水线式对话系统架构如图 8-2 所示。其中，自动语音识别（Automatic Speech Recognition，ASR）和语音合成（Text To Speech，TTS）的目的是语音和文本之间信号的转换，和自然语言处理（NLP）关联不大。此外的自然语言理解（NLU）、对话管理（DM）和自然语言生成（NLG），则是这种架构下最重要的 3 个模块，且和 NLP 紧密相关。

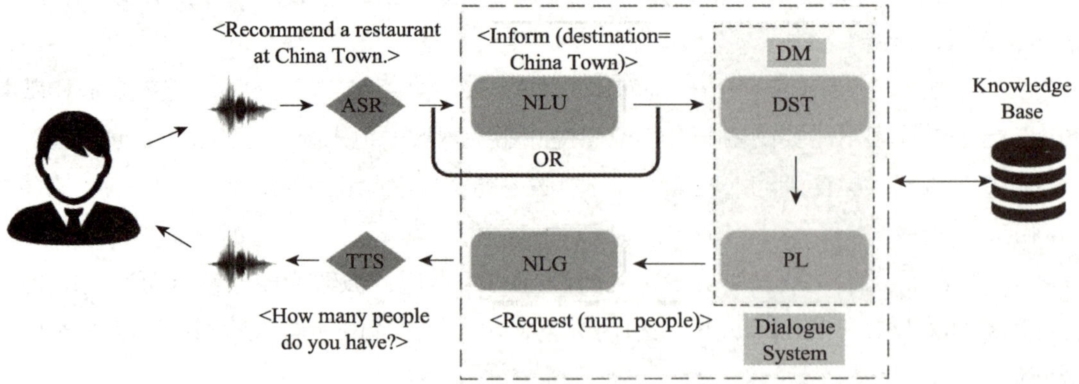

图 8-2 流水线式对话系统架构

1）自然语言理解

自然语言理解（Natural Language Understanding，NLU），顾名思义，就是对用户输入的自然语言进行理解，通常我们会将其解析为如(领域, 意图, 槽)形式的结构化数据，便于下游模块更好地生成动作。

例如：

用户：播放刘德华的心醉

领域：音频→音乐

意图：音频→音乐→播放

槽：歌手=刘德华，歌曲=心醉

对应(领域, 意图, 槽)的 3 个字段，NLU 模块涉及三个子任务：领域检测、意图检测、槽填充。前两个可建模为分类任务，最后一个可建模为序列标注任务。通常，在定义时可以使意图到领域的映射是一对一的，这样可以省略领域检测子任务。

目前，该模块的研究热点主要集中在以下方向。

① 意图检测和槽填充的联合学习。意图和槽原本就是紧密相关的，二者的联合学习也是自然而然的。其通常采用多任务训练框架。

② 基于上下文的 NLU。上下文有助于更精准地理解用户需求。

③ 小样本场景下的 NLU。真实的应用场景中，往往需要频繁适应新的需求，因此面临标注数据不足的困境。

2）对话管理

对话管理（Dialogue Manager，DM）是流水线式对话系统的中控，起到承上启下的作用，输入是上游 NLU 模块的输出，输出是待执行的动作。DM 又分为对话状态跟踪和策略学习两个子模块。

① 对话状态跟踪（Dialogue State Tracking，DST）。对话状态是人机对话过程中对用户目标（Goal）的实时表征，一般地，用(领域, 意图, 槽)标识对话状态。因此，DST 可以看作在结合历史会话信息的基础上对本轮 NLU 的输出进行修正，继而生成当前轮的对话状态。对话状态跟踪示例如图 8-3 所示。

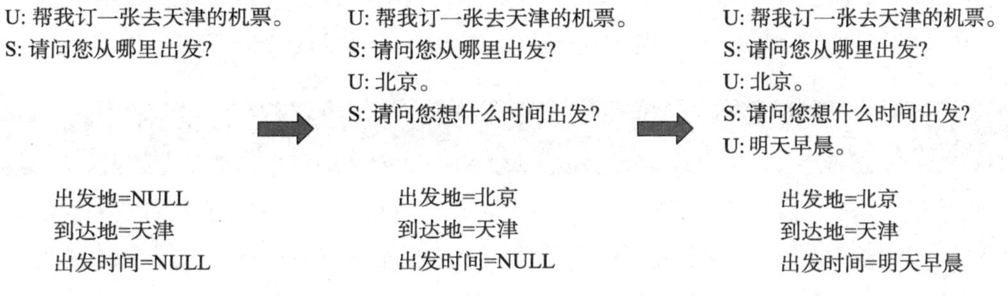

图 8-3　对话状态跟踪示例

在图 8-3 中，U 表示用户，S 表示对话系统，上面一行演示了对话进行的过程，下面一行则对应了不同轮次的对话状态。

过去很长一段时间里，DST 模块经历了多次迭代和演进：从基于规则到基于神经网络，从基于本体到不依赖本体，从分类到生成。

近年来，为了避免误差的层级传递（流水线式架构的通病），业界已经开始将 NLU 融合到 DST 模块，即省略传统的 NLU，让 ASR 模块的输出直接输入 DST 模块，端到端地生成当前轮的对话状态。

在实际的应用场景中，该模块的一大难点在于，ASR 的噪声导致用户的目标槽并不存在于查询甚至对话历史中。“序列标注”显然无法解决这类问题，“分类”则属于基于本体的方法，依赖完备的本体，这在真实场景中也是不切实际的，“生成”虽然是不依赖本体的，但是存在生成内容不可控的风险。针对这个问题，目前业界还没有一个很好的端到端方案。

② 策略学习（Policy Learning，PL）会根据 DST 模块输出的对话状态，决策出最优的动作，因此这个模块的作用也可概括为状态到动作的映射。PL 的技术路线主要有基于规则、基于有限状态自动机、基于表格、基于脚本、基于规划以及基于强化学习的方式。从建模的合理性角度来看，一个完整的对话过程可以看作序列决策问题，因此强化学习显然是最优选择，不过实际应用中往往很难运行，所以在 PL 模块，业界通常会采用一些比较简单的方式。

3）自然语言生成

自然语言生成（Natural Language Generation，NLG）给对应的动作生成合适的自然语言。主流的两种方式是基于规则的和基于神经网络。前者基于文法，按照不同领域和意图，将槽填充到预设的模式中；后者往往在 NLP 的序列到序列框架下进行文本的生成。基于规则的方式的优势是内容可控，但是人工成本高、多样性较差，基于神经网络的方式则与之相反。在实际的应用场景中，往往采用前者，原因之一是，当前对话系统的主要问题很少集中在话术多样性欠缺上，另外，输出给用户的内容必须保证绝对可控，否则可能会有法律风险。

2. 端到端式

流水线式架构最大的问题是“错误累积”，前面模块引入的错误会由于向后传递而一直累积，导致系统表现不佳。鉴于此，业界很早就开始了对端到端式对话系统的探索，不过，截至目前，还没有一个真正端到端的方案能够实际应用。当前，更有效的方式是对系统中的每个子模块采用端到端的方式建模，然后用流水线式架构或策略学习式架构把它们串起来。

8.4.2 开放域对话系统

开放域对话系统的解决方案有生成式和检索式。生成式系统应用序列到序列模型，将用户消息和对话历史映射为可能不会出现在训练语料库中的回复序列。检索式系统试图从某个回复集中找到预先存在的回复。集成系统以两种方式将生成式系统和检索式系统结合在一起，检索到的回复可以与生成的回复进行比较，从中选择最优的，生成式系统也可用于优化检索到的回复。生成式系统可以产生灵活的、与对话语境相关的回复，但有时缺乏连贯性，也会产生乏味的回复。检索式系统从人类的回复集中选择回复，因此能够在表层语言中表现出更好的连贯性。然而，检索式系统受到回复集有限性的限制，有时检索到的回复与对话上下文的相关性较弱。

8.5　自动写作：唐诗宋词无所不会

序列到序列即从一个序列生成另一个序列，涉及两个过程，一个是理解前一个序列，另一个是用理解到的内容来生成新的序列。序列所采用的模型可以是循环神经网络（RNN）、长短期记忆网络（LSTM）、门控循环单元（GRU）和其他序列模型。

如图 8-4 所示为序列到序列架构。$\boldsymbol{c}$ 前面的作为编码器，$\boldsymbol{c}$ 后面的作为解码器。编码器可以用 LSTM、GRU 等模型，LSTM 具有长期记忆的功能，最后时刻输出的 $\boldsymbol{c}$ 可以表征整个句子的意思；$\boldsymbol{c}$ 之后的解码器同样可以是 LSTM、GRU 模型，输入 SOS 表示开始，$\boldsymbol{c}$ 在初始时刻输入模型。在训练阶段使用教师力量（teacher forcing）机制，从初始时刻开始的输入都是真正的翻译后的单词，每个时刻输出一个预测值，最后一个时刻输出 EOS 表示翻译结束。在测试阶段，解码器每个时刻的输入是前一时刻的预测输出和前一时刻的隐状态。

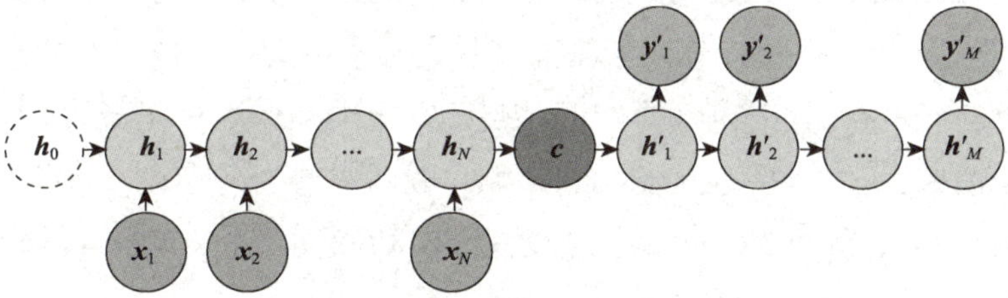

图 8-4　序列到序列架构

上述模型的缺点显而易见，在序列到序列架构中，编码器把所有的输入序列都编码成一个统一的语义向量 $\boldsymbol{c}$，然后由解码器解码。由于语义向量包含原始序列中的所有信息，它的长度是限制模型性能的瓶颈。例如机器翻译问题，当要翻译的句子较长时，一个语义向量可能存储不下那么多信息，就会造成精度下降。除此之外，如果按照上述方式实现，只用到了编码器的最后一个隐藏层状态，信息利用率低下。另外，解码的时候使用了编码器的语义向量作为初始隐藏层的输入，但是对编码器的输入来说，不同的解码时刻输入的信息是一样的，解码不同时刻的单词和编码器输入的每个单词的对应关系就不能很好地被捕获，实际上在翻译系统中，不同语种之间的词是有对应关系的，这种对应关系在传统序列到序列架构中不能很好地被捕获。

8.6　机器翻译：“一带一路”的强大助手

机器翻译就是将一种语言的句子翻译成另一种语言的句子，主要可以分为 3 个步骤：预处理、翻译模型、后处理，具体介绍如下。

（1）预处理是对源语言的句子进行规范化处理的过程。把过长的句子通过标点符号分成几个短句，过滤一些语气词和与意思无关的文字，将一些数字和表达不规范的地方整理成符合规范的句子等。

（2）翻译模型将输入的字符单元和序列翻译成目标语言序列，这是机器翻译中最关键、最核心的地方。纵观机器翻译发展的历史，翻译模块可以分为基于规则的翻译、基于统计的翻译和基于神经网络的翻译。现如今基于神经网络的翻译已经成为主流方法，效果也远远超过了其他方法。

（3）后处理是将翻译结果进行大小写的转化，将建模单元进行拼接，对特殊符号进行处理，使得翻译结果更加符合人们的阅读习惯。

8.7 汽车自动驾驶技术：拦路虎竟然是伦理与观念

汽车自动驾驶技术是一种通过实时系统控制实现无人驾驶的智能汽车运行技术，它依靠人工智能、视觉计算、雷达、监控装置和全球定位系统技术中的若干技术协同合作，让汽车上的车载电脑可以在没有任何人类的主动操作下，自动安全地操作汽车运行。

在汽车自动驾驶技术中，按照从低端到高端一般可以分为非自动化、部分功能的自动化、多个功能联动的自动化、有限的自动驾驶以及完全自动驾驶几个等级。伴随着科技的发展，完全自动驾驶将会在不久的将来得到实现。

1. 汽车自动驾驶技术原理

汽车自动驾驶技术是通过摄像头采集路面情况的图像（或者在雷达和激光探测器的协助下判断距离）实现的，汽车自动驾驶技术利用图像分析程序对当前环境进行判断，发出相应的指令，进而控制汽车的行驶状态。具体实施步骤如下。

① 用高精度摄像头采集路面信息，或者用雷达、激光探测器等距离传感器同时测量出路面异常信息及其与车辆的距离。

② 将图像信息和距离信息传送至车辆控制中心，信息经过处理后将指令发送至车辆控制单元。

③ 车辆控制单元依据上一步的指令改变车辆行驶状态。此系列的指令判断技术采用深度神经网络技术实现。

2. 关键技术

人工智能、视觉计算、雷达、监控装置和 GPS 技术是汽车自动驾驶技术中常用的几种技术，利用这些技术可以获取汽车行驶过程中道路上的信息，这些信息获取的准确与否直接关系着汽车自动驾驶的安全性。将以上技术进行概括总结，可以分为以下 4 类。

① 传感器技术。传感器技术直接联系着现实世界与汽车控制系统，而传感器技术又包含图像传感器和距离传感器。在有自动驾驶功能的汽车中常见单摄像头、多摄像头、多普勒雷达（短距离雷达、远距离雷达、激光雷达）、GPS 定位装置等，正是这些传感器构成了汽车自动驾驶的眼睛，看清道路上的种种情况。

② 汽车电子技术。汽车电子技术的特点就是可靠、安全、稳定。而汽车电子技术中的中央处理器必须满足以上要求，能够同时处理多个传感器采集的数据，只有这样才能利用汽车的“大脑”（中央处理器）将采集到的信息通过“神经网络”（CAN 总线）控制“四肢”（车轮的制动、加速和转向）。

③ 操作控制技术。计算机控制系统将处理结果与操作硬件结合起来，实现加速、减速、刹车、变向、避让，以及人机对话等，汽车自动驾驶技术中的操作控制技术可以使无人驾驶汽车具备替代人工驾驶的能力，其主要实现数据分析、数据建模、数据判断和车辆状态调整的功能。

④ 网络传输技术。无人驾驶汽车若能上路，必须具备与互联网、局域网联络的功能和道路环境识别功能，包括车与车的联络、车与卫星通信的联络、车与天气预报的联络、车与交通指挥网的联络，才能正确识别和选择道路、正确服从交通警察的指挥、正确决定如何通过交叉路口、正确避让危险和安全行车，而这些信息的获取和处理必须通过网络进行传输，在信息的传输过程中，也需要特别注意信息的安全性。

经过近些年的发展，汽车自动驾驶技术已经获得了巨大的进展，相信完全自动驾驶在不久的将来会得到广泛的应用。然而，汽车自动驾驶技术的应用仍将经受天气、拟人化、效率、价格和实用性的挑战，而最大的挑战其实来自人们观念和伦理的要求，例如，无人驾驶汽车发生交通事故如何认定责任。

本章小结

人工智能在当今经济社会发展过程中起到了越来越重要的作用，本章主要介绍了人工智能相关的应用，包括智能司法、人脸识别、智能交互、自动写作等。

思考题

1. 如何确保在应用人工智能技术的过程中，不产生或扩大现有的社会偏见和歧视？
2. 在人工智能广泛应用于各领域的背景下如何在提高效率和保护隐私之间找到平衡点？

3．人工智能在处理多语言、多文化背景用户的需求时面临哪些主要挑战？
4．自动驾驶技术的普及可能对现有的交通规则和城市规划产生哪些影响？
5．如何在智能司法系统中嵌入透明、公平的决策机制，同时确保数据隐私和安全？
6．面对可能的技术滥用，社会应该如何规范和监管人工智能技术的使用？

第 9 章

CT

智能机器人

9.1 机器人的诞生与分类

9.1.1 诞生啦，机器人

长期以来，人类一直期望着利用工具来辅助完成各类工作。从春秋时期鲁班制作完成的飞鸟，到东汉时期张衡的指南车，再到三国时期诸葛亮的木牛流马，都是基于该思想的尝试。而在国外，18 世纪的瑞士人皮埃尔制作出了三个“安德罗丁”：音乐家、绘图员、抄写员。希腊文中“安德罗丁”的意思就是“像人的”，音乐家能够利用钢琴演奏一段乐曲；绘图员能够绘出各种各样的图画；抄写员能够用花式字体写出指定句子。除此以外，“卵形钟”“行走的安德罗丁”都是那个时代的产物。虽然这些成果受当时科学技术的限制没有普及，但让人们意识到了机器人的潜力与价值。在文学作品中，也有着对于机器人的美好构想。

剧本《罗索姆的万能机器人》中，带有情感的机器人消灭了人类，随后一对男女机器人相爱，又使得世界起死回生。在剧中，“Robot”被用来称呼机器人，因其广受关注，从此 Robot 就成为用来描述机器人的单词。此外，在文学作品中还诞生了影响到后来机器人设计的三大定律。

① 第一定律：机器人不能伤害人类，也不能看到人类受到伤害而坐视不管。

② 第二定律：机器人有义务遵守人类给出的指令。

③ 第三定律：机器人有义务使自己不遭受损坏。

每条定律的前提都是遵守前一条定律，提出这三条定律的阿西莫夫也因此被誉为“机器人学之父”。

1958 年，被誉为“工业机器人之父”的伯格创立了世界上首家设计生产机器人的公司 Unimation，并完成了 Unimate Robot 的设计。它拥有大量固态元件，利用磁鼓实现信息的存储与读取。通过磁鼓的存储记忆功能，它能够轻易实现超过 180 个动作。作为一个五轴液压驱动机器人，其工作是压铸，通过微型计算机实现对手臂的各种控制。同一时期，AMF 公司也开始开发可用于实际生产的工业机器人 Versatran Robot。它的核心功能是物料的运输，由液压进行驱动，手臂有着较高的自由度，能够围绕底座进行自由旋转，既能在径向上伸展，也能在垂直方向上升降。因此，这两个机器人也被工业界视为首先出现并得到应用的机器人。

随着工业机器人的问世，机器人在全世界迅速发展。美国、日本和欧洲的一些国家起步较早，许多机器人制造公司开发了大量机器人产品。1979 年，Unimation 公司推出了 PUMA 系列工业机器人，采用全电动、关节式结构，多 CPU 两级微机控制，采用 VAL 专用语言，可配置视觉和触觉传感器。同年，日本教授牧野设计实现了 SCARA Robot，它的显著特征是拥有平面关节。20 世纪 70 年代，越来越多的机器人实现了设计与生产应用，在各类工业生产活动中，机器人已经成为不可或缺的一环。据统计，到 20 世纪 80 年代末期，全世界在工业中使用的机器人超过 20000 台。

巧合的是，中国在机器人领域进行的研究与设计也始于 20 世纪 80 年代。1986 年，中国启动了“第七个五年计划”，以集中完成机器人领域的研究与设计。1987 年，随着我国 863 计划的开展，中国学者对于机器人技术的研究工作来到了一个新的阶段。

2017 年，中国信息通信研究院发布的《人工智能时代的机器人 3.0 新生态》白皮书将机器人的发展分为三个时代。

① 机器人 1.0 时代（1960—2000 年）：机器人只能简单地再现人类的教学动作，对外部环境没有感知，只能完成一些简单的机械重复工作。

② 机器人 2.0 时代（2000—2015 年）：通过传感器和数字技术构建了机器人的感知能力，使其具有人类的一些特征，随后是机器人的商业化。

③ 机器人 3.0 时代（2015—2020 年）：随着计算机技术的不断发展，特别是人工智能领域的重大突破和应用，人类对机器人的使用逐渐变得多样化和生活化。

目前，机器人已进入 4.0 时代，日益完善的云服务和边缘处理技术使机器人服务日益模块化。除了感知能力，机器人还可以实现自动写作，拥有理解和决策的能力，并可以实现自主服务。

9.1.2 机器人的基本构成及特点

组成机器人的四大基本系统是驱动系统、机械系统、控制系统与感知系统，如图 9-1 所示。

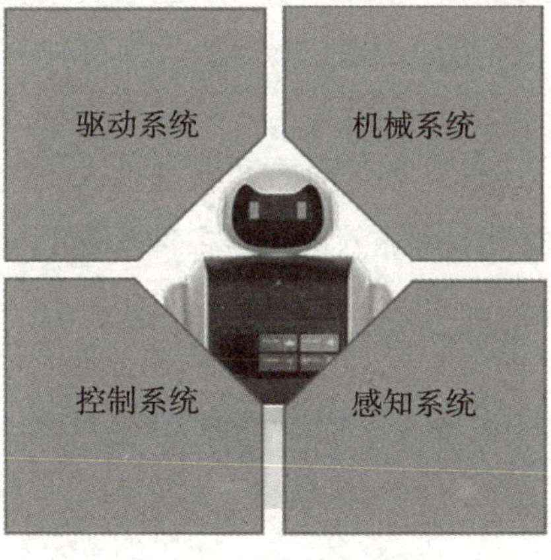

图 9-1　四大基本系统

驱动系统主要是指驱动机械系统动作的装置，驱动系统可以和机械系统直接相连，或者通过皮带、链条或齿轮的机械传动机构间接连接。驱动系统作为肌肉发挥实际作用。

机械系统包括各类类人的机构，由它们共同构成一个多自由度的机械系统。如果机器人能行走，那它就是行走机器人；如果机器人不能行走并且没有腰部旋转机构，则形成一个机器人手臂。末端操作器是直接安装在手腕上的重要部件，它可以是喷枪、焊枪和其他操作工具，也可以是双指或多指爪。工业机器人的机械系统相当于人体（如骨骼、手、手臂和腿）。

控制系统主要用来实现各类功能的规划与信息通信。基于硬件分层的划分和基于功能的划分是开放式控制器系统的两大基础性架构。前者相对来说更简单，在许多国家，架构都是基于硬件分层进行划分的；而软硬件兼顾是后者的主要特征，是机器人控制系统未来研究的方向。

感知系统主要包括内部传感器模块和外部传感器模块，主要功能是获取内部和外部环境状态信息，并将信息反馈给控制系统，确定各机械部件的运行轨迹、状态、位置、速度等信息，并使各机械部件按预定程序和工作需要做动作。智能传感器的使用提高了机器人的机动性、适应性和智能水平。感知系统的功能相当于人的五种感觉。

由于各国家（或地区）对机器人的研究不是同步进行的，因此对其定义也各不相同。

美国：机器人是一种机械装置，能够在自动控制下编程并完成某些操作和移动任务或动作。

日本：机器人是一种机械装置，可以在自动控制下完成某些操作或动作。

英国：机器人看起来像一个人类自动机，是一个有智慧和服从性的机器，但没有个性。

中国：机器人是一种自动机器，它具有一些类似于人类或生物的智能能力，如感知、规划、行动和协作能力，是一种具有高度灵活性的自动机器。

从以上定义中我们可以总结出机器人所具有的特点。

1）可编程

可以根据不同的环境编写不同的程序，驱动机器人完成不同的动作，从而满足不同环境的需求，实现不同的任务里程碑。因此，机器人可以适应不同的环境，并做出最适合环境的调整。当机器人品种众多时，它具有很高的工作效率。

2）拟人化

在机械结构上，机器人有上臂、下臂、手、爪等类似人类的部分。在控制中，有一台类似于人脑的控制中心的计算机。此外，机器人还具有多种多样的模仿人类的仿生传感器。这些传感器的应用使机器人对环境的适应性得到了显著提升。

3）通用性

除了专门设计和专用的某些机器人，通用机器人往往在执行各类任务时具有较好的通用性。例如，可以通过更换机器人的末端机械装置（如喷枪、焊枪等）来执行不同的工作任务。

4）机电一体化

机器人技术涉及广泛的学科，其中最主要的是电子学与力学。它通过各类传感器获取外部信息，通过微电子器件进行传导，特别是与计算机技术密切相关的记忆、语言理解、图像识别、推理和判断能力。

9.1.3 包罗万象的机器人类别

机器人用途广泛，主要可以从以下三方面对不同类型、不同功能的机器人进行分类。

1）依据应用场景进行分类

根据机器人的应用场景，机器人可以分为工业机器人和服务机器人。广泛应用于工业领域的多关节机械手和多自由度的机器装置都属于工业机器人，如焊接机器人、喷漆机器人、涂胶机器人、堆垛机器人、切割机器人等。

服务机器人主要包括个人/家庭服务机器人和专业服务机器人。其中，个人/家庭服务机器人主要用于家庭清洁、娱乐等领域。专业服务机器人主要包括清洁机器人、医疗机器人、物流机器人、检查和维护机器人、建筑机器人、水下机器人以及国防、救援和安全应用机器人等。

2）依据功能进行分类

依据功能分类，机器人可以被划分为传感机器人、自主机器人和交互式机器人。

① 传感机器人也称为外部控制机器人，这种机器人没有智能单元，只有执行机构和感应机构，通常由外部计算机控制。它可以利用传感器（包括视觉、听觉、触觉、红外、超声波和激光）反馈的信息来实现控制和操作。

② 自主机器人自带各种必要的传感器、控制器，在运行过程中，可以在无外界人为信息输入和控制的条件下，独立完成一定的任务。自主机器人可以像人类一样独立行动和处理问题，具备感知、处理、决策、执行等能力。经过几十年的发展，目前，基于感官控制的智能机器人已经进入实际应用阶段，基于知识控制的智能机器人也取得了长足的进步，并开发了多种原型。

③ 交互式机器人。交互式机器人通过计算机系统与操作员通信，从而控制和操作机器人。虽然交互式机器人具有部分处理和决策功能，可以独立实现轨迹规划、简单避障等，但它也由外部计算机控制。

3）依据智能程度进行分类

如果依据智能程度划分，机器人可以划分为工业级机器人、初级智能机器人、新一代智能机器人。

① 工业级机器人。工业级机器人没有智能，只能严格按照人们准备的程序工作。无论外部条件如何变化，工业级机器人都无法调整程序，即相应地调整操作。如果要更改操作，则必须相应地修改程序。

② 初级智能机器人。初级智能机器人具有一定的智能，同时具有感知、识别、推理和判断等能力。它可以自适应地修改程序，也就是说，它可以根据外界条件的变化进行相应的调整。然而，修改程序的原则（规则库）是由设计人员预先确定的。

③ 新一代智能机器人。新一代智能机器人具有类似于人类的（常识推理与环境自适应感知等）能力，还可以根据外部条件的变化在一定范围内修改程序。新一代智能机器人具有一定的自动规划能力，可以自主安排工作，也可以在无人监督的情况下独立工作。

9.2 让机器人“活起来”的关键技术

机器人从 A 点导航到 B 点，通常会涉及几方面的问题：我在哪？我要去哪？怎么才能去？为了明白在哪和要去哪，机器人首先要感知外部的环境，知道自己的位置，其次构建一个环境的地图，规划出一条从 A 点到 B 点的路线，最后按照控制系统的指令行走。

9.2.1 环境感知：看得见，摸得着

环境感知技术可以让机器人在未知的环境中构建地图，同时计算出自己所在的位置，目前最常用的机器人定位并对周边环境建模的技术是即时定位与地图构建（Simultaneous Localization And Mapping，SLAM）。SLAM 自 20 世纪 80 年代提出，至今已经走过了 40 余年。据统计，约 80%行业领先的提供机器人服务的企业都采用了 SLAM。通俗来说，SLAM 实质上是让机器人回答 “我在哪”“我正处在什么环境”两个问题，试图恢复机器人自身位姿与周围环境的相对位置关系。SLAM 具有极其重要的理论研究价值与实际应用价值，因此被越来越多的研究机构和研究人员认为是未来机器人能实现完全自主导航的关键。

1. SLAM 中常用的模型

SLAM 包含各种变体方法，其中智能体的运动控制系统和对周边环境建模得到的数学模型是各类方法的基石。首先介绍 SLAM 所用到的各种模型，包括坐标系统模型、机器人位置模型、里程计或控制命令模型、运动模型、传感器观测模型、噪声模型等。

1）坐标系模型

在机器人的定位导航中，主要使用三种坐标系表示方法：笛卡儿坐标系、极坐标系和 DIN70000 坐标系。笛卡儿坐标系是最常见的直角坐标系和其变体斜角坐标系的统称，二维坐标系和三维坐标系都属于笛卡儿坐标系。极坐标系选取平面上的点 O 作为极点，由点 O 引出的射线为极轴，任一点到极点 O 的距离为极径，与极轴的夹角为极角。极径和极角可以表示该坐标系中的任意位置。大多数距离传感器和方向传感器内部都采用这种坐标系，如激光传感器。最后一种是 DIN70000 坐标系，只有在一些特殊的设备中才会引入这种坐标系，如车桥等。

在进行定位时，按照选取的原点不同，坐标系的表示又可以划分为全局坐标系（也称世界坐标系）$x_W O_W y_W$、机器人坐标系 $x_R O_R y_R$，以及传感器坐标系 $x_S O_S y_S$。图 9-2 展示的是机器人坐标系模型。通常情况下，机器人建模用到的坐标系模型是基于以上三种坐标系共同定义的，机器人坐标系与传感器坐标系的关系如图 9-3 所示。

2）机器人位置模型

定位是机器人对自身位姿做出精准估计所使用的方法，具体指确定机器人在全局坐标系中

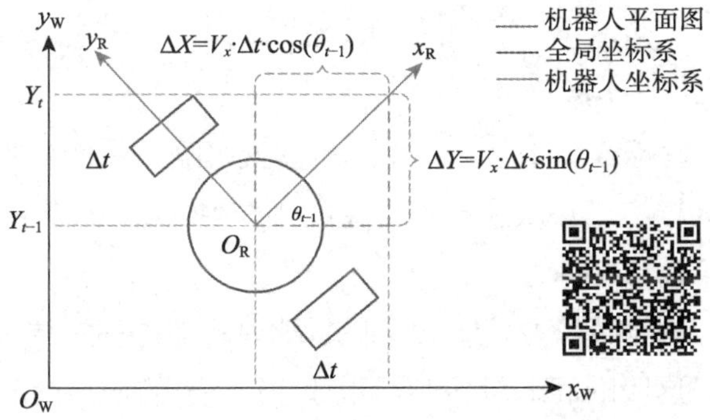

图 9-2　机器人坐标系模型（扫码见彩图）

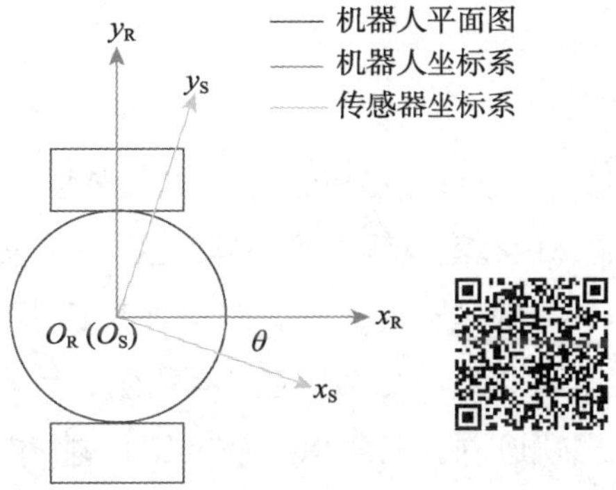

图 9-3　机器人坐标系与传感器坐标系的关系（扫码见彩图）

的绝对位置及机器人自身车体方向使用的方法。机器人在全局坐标系中的绝对位置可以使用坐标点 (x_k^v, y_k^v) 表示。机器人自身的车体方向使用夹角 Φ_k^v（机器人车体偏离全局坐标系 x_W 轴的夹角）表示。

该方法对 Φ_k^v 的方向作如下定义：以 x_W 轴为 0°，顺时针旋转为负方向，逆时针旋转则为正方向。这样一来，夹角的范围可以被限定在–180°～180°。机器人在移动情况下的定位与实时进行周边环境建模的问题紧密相关，一个好的周边环境模型对提升定位精度有很大的帮助，同时，定位精度的提升也会改善周边环境建模的效果。

运动在二维平面中的机器人的位姿可以使用一个三维状态向量 $\boldsymbol{X}_k^v=\left[x_k^v, y_k^v, \Phi_k^v\right]$ 进行表示。其中，x_k^v 和 y_k^v 指机器人在 k 时刻的绝对位置，Φ_k^v 指机器人在 k 时刻的自身车体方向。

3）里程计或控制命令模型

跟踪机器人的实时位置的工作是根据先前的位置估计结果和从机器人内部传感器所得到的信息进行的。其中，里程计是具有相对定位能力的有效传感器，所以经常用来辅助机器人定位任务。里程计的功能是记录在一定时间间隔内机器人产生的位移以及自身发生的方向偏转。通常情况下，可以假设机器人是以圆弧形状的轨迹运动的。这种假设成立的前提是两次测量时间间隔比较小。

基于控制命令是获取运动信息的另一种方法。某一段时间内，通过获取机器人内部的控制命令，能够得知当前机器人的线速度 V_k 及角度偏转 α_k，记录两次获取信息的时间间隔 ΔT，则可以计算出机器人走过距离 $V_k \Delta T$，再结合角度偏转 α_k，可以较准确地跟踪机器人位置变化。

4）运动模型

机器人的运动模型指能够描述机器人在不同环境状态下由于运动发生的变化的模型。建立运动模型的最终目标是，在已知控制输入 $\boldsymbol{u}_t$ 和干扰噪声 $\boldsymbol{\varepsilon}_t$ 的情况下，确定一个机器人的自身位姿 $\boldsymbol{X}_v(t)$ 随时间 t 变化的函数。

在 SLAM 系统中，机器人的状态变化可以看作一个马尔可夫过程。马尔可夫性指的是，任一时刻下某变量的状态仅与上一时刻该变量的状态有关。在机器人 SLAM 的问题下，马尔可夫性指的是，当前时刻的状态取决于上一时刻的状态和当前时刻的控制输入 $\boldsymbol{u}_t$。上述性质

可以表示为

$$\boldsymbol{X}_v(t)=f\left[\boldsymbol{X}_v(t-1),\boldsymbol{u}_t\right]+\boldsymbol{W}(t)$$

其中，f是系统中的非线性状态转移函数。在实际场景中，运动中的机器人可能会出现系统误差和随机误差，其中，随机误差指车体发生大幅度漂移或摩擦不足造成侧滑等情况，而系统误差指系统模型出现误差。误差项$\boldsymbol{W}(t)$用来表示上述情况。

航迹推算示意图如图 9-4 所示，首先假设机器人不是全向移动的，即只能前进和旋转。计算机器轨迹时，先考虑两个相邻时刻，然后求这段时间的位移增量累计和即可。假设当前时刻机器人的位姿$\boldsymbol{X}_v(t)$（底盘的当前位姿）为$\left[\boldsymbol{x}_t,\boldsymbol{y}_t,\boldsymbol{\theta}_t\right]^{\mathrm{T}}$，下一时刻的位姿$\boldsymbol{X}_v(t+1)$为$\left[\boldsymbol{x}_{t+1},\boldsymbol{y}_{t+1},\boldsymbol{\theta}_{t+1}\right]^{\mathrm{T}}$，$\mathrm{d}x$、$\mathrm{d}y$、$\mathrm{d}\theta$为运动增量算子，则可以用一个简化的运动模型来表示它们之间的变换关系。

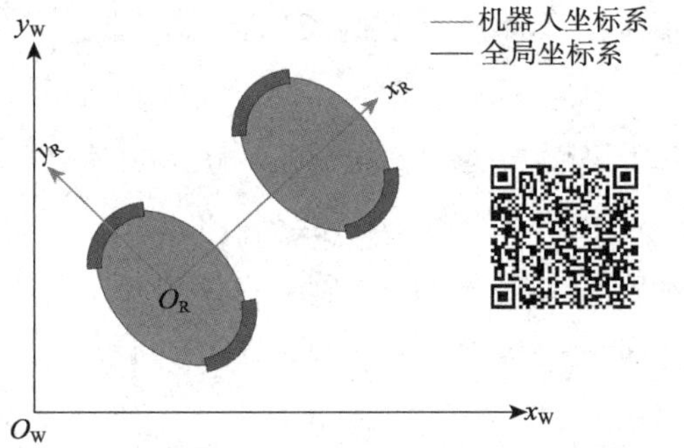

图 9-4　航迹推算示意图（扫码见彩图）

实际情况下，需要根据底盘轮子的角速度、线速度信息进行位姿计算。由马尔可夫性可知，上一时刻的信息可以用来推算当前时刻的位姿。因此，可以使用机器人内置的传感器提供的信息来替换$\mathrm{d}x$、$\mathrm{d}y$、$\mathrm{d}\theta$，即

$$\begin{bmatrix}\boldsymbol{x}_{t+1}\\ \boldsymbol{y}_{t+1}\\ \boldsymbol{\theta}_{t+1}\end{bmatrix}=\begin{bmatrix}\boldsymbol{x}_{t}\\ \boldsymbol{y}_{t}\\ \boldsymbol{\theta}_{t}\end{bmatrix}+\begin{bmatrix}V_t\cdot\Delta T\cdot\cos\left(\boldsymbol{\theta}_t+\omega\cdot\Delta T\right)\\ V_t\cdot\Delta T\cdot\sin\left(\boldsymbol{\theta}_t+\omega\cdot\Delta T\right)\\ \omega\cdot\Delta T\end{bmatrix}+\begin{bmatrix}\boldsymbol{w}_x\\ \boldsymbol{w}_y\\ \boldsymbol{w}_\theta\end{bmatrix}$$

其中，$\left[\boldsymbol{w}_x,\boldsymbol{w}_y,\boldsymbol{w}_\theta\right]^{\mathrm{T}}$为误差项$\boldsymbol{W}(t)$，由此即可计算机器人在$t$+1 时刻的位姿。

5）传感器观测模型

航迹推算方法是机器人用来自定位的一种常见形式，但这种方法存在局限性。在这个方法中，航迹推算过程产生的定位误差会逐渐堆叠，不会随着时间推移减少或消失，这就增加了机器人位姿计算的不确定性。鉴于这种情况，用融合传感器获得的观测数据限制定位误差是十分必要的。

变量 $\boldsymbol{Z}$ 是对距离传感器的观测量，表明了某个环境特征相对于机器人的距离和方向。该观测量可以在极坐标系中表示为

$$\boldsymbol{Z}=[r,\theta]^{\mathrm{T}}$$

机器人位置与传感器观测量的关系使用传感器观测模型进行描述，其数学表达式为

$$\boldsymbol{Z}_k=h(\boldsymbol{X}_k)+\boldsymbol{w}_k$$

其中，$\boldsymbol{Z}_k$ 指的是机器人在 k 时刻的传感器观测量，h 是一个非线性函数，$\boldsymbol{w}_k$ 为传感器的观测噪声，用于描述观测过程中产生的噪声和模型本身的误差。

在 SLAM 过程中，观测模型可以表示为

$$\boldsymbol{Z}_k=h(\boldsymbol{X}_k)+\boldsymbol{w}_k=\begin{bmatrix}r\\ \theta\end{bmatrix}+\boldsymbol{w}_k=\begin{bmatrix}\sqrt{(x_i-x_k^v)^2+(y_i-y_k^v)^2}\\ \arctan\dfrac{y_i-y_k^v}{x_i-x_k^v}-\boldsymbol{\Phi}_k^v\end{bmatrix}+\boldsymbol{w}_k$$

其中，r 指的是激光雷达得到的环境特征与机器人的距离，$\boldsymbol{\theta}$ 指的是方向夹角，而 (x_i,y_i) 指的是传感器观测到的第 i 个环境特征的位置坐标。

6）噪声模型

在机器人使用各种传感器来实现自主导航的过程中，观测过程不可避免地受到各种噪声的干扰，这些噪声本身是不确定的，通常可以用噪声模型表示。其中，最常用的噪声模型是高斯噪声模型。

除此之外，在系统建模过程中，由于完全精确的系统模型通常需要大量的参数，为了便于表示，通常只使用一个近似模型。在这个近似过程中，也引入了误差，这种误差被称为模型噪声，也可以用高斯函数表示。

2．环境地图表示

环境的外在空间模型由环境地图进行表示。机器人通过自身搭载的传感器来观测周围的环境，如激光雷达、深度摄像机等，之后将传感器观测到的信息通过环境地图来表示。为了顺利进行路径规划和执行导航监控模块，环境模型是必不可少的。机器人在实际应用中可能遇到的环境有结构、半结构和非结构三种类型，而这些不同类型的环境又具有很多截然不同的特性，当前还没有找到具有同时兼顾三种类型环境的问题处理能力且灵活、简便有效的方法。根据不同的表示形式，环境地图可分为拓扑地图、度量地图和混合地图等，如图 9-5 所示。

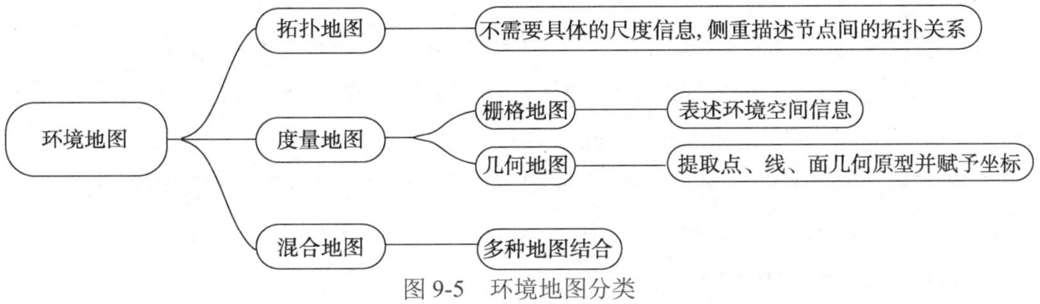

图 9-5　环境地图分类

1）拓扑地图

拓扑地图是地图学中的一种统计地图，是一种保持点与线相对位置关系正确而不一定保持图形形状、面积、距离、方向正确的抽象地图。拓扑地图属于量化图，是由专题地图演变而来的，具有地图和统计图之间的过渡性。“拓扑地图”是从拓扑学中引用的名称。拓扑学是研究几何图形或空间在进行连续形状改变后还能保持不变的一些性质的学科，它只考虑物体间的位置关系而不考虑它们的形状和大小。拓扑地图也具有上述特点，因此有人将拓扑地图称为相对位置地图。拓扑地图的示例如图 9-6 所示。

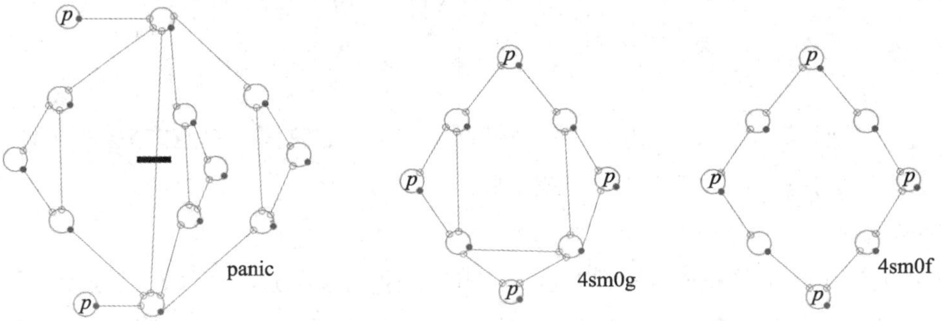

图 9-6　拓扑地图的示例

拓扑地图中的点泛指节点。一般将环境中的重要位置点设为节点。如多条通道之间交叉区域的几何中心点，或只有一个出口的区域的几何中心点。可以用点与点之间的关系表示道路间的关系。

拓扑地图的优点与缺点都比较明显。优点在于可以进行十分有效的路径规划，空间复杂度较低，当其与实际情况进行联系时，不需要机器人精确的位姿信息就可以发出目标节点（终点）的信息，容易实现人机交互；其缺点在于，机器人在地图中难以准确地到达需要到达的位置，并且其行进路径不一定是最优路径。

2）度量地图

度量地图采用坐标系中网格是否被障碍物占据的方式来描述环境特征。度量地图的表示方法分为几何表示法和空间分解法。

几何表示法通过地图中的点、线、面等几何原型来构建环境模型，并进行环境信息表示，因此可以用坐标表示物体在坐标系中的位置。与其他的方法相比，几何表示法更为紧凑，有利于位置估计和目标识别，但使用几何表示法的缺点是难以提取环境的几何特征，如圆形特征。几何表示法适合在环境已知的室内环境提取一些简单的几何特征，但是在室外环境，由于环境未知，几何特征提取将变得十分困难，这使几何表示法的应用受到了限制。几何表示法的特征地图典型代表有可视图和 Voronoi 图，分别如图 9-7 和图 9-8 所示。

空间分解法通过栅格把环境分解为局部单元，并根据栅格中是否有障碍物来进行状态描述：若栅格被障碍物占据，则称为障碍栅格；反之，则称为自由栅格。空间分解法通常分为基于栅格大小的均匀分解法和递阶分解法。

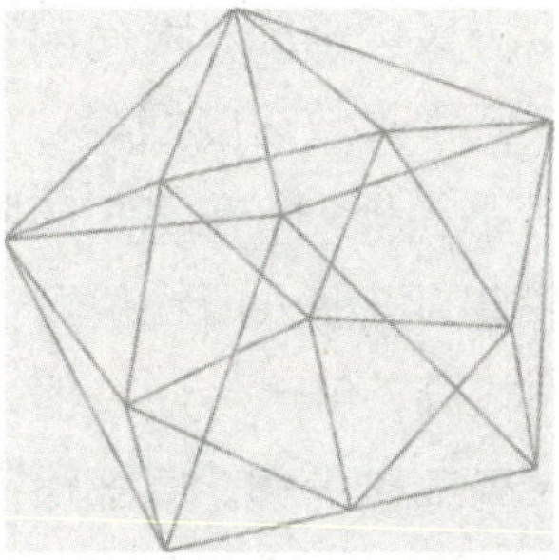

图 9-7 可视图

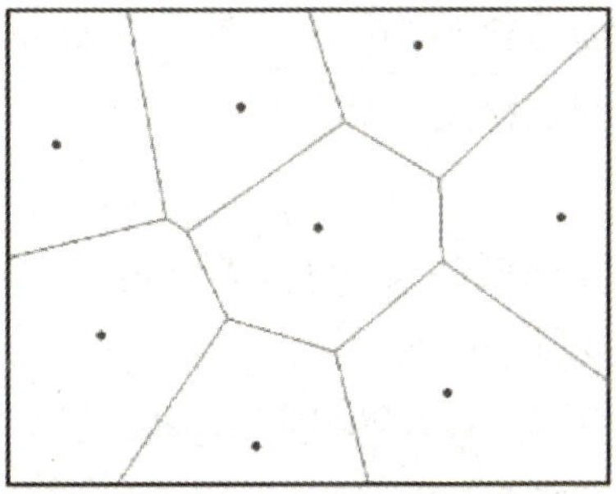

图 9-8 Voronoi 图

度量地图在规划路径时，最常采用通过均匀分解法所得到的均匀栅格来进行表示。均匀栅格地图的栅格大小均匀，障碍栅格用数值表示，每个栅格都对应着它的坐标值。均匀分解法的优点在于能够快速、直观地融合传感器信息，其缺点同样明显，采用相同大小的栅格将占用巨大的存储空间，使得在大规模环境下路径规划的计算复杂度很高。为了解决上述问题，递阶分解法通过使用不同大小的矩形区域将环境进行分解，从而减少环境模型所占用的存储空间。递阶分解法的典型代表为四叉树分解法，其示例如图 9-9 所示。

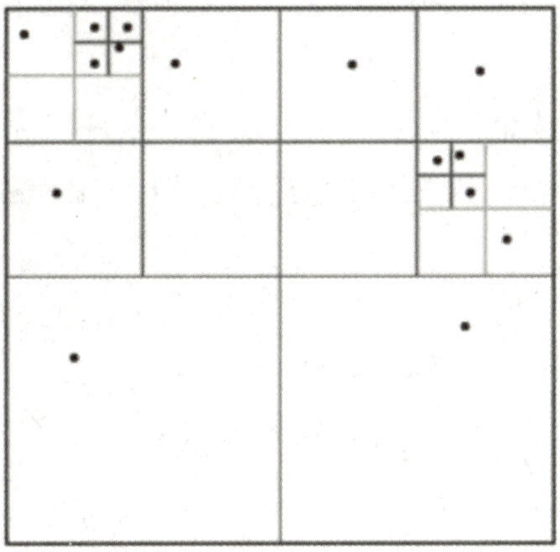

图 9-9 四叉树分解法示例

3）混合地图

混合地图综合了拓扑地图和度量地图的优点，它将拓扑地图的高效率和度量地图的高精度结合起来，在不同层次采用适当的搜索算法，可以最大限度地节约计算资源。

9.2.2 路径规划技术：机器人的行进方法

路径规划技术是机器人研究领域的一个重要分支。最优路径规划问题定义为，依据特定的优化准则（如路线最短、代价最小、时间最短等），在机器人的工作空间中找到能够使机器人避开障碍物并且从起点到达终点的最优路径或近似最优路径。

常见的路径规划依据工作区域可以划分为全局路径规划和局部路径规划。全局路径规划依据已知的全局障碍物地图信息，使用寻优算法求解全局最优路径，路径规划的精确程度取决于环境信息的准确程度，其存在计算量大、搜索效率低和收敛速度慢等缺点。全局路径规划可细分为在已知环境中参照障碍物动态运行情况进行路径规划、在已知环境中参照障碍物静止位置进行路径规划两类。局部路径规划依据实时采集的机器人所在位置信息和局部障碍物信息，对起点到终点的最优路径进行求解，其实时性较高，侧重考虑机器人当前的局部环境信息，有利于机器人避碰性能的提高，然而容易陷入局部最优解。局部路径规划可细分为在未知环境中参照障碍物动态运行情况进行路径规划、在未知环境中参照障碍物静态位置进行路径规划两类。

1. 全局路径规划

根据环境构建的不同，可将全局路径规划的算法分为广度优先搜索算法、深度优先搜索算法、概率地图算法和快速扩展随机树算法等。通常，将环境构建与路径规划算法结合在一起来实现路径规划。

广度优先搜索算法是一种盲目搜索算法，其从图的根节点开始优先搜索与其相邻且未被搜索过的每个节点，同一层的所有节点被遍历之后，对下一层的节点进行遍历，直到找到终点为止，其原理如图 9-10 所示。

深度优先搜索算法的原理如图 9-11 所示。从根节点开始优先对下层节点进行遍历，当节点无后继节点（子节点）时回溯，反复迭代进行直到全部节点都被访问。

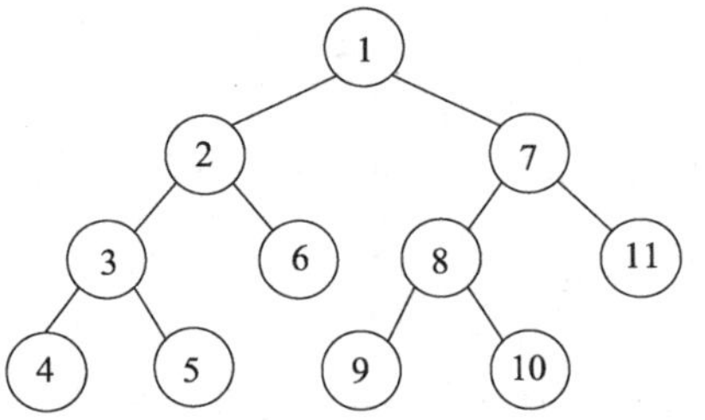

图 9-10　广度优先搜索算法的原理

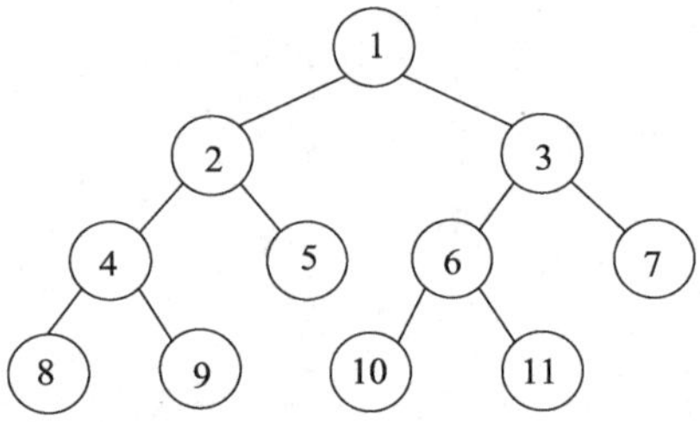

图 9-11　深度优先搜索算法的原理

概率地图算法的基本思想是以某种概率对工作空间的无障碍区域进行大量随机采样，并依据某种规则，将得到的随机采样点与其近邻节点建立连接，从而建立一个拓扑地图（Roadmap）。概率地图算法示例如图 9-12 所示。概率地图算法将规划分为两个阶段：学习阶段和查询阶段。在学习阶段，建立一个路线图；在查询阶段，将起点和终点加入 Roadmap 中，利用搜索算法在路线图上寻找路径。概率地图算法提出后，很多学者对其进行了改进。针对概率地图算法难以处理狭窄通道的问题，有学者利用人工势场算法来增加狭窄区域的采样点分布，以进行改进，通过一定的更新机制，使得采样点尽可能地均匀分布在自由空间中。

快速扩展随机树（Rapidly-exploring Random Tree，RRT）算法基于随机采样，并以增量方式构建树状结构，其示例如图 9-13 所示。该算法通过随机采样将搜索树向未搜索区域扩展，以便寻找一条从起点到终点的可通行路径，能够快速有效地搜索高维空间，然而产生随机点的方式决定了 RRT 算法只能找到可通行路径，而不能找到最优路径。针对找到的路径非最优问题，有学者对 RRT 算法进行了改进，提出了 RRT*算法。RRT*算法在快速生成初始路径之后继续采样，并将树中的节点连接起来进行优化，使路径趋于最优。但是，RRT*算法收敛速度慢，甚至无法在有限时间内获得最优路径。为此，有学者提出了 P-RRT*算法，对 RRT*算法进行改进，以加快收敛速度。

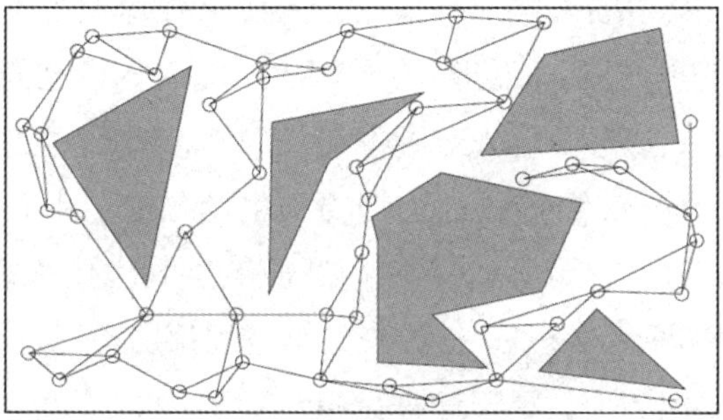

图 9-12　概率地图算法示例

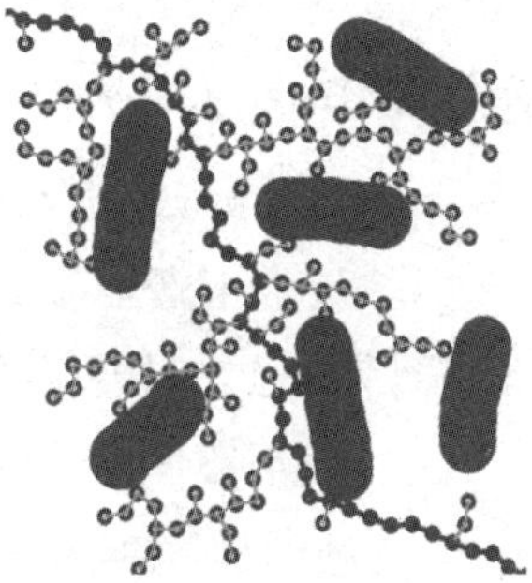

图 9-13　快速扩展随机树算法示例

2．局部路径规划

局部路径规划是指在未知环境中，依据观测到的环境信息，基于某种特定算法，求解一条无碰撞的最优路径。主要包括人工势场算法、遗传算法、模糊逻辑算法、神经网络算法等。

人工势场算法是由欧沙玛·哈提卜（Oussama Khatib）提出的，其基本思想是，将目标看作对机器人有引力的物体，将障碍物看作对机器人有斥力的物体。机器人依据引力和斥力叠加的合力运动。人工势场算法示例如图 9-14 所示。

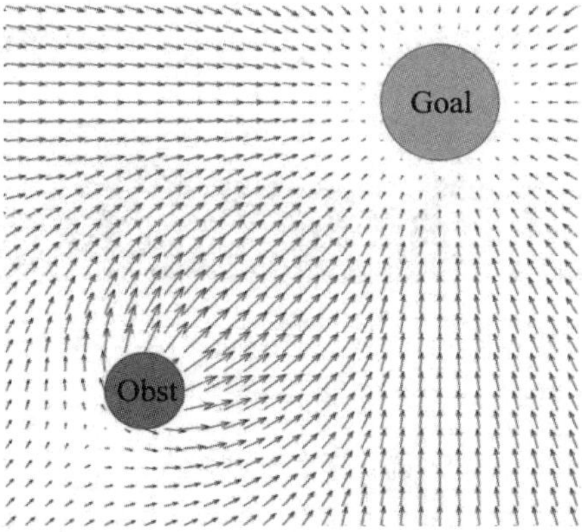

图 9-14　人工势场算法示例

基于人工势场算法规划出来的路径较为平滑且安全性高，然而这种算法存在容易陷入局部最优解的问题。人工势场算法的局限性在于，当终点附近有障碍物时，机器人将永远无法到达终点。在以前的许多研究中，终点和障碍物都离得很远，当机器人接近终点时，其目标的“引力”远大于障碍物的“斥力”，机器人主要受到“引力”的作用而直达终点。考虑到在大多实际环境中，往往在终点附近存在至少一个障碍物，当机器人接近终点时，它也将向障碍物靠近，其受到的“斥力”将远大于“引力”，此时，终点并不是人工势场的全局最小点，机器人将无法到达终点，因此该算法容易陷入局部最优解，如何设计“引力”场问题就成为人工势场算法的关键。

作为人工势场算法的一个变种，虚拟力场（Virtual Force Field，VFF）算法将人工势场与确定度栅格相结合，障碍物栅格产生“斥力”，终点产生“引力”，其共同作用决定机器人的运动方向和速度。向量场直方图（Vector Field Histogram，VFH）算法是对虚拟力场算法的改进，其将障碍物栅格信息转换成一维极坐标系下的直方图，依据直方图得出机器人的运动方向。在复杂环境下，VFF 算法和 VFH 算法较传统的人工势场算法有更好的实时性和局部避障性。

遗传算法是人工智能领域的一个重要研究分支，它的设计思想源于生物遗传学和适者生存的自然规律，其通过模拟基因的变异、替换和组合进行迭代，实现自适应的全局优化概率搜索。遗传算法及其派生算法在单机器人静态工作空间和多机器人动态工作空间都取得了较好的规划性能。该算法的最大优点是易于与其他算法相结合，易于迁移自身迭代的优势；缺点是算法时间复杂度较高，以及进化众多的规划需要占用较大的存储空间。

模糊逻辑算法依据实时的传感器信息，通过查表得到规划信息，并实现路径规划。该算法易将先验知识转换为控制信号，有较高的一致性、稳定性和连续性。缺点在于模糊规则的总结较为困难，且规则一旦确定，在线调整、变更将会变得困难，应变性较差。模糊逻辑算法的最大难题在于最优的隶属度函数、控制规则以及在线调整方法。

神经网络算法作为人工智能领域应用最广泛的算法，有学者曾尝试将其迁移到机器人路径规划问题上。将传感器数据作为输入，将期望运动的方向作为输出，通过神经网络进行并行处理。然而，神经网络算法在机器人路径规划问题上的迁移并不成功，由于路径规划中复杂多变的环境很难用数学公式来描述，神经网络算法无法很好地对样本分布空间以外（OOD）的点进行预测，泛化能力较差。

9.2.3 控制算法：机器人的“大脑”

人类发明机器人的目的是希望机器人能够代替人类完成工作。基于目前的科技水平，人们希望机器人可以按照程序指令进行运动，完成人类期望机器人完成的工作。由于需要机器人按照指令工作，控制理论诞生了。控制理论的发展大概有三个阶段：经典控制理论、现代控制理论和智能控制理论。其中，经典控制理论和现代控制理论统称为传统控制理论。

1. 机器人的传统控制

机器人是一种能够全自主或者半自主工作的智能机器。它的身上结合了多个领域的知识，如机械、电子、传感技术、控制工程等学科的专业知识。它作为人类智慧结晶的同时也体现了机电一体化的特性，控制机器人的方式可分为气动、液压、电液和电动等方式。在控制机器人时，有两个大问题是绕不开的，分别是机械装置本体的运动控制和伺服机构的控制。前者涉及的问题有位置、速度、各种坐标在坐标系下的转换以及具体动作如何实施等，后者则涉及控制机器人机械臂到达准确位置、机器人速度反馈信息等问题。使用多种伺服电机及其附属部件来控制机器人的方法在伺服型机器人中应用比较广泛。

在机器人控制系统中，伺服电机是较为关键的元部件。伺服型机器人包含了三个主要部分，分别为机械装置本体、计算机控制系统和伺服系统。相较于非伺服型机器人，伺服型机器人的工作水平更高一筹。伺服系统的被控量包括机器人机械装置本体被控制部分的位置、速度、加速度和力等要素，给定装置传来的综合信号以及传感器所获取的反馈信号，经计算机处理后，再以此调用伺服系统工作，这样的操作使得机械装置本体能够按照程序设计好的运动轨迹和运动速度到达程序指定位置，完成机器人的相应功能。

电气伺服系统具有以下优点。

① 以效率较高的电能作为能源，在油压仅为 10%时，综合效率可达 60%。

② 使用电池供电对于行走机器人而言十分方便。

③ 电气伺服系统可以通过软件和计算机连接并由计算机操作，使控制效果准确可靠。

④ 环保、低噪、干净、无漏油。

直流伺服系统和交流伺服系统是电气伺服系统中的两大类。直流伺服电机存在许多缺点，如机械结构复杂、维护工作量大等，导致电机转子的温度易在机器运转过程中急剧上升，会极大地影响与电机转子连接的其他机械部件的准度与精度，因此直流伺服电机难以适应高速运转和长时间运转的应用需求。同时，机械换向器的问题是直流伺服电机发展的一大技术障碍。

交流伺服电机的性能比直流伺服电机优秀。它克服了直流伺服电机电刷、机械换向器等组件的缺点，其过负荷特性和低惯性将它的优越性体现得淋漓尽致。精准度高、运行速度快、操作方便的交流伺服电机使交流伺服系统在当前的实际应用中成为主流。

运动控制系统是以控制对象为电机、核心为运动控制器、执行机构为电力电子功率变换装置，并在以上控制理论下组合形成的电气传动控制系统。典型的运动控制系统构成如图 9-15 所示，其中，运动控制器发出整个运动控制系统的控制指令。

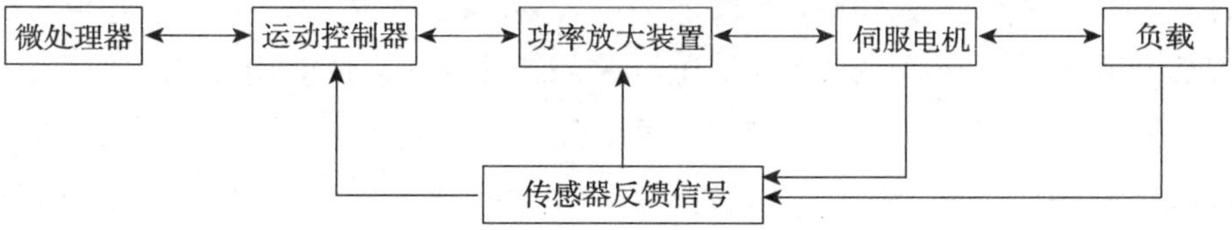

图 9-15　典型的运动控制系统构成

目前有许多不同的运动控制器分类方法。

① 按被控对象分类：被控对象可以分为步进电机和交流伺服电机。因此，在不同的情况下，可以按照不同的被控对象，分为步进电机运动控制器、交流伺服电机运动控制器，以及对步进电机和交流伺服电机二者进行控制的运动控制器。

② 按结构分类：运动控制器有三种不同的结构，可分为基于嵌入式结构的运动控制器、Soft 型开放式运动控制器、计算机标准总线运动控制器。

③ 按控制方式分类：运动控制器有多种不同的控制方式，可分为同步运动控制器、连续轨迹运动控制器（轮廓控制器）、点位运动控制器等。

运动控制器能够在交流伺服系统和多轴控制系统中较为充分地利用计算机资源实现运动轨迹的路径规划，实现既定运动以及较高精确度的伺服控制。运动控制器上应用的运动控制技术将和交流伺服电机、直流伺服电机等技术结合起来，使得机器人的机电一体化技术更加完善。

机器人在运动过程中的位移、速度和加速度的变化轨迹就是机器人的运动轨迹。

在机器人控制中，机器人轨迹规划起着极为重要的作用，这直接影响了控制机器人的精确度和速度。机器人规划是指，机器人根据人类分配给机器人的问题，来设计一系列解决这一问题的方案，其中包括轨迹规划、动作规划、任务规划。轨迹规划是机器人规划中的基础规划，是根据问题计算出机器人运动路径，再由这条路径，计算出机器人在路径上每个点的位移、速度、加速度等运动信息并生成运动轨迹。

目前，机器人轨迹规划最常用的方法有两种。

第一种方法是，机器人使用者在一些选定的转变节点（插值点）上给出其位移、速度以及加速度的约束（如连续性和光滑程度），机器人在轨迹规划时只需对节点进行多项式插值，满足约束条件即可。

第二种方法是，机器人使用者为机器人写出运动路径的解析式，如笛卡儿空间中的直线或抛物线路径，然后在轨迹规划过程中，机器人在关节空间或笛卡儿空间中确定一条轨迹来拟合解析式中的路径。

轨迹规划可以在多种空间下进行，如关节空间和笛卡儿空间。为了保证机器人在规划的运动轨迹中保持平稳，轨迹函数一定要满足连续与平滑两个条件。在不同空间中做轨迹规划，函数的表示方法也不同。关节空间中进行轨迹规划任务，需要将关节变量表示成与时间相关的函数，再求关节变量相对于时间的一阶导数和二阶导数；而在笛卡儿空间进行轨迹规划时，要将末端执行器的位移、速度和加速度这三个信息表示为空间中的函数，机器人相应关节的位移、速度和加速度这三个信息根据末端执行器的信息计算求出。关节位移可以由机器人运动方程推导得出，关节速度可以由雅可比逆矩阵得出，关节加速度可以由雅可比逆矩阵及其导数得出。在关节空间中进行轨迹规划，对关节变量做插值是十分重要的任务。

示教–再现法是机器人轨迹控制中较为清晰的方法，这种方法又称轨迹记录–再现法。喷漆机器人便是采用示教–再现法工作，其轨迹控制如图 9-16 所示。

示教–再现法包含了两个过程，分别是示教过程和再现过程。

（1）示教过程。以喷漆机器人为例，以下步骤构成了示教过程：① 由喷漆工人用喷枪完成封面喷漆；② 由于电位计式角度传感器或其他形式的角度传感器在机器人的每个关节处都有所装配，这些传感器会将每个关节在喷漆过程中的角位置观测下来；③ 通过多通道记录器

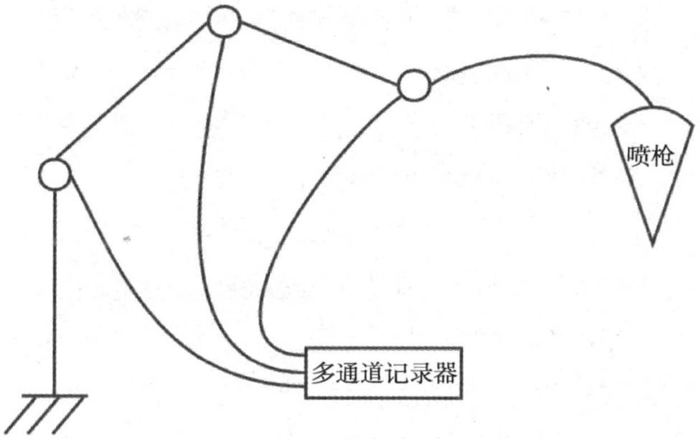

图 9-16　喷漆机器人的轨迹控制

分别将机器人的各关节与一个通道连接，然后在多通道记录器中记录机器人上各关节的角位置。喷漆工人的每次操作本质上可以用机器人各关节上的一组瞬时关节的角位置表达出来，因此操作过程可以被记录下来。

（2）再现过程。再现过程的步骤如下：① 之前记录各角位置的多通道记录器把它记录的机器人各角位置发送给相应关节上执行操作的组件，让机器人把相应的角位置实现出来；② 机器人将之前记录的角位置按照时间顺序依次复现。

示教–再现法的优点是简单明了。显然，由于机器人的轨迹是复现工人的轨迹，因此在物理上是可以实现的。缺点是要操作的工件必须始终放置在指定的位置范围内，例如，对于喷漆机器人来说，它的功能只限于喷漆，没有过高的精度要求，因此较小的偏差并无太大影响；但对于焊接机器人而言，有细微偏差就会焊错位置，因此过大的误差是无法被接受的。另外，在示教过程中，操作人员与机器人在同一空间内，这就有着安全隐患。示教–再现法同样不具备适应环境变化的能力，如果环境变了，轨迹无法随之变化。

2．机器人的智能控制

传统的机器人控制系统的发展与应用存在着以下问题。

① 传统控制系统的可行性需要建立在被控系统（过程）数学模型的精确性之上，而实际应用过程中由于系统的非线性、复杂性、时变性等，难以进行精确的建模。

② 传统控制系统的应用过程难以满足在研究与建模过程中所做出的严格假设。

③ 传统控制系统的性能提升可能导致其复杂化，带来设备成本与维护费用的增加，同时降低了系统的可靠性。

人工智能的产生和发展为控制系统的智能化提供了新的思路。人工智能与控制系统软硬件的结合推动了控制系统的多层次智能化，同时，人工智能科学与自动控制科学的融合推动了智能控制学科的诞生，在更多视角下为自动控制提供了系统构建思路与问题解决方法。

所谓智能控制，是指在人类智能的启发下，设计一个具有思考、抽象，甚至自我学习等能力的控制系统，可以应对被控对象的环境信息变化，实时地进行推断并做出正确的决策，以完成任务甚至进行学习。不同于传统控制系统，除了数学模型，智能控制系统还包括以知识表示的非数学广义模型，是一种混合控制过程。

智能控制系统可分为专家控制系统、模糊控制系统、神经网络控制系统等。在实际应用中，往往结合多种控制系统，形成混合或集成控制系统。

1）专家控制系统

专家控制系统是一种借助传统专家系统的主导思想与作用机理，并基于传统控制的一般性理论与核心技术所提出的实时控制系统。

传统控制系统往往不具备人机交互特性，且所建立的简单数学模型难以处理被控对象的环境信息变化。专家系统的研究对象是各种非结构化的问题，借助专家的经验与知识可以避开对不确定的或启发式的信息的建模，通过模拟专家的思维，运用知识解决目标问题。专家系统这一优越的性能为传统控制系统的智能化提供了启发。

20 世纪 80 年代初，随着专家系统的发展与成熟，其主导思想与核心方法被引入自动控制系统的智能化研究与实际应用之中，并促使了专家控制系统的诞生。专家控制系统的基本结构如图 9-17 所示。

专家控制系统结合了专家系统与传统控制理论的思想，与专家系统有以下区别。

① 专家控制系统要求对被控环境做出适应性决策，相比专家系统，对可靠性与鲁棒性有更高的要求。

② 专家系统采用离线工作方式，而专家控制系统由于需要获取反馈信息，要求在线工作。

2）模糊控制系统

模糊控制系统尚无统一的定义。广义上，模糊控制系统是以模糊集合理论和模糊逻辑为基础，结合传统控制理论，模拟人的思维方式，对难以建立精确数学模型的被控对象实施控制的自动控制系统。

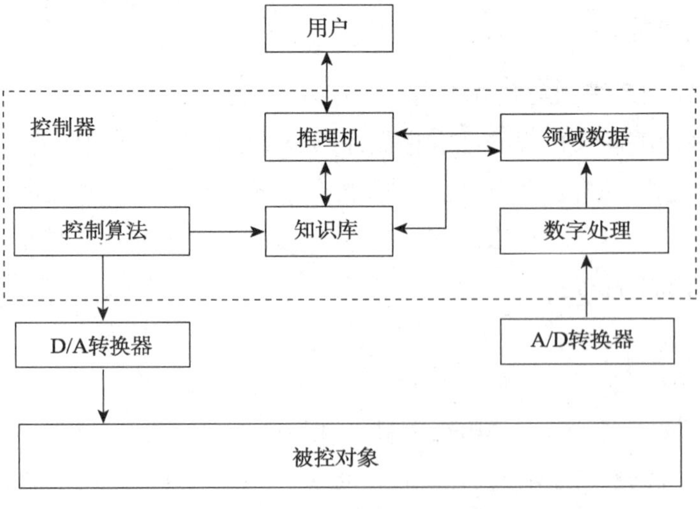

图 9-17　专家控制系统的基本结构

模糊控制系统建立在人工经验的基础之上。实际控制的被控对象往往是难以建立精确数学模型的复杂系统，而熟练操作者往往可以凭借丰富的实践经验进行精妙的手动控制，得到令人满意的效果。通过语言变量将熟练操作者的实践经验描述成控制规则，并利用模糊数学将这些规则量化，便得到模糊控制算法，从而形成模糊控制系统。

模糊控制系统具有以下特点。

① 适用于难以建立精确数学模型的被控对象。模糊控制系统建立在熟练操作者的实践经验之上，无须知道被控对象的数学模型。

② 反映人类智慧。模糊控制系统以熟练操作者或专家的经验生成控制规则并用于推理，是人类的智能活动的体现。

③ 易于接受。控制规则作为模糊控制系统的核心，由便于人类理解的语言所生成，如“明天气温降低，则明天天气寒冷”等，控制量也为“高”“低”“大”“小”等模糊量，更符合人类思维。

④ 构造容易。由于其控制规则只用语言变量的形式定性表达，易于用软件实现。

⑤ 高鲁棒性与优秀的自适应性，尤其当被控对象存在滞后性、时变性、非线性等复杂特性时。

模糊控制系统的基本原理图如图 9-18 所示，其中虚线框所示的模糊控制器中的模糊控制规则由计算机实现。实现模糊控制的过程为，首先通过传感器采样被控制量的精确值，然后比较给定值与精确值取得误差信号 e，经 A/D 转换器处理后，将其作为模糊控制器的一个输入量，通过模糊量化处理、模糊推理和反模糊化处理，得到控制变量，再通过 D/A 转换器得到模糊决策，最后通过执行机构达到控制被控对象的目的。

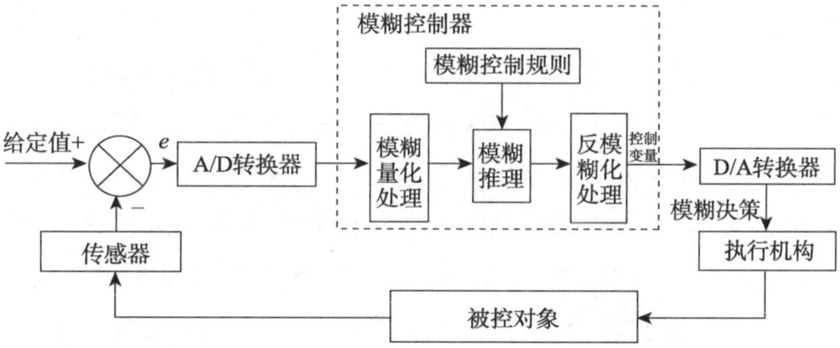

图 9-18　模糊控制系统的基本原理图

3）神经网络控制系统

模糊控制系统以人工经验为基础，通过语言变量构建控制规则，解决了智能控制中人类语言以及不确定性语言的描述与推理问题。在人脑感知模拟、智能行为推理等方面迈出了跨越性的一步。然而，模糊控制在数值数据处理、自学习等方面还远未达到人脑的水平。神经网络从人脑的生理学和心理学等方面着手，基于现代神经生物学和认识科学对人类信息处理的研究，对人脑神经元的工作进行模拟，来实现某种程度上的智能。

神经网络控制系统泛指各种利用神经网络的优良性能对某环节做出改进的自动控制系统，包括应用神经网络对传统控制系统进行计算优化，提高并行性，或利用自身的非线性映射特征对存在非线性、滞后性的复杂系统进行有效处理等。神经网络仿照人脑，由数量级庞大的神经元相互连接而成，具有很强的自学习能力和对非线性系统的映射能力，同时兼具并行性、鲁棒性和容错性。神经网络控制系统已成为智能控制的一个新的分支，为解决复杂的非线性、不确定性系统的控制问题带来了生机。

9.3 多机器人协同：机器人之间的交流与合作

随着机器人技术的不断发展，移动机器人学及其应用技术不断提高，单机器人由于受到传感器种类、感知范围和信息处理能力的限制，难以胜任对处理能力和实时性要求比较高的任务。相对于单机器人而言，多机器人能够适应更加复杂多变的动态环境，对环境中的干扰和机器人故障具备更好的鲁棒性，通过多个结构简单、成本较低的机器人协同合作，能够并行执行更加复杂的分布式任务，效率更高，因此多机器人协同成为机器人技术的研究热点之一。

9.3.1 协同感知

协同感知主要研究多机器人协同的即时定位与地图构建。在未知环境下，通过对环境信息的感知估计出自身位姿的变化并重建未知环境的三维地图，对多机器人协同完成自主导航、编队及任务规划至关重要。随着应用环境和任务复杂度的不断提高，多机器人协同 SLAM 成为机器人领域的重要研究内容。

SLAM 问题可以描述为，机器人在未知环境中从一个未知位置开始移动，在移动过程中根据位置估计和传感器数据进行自身定位，同时建造增量式地图，从而实现即时定位与地图构建。多机器人协同 SLAM（Cooperative SLAM，CSLAM）是将多机器人和 SLAM 结合的一种方法，是多机器人协同工作的核心及大规模复杂环境中及时获得场景感知信息的关键，能使多个机器人在协同工作时共同定位并构建地图。多机器人 CSLAM 具有效率高、容错性强、精准性高等优势，通过机器人之间的相互协调、合作以及信息共享，多机器人 CSLAM 可以提高地图构建的效率和精度，对于大规模未知环境的探索具有重要意义。

多机器人 CSLAM 主要是基于单机器人 SLAM 算法、多机器人系统架构、地图融合等技术实现的。多机器人 CSLAM 的关键在于如何生成全局一致性地图，其中又涉及机器人间的位姿估计、通信等问题，基于滤波器的 SLAM 算法因其数据处理具有可加性的特点，为单机器人 SLAM 到多机器人 CSLAM 的扩展提供了可能性。对于多机器人 CSLAM，目前已提出一些解决方法，如基于拓展卡尔曼滤波的 SLAM（EKF-SLAM）、基于粒子滤波的 SLAM（PF-SLAM）、图优化的 SLAM（Graph SLAM）等算法。

9.3.2 协同作业

多机器人协同作业主要研究多机器人任务分配问题。当多机器人共同完成一项任务时，首先要解决任务分解和资源分配等问题，这就是多机器人任务分配问题。多机器人任务分配问题是一个最优决策问题，受到多种条件的限制，可看作整数线性规划问题、调度问题、网络流问题和组合优化问题的结合。多机器人协作系统是机器人学中研究最广泛的内容之一，多机器人系统（MRS）以协调的方式部署多个合作机器人来执行和完成任务，机器人任务分配的优劣决定着多机器人系统的运行效率。

目前，多机器人的任务分配方法主要可以分为基于行为的任务分配方法和基于规划的任务分配方法。

群智能方法是经典的基于行为的任务分配方法，具有较高的灵活性、鲁棒性、实时性等，但是在多数情况下容易陷入局部最优。比较典型的群智能方法有蚁群算法、阈值法、情感招募方法等。蚁群算法中，单个蚂蚁在觅食过程中会释放信息素，向其他蚂蚁传递信息，并通过不同路径上信息素的浓度来选择路径，路径上信息素浓度越高，被选择的概率越大。阈值法是一种涌现式的任务分配方法，每个机器人设置一个关于任务的阈值，用激素反映任务的紧迫性和重要性，当激素超过阈值时，机器人执行该任务。情感招募方法也是通过阈值来实现的。

基于规划的任务分配方法容易按人们的目标执行，在具体任务执行上更加高效，不过计算复杂度高，主要有集中规划方法、市场拍卖方法等，采用线性规划的任务分配方法就属于集中规划方法。从理论上来说，集中规划方法可以求得最优解，但是计算复杂度高、扩展困难；市场拍卖方法是一种基于协商主义的任务分配方法，适合在任务和机器人状态可知的中小规模异构多机器人系统中进行分布式问题的协作求解，能够实现全局最优的任务分配，缺点是机器人之间的通信会消耗大量资源，在探索未知环境时，机器人个体单独竞标，协作具有局限性。

下面以市场拍卖方法为例介绍基于规划的任务分配方法。多机器人系统中的任务分配就是根据任务和机器人的状态，合理决策各机器人要执行的任务，以最优的分配方法共同完成任务。行动的选择是一个从机器人的状态空间到机器人的行动空间的映射，对同构机器人来说，该映射可以表示为

$$S^{|R|} \to A^{|R|}$$

其中，S 为机器人的状态空间，$|R|$ 是机器人的数量，A 是机器人的行动空间。

市场拍卖方法是一种突出的多机器人任务分配策略，它模仿市场交易概念，将任务分配分解为以下三个步骤。

（1）拍卖机器人向团队中的其他机器人发布任务信息，并请求投标。

（2）团队中的每个机器人都根据自己的执行能力准备投标任务，然后将报价转发给拍卖机器人。

（3）拍卖机器人将任务分配给报价最低的机器人，由该机器人执行任务。

每个候选机器人将其生成的特定任务适应性“分数”作为投标消息发布，然后由市场拍卖机制处理报价，确定获胜者，获胜者被安排执行任务。这样可以将映射关系变为

$$B^{|R||T|} \to T^{|R|}$$

即从任务竞标到任务分配的映射，整体任务分配关系如图 9-19 所示。

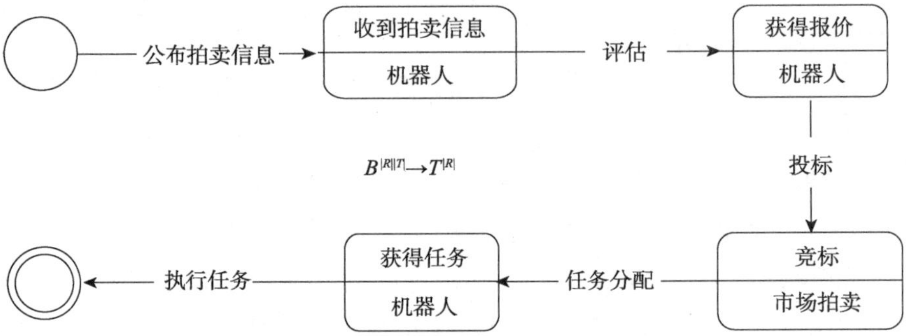

图 9-19　整体任务分配关系

动态任务分配（从任务竞标到任务分配的映射）有多种方法可以采用。这里介绍马尔可夫链系统，即基于机器人当前任务及机器人对每个任务的报价，确定每个机器人的新任务，任务分配示意如图 9-20 所示，图中阴影部分是机器人对当前任务给出的报价。

当前任务
A
无
C

×

报价	任务A	任务B	任务C	任务D
机器人1	4	3	6	1
机器人2	3	1	5	2
机器人3	2	5	3	4

→

新任务
?
?
?

图 9-20　任务分配示意

至此，动态任务分配的问题就变为，给定每个机器人的当前任务以及每个机器人对每个任务的报价，对每个机器人进行新任务的分配。

假设只考虑承诺和协调的影响，并且只关注每个方面的极端情况：无承诺、完全承诺和无协调、完全协调。无承诺表示机器人可以无条件放弃当前任务来完成新任务；完全承诺表示机器人在接受新任务前一定会先完成当前任务；无协调表示每个机器人只根据它自己的局部环境信息来执行任务，可能会出现几个机器人共同完成一个任务的情况；完全协调即对任务的互斥访问原则，每个任务只能由一个机器人来执行。将以上这几种情况进行组合，会导致四种不同的任务分配策略。

对于结构化任务来说，完全协调是最好的协调方式，因为每个任务只需要一个机器人就可完成。完全承诺、完全协调的策略算法步骤如下。

（1）根据每个机器人对每个任务的报价得到如图 9-20 阴影部分所示的任务竞标表。如果一个机器人当前正在执行一个任务，并且它对该任务的报价大于 0，则从任务竞标表中将该任务所在的列移除，将机器人的新任务分配为它的当前任务。

（2）从剩下的任务竞标表中寻找最大的报价，将对应的任务分配给对应的机器人，将该机器人和该任务对应的行和列从任务竞标表中移除。

（3）重复步骤（2）直到任务分配完成为止。

采用无协调策略时，分别在每个机器人上执行上述算法；采用无承诺策略时，算法的步骤（1）不会被执行。

9.3.3 协同编队

多机器人系统研究领域对协同编队问题的定义为，在整体移动过程中，多个机器人需要通过分工协商，始终保持特定的相对位置关系，最终完成特定任务，也称多机器人队形控制。该问题可以分为多机器人在空间上队形的形成和保持，即让多个彼此独立的机器人按照某个几何模型进行排列并保持给定队形，除此之外的衍生问题还包括如何在运动的过程中适应障碍物等背景干扰因素，如何让多机器人保持一个特定的队形等，在信息采集、消息共享、协同作业等多个领域都有较大研究意义。

根据以上定义可知，队形控制问题具体来说包括队形形成和队形追踪。前者指的是，通过提前设定一个编队队形目标，使每个机器人能够从初始的无序状态或一定的初始队形状态，分布式地到达编队位置，形成某个特定队形。后者指的是在队形形成后，该多机器人系统能够应对复杂环境中的真实地形、障碍物等客观因素，在保持队形的基础上，朝着预先设定的目标运动。

多机器人协同编队的控制方法主要分为四种：领航–跟随者编队控制方法、基于虚拟结构的编队控制方法、基于行为学的编队控制方法、基于人工势场的编队控制方法。

领航–跟随者编队控制方法的基本思想是，在机器人编队中设定一个或几个领航者，其他作为跟随者。在编队航行的过程中，领航者控制整个编队的行进路线，跟随者与领航者之间保持一定的角度和距离以控制编队队形。该方法的优势在于，只需要设定领航者的期望路径或其他行为，跟随者就能以预定的位置偏移跟随领航者实现编队控制，而不需要知道具体信息，编队控制结构简单，易于实现。该方法的缺陷在于，整个编队控制中缺少队形信息的反馈，如果领航者移动过快可能导致跟随者无法及时完成追踪动作。

基于虚拟结构的编队控制方法的基本思想是，将多机器人系统的各个成员视作一个虚拟结构进行处理，而每个成员又都是该结构上相对固定的一点，首先，确定每个虚拟结构的运动学和动力学特性，其次，推导出虚拟结构上虚拟目标点的相应特性，最后，通过设计适当的控制律使机器人跟踪对应虚拟目标点，实现编队控制。基于虚拟结构的编队控制方法的优点是，通过将编队队形视作一个刚性结构，使系统有明显的队形反馈，能够取得较好的队形跟踪效果，同时每个机器人之间没有明确的功能划分，不涉及复杂的通信过程。该方法的缺点也很明显，由于编队队形需要一直保持同一个刚性结构，缺乏灵活性和适应性，尤其是在躲避障碍物过程中存在一定的局限性。另外，不同的机器人会受到不同环境因素的影响，严格的队形约束会诱发频繁的控制指令，从而增加能耗，甚至出现执行器饱和现象，因此常用于大型物体的多机器人搬运场景。

基于行为学的编队控制方法的基本思想是，设计者为每个移动机器人分别规定几种期望的行为动作，如避免与障碍物及邻近机器人发生碰撞、向目标移动、队形生成与保持等，每个机器人利用多种传感器观测周围环境及自身信息，当传感器接收到环境变化或刺激的信息时，机器人将在判断每个行为相对重要性的基础上，做出相应行为。上述过程使得机器人能够在与环境信息的交互中适应环境，快速准确地调整个体的运动以及相关传感器状态。基于行为学的编队控制方法本质是通过选择策略，将之前各种行为的输出进行融合并反馈结果，作为当前行为的输出。基本行为融合的方式有三种：基于模糊逻辑法、加权平均法和行为抑制法。

基于人工势场的编队控制方法的基本思想是，多机器人系统中的成员之间既存在着引力，也存在着斥力，通过为多机器人系统的工作空间设定人工势场，并为其设定人工势场函数，从而构造工作空间中机器人、目标点以及障碍物等的势场，然后通过最小化个体势场达到编队控制的目的。该方法使得机器人与环境之间形成了交互，近似于控制理论中的闭环控制，增强了机器人的自适应能力、避障能力以及实时控制性。但同时存在一些缺陷，例如，由于计算过程中的局部极值点并不一定是起点或者终点，机器人容易陷入局部最优解；另外，合适的人工势场函数的选取也比较困难。

9.4　神通广大的应用示例

波士顿机械狗（BigDog）是目前全球技术最先进的仿生四足机器人，由波士顿动力公司、福斯特–米勒公司喷气推进实验室以及哈佛大学康德菲尔德研究站于 2005 年共同研发，目标是使该动力平衡机器人能和士兵一起，在传统机械车辆无法行驶的粗糙地形上作战，如图 9-21 所示。

图 9-21　BigDog 四足机器人

机械狗长 1 m，高 0.7 m，重 75 kg，没有车轮和履带，而是采用四条机械腿来运动。机械狗具有功能强大、易于控制、技术先进等特点。

（1）功能强大。机械狗能够以 5.3 km/h 的速度穿越粗糙地形或爬行 35°的斜坡，并且能搬运并举起重达 154 kg 的设备。

（2）易于控制。机械狗的移动是由装载在机身上的计算机控制的，这台计算机能够接收机器上各种传感器传达的信号，以实现对机器人的运动导航以及平衡控制；同时，这台计算机可接收平板电脑应用程序发出的指令，并和机身内置的立体声摄像头一起对指令进行解析，最终实现对机械狗的远程控制。

（3）技术先进。机械狗的四条机械腿上面有各种传感器，包括关节位置和接触地面的部位。它还有一个激光回转仪，以及一套立体视觉系统，主要使用了导航、视觉识别、动态平衡、360°感知避障、算法控制等多项核心技术。

2008 年 3 月 18 日，波士顿动力公司发布了一段关于新一代机械狗的录像，在这个录像中，机械狗能够穿越结冰地面，并且能够在被侧踹后恢复平衡。

Atlas 机器人是一个双足人形机器人，由美国的波士顿动力公司等开发、美国国防部国防高等研究计划署资助和监督，专为各种搜索及拯救任务而设计，于 2013 年 7 月 11 日亮相，如图 9-22 所示。

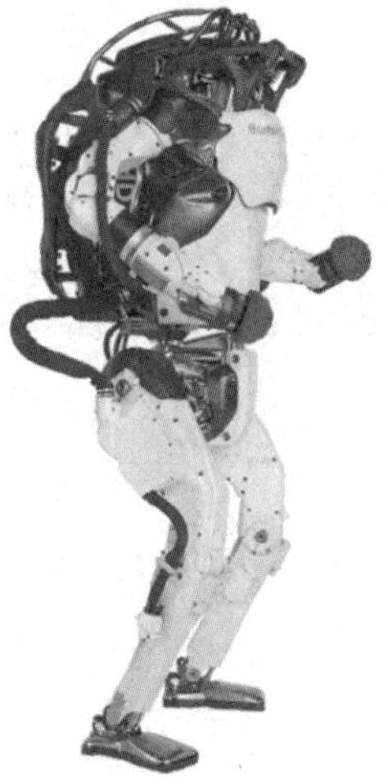

图 9-22　Atlas 机器人

Atlas 机器人由航空级铝和钛建造，身高约 1.8 m，重约 150 kg，像人一样拥有头、躯干以及四肢，通过四个液压驱动四肢，拥有 28°的自由度，在复杂地形上行走时，可独立使用四肢；同时，配备了两套立体视觉系统、一个激光测距仪和一个立体照相机，以拥有人类双眼的视机能；手部也可以完成诸多精细动作。Atlas 机器人的产品迭代大概经历了多个版本的更新，目前该机器人已经可以自主跳舞了。

2016 年发布的第三版 Atlas 机器人身高约 1.75 m，重约 82 kg，可以应用在各种复杂户外场景以及建筑物内部场景中，由电动和液压驱动。在复杂场景中行走时，机器人可通过装配在躯干和下肢的传感器保持平衡，并通过“双眼”躲避障碍物、评估地形、帮助导航和操纵对象等。

2017 年发布的第四版 Atlas 机器人实现了双腿立定跳远、跳高和后空翻，隔年发布的第五版则实现了机器人在软地面上的跑动，随后又实现了左右脚交替三连跳 40 约 cm 台阶。

我国的仿生机器人也在逐步发展。2021 年 3 月 2 日，腾讯发布了首个软硬件全自研的多模态四足机器人——机器狗 Max，如图 9-23 所示。硬件上，腾讯 Robotics X 实验室将原创的足轮融合方案应用在了 Max 上，因此 Max 在保留了轮子的基础上也有腿部，可随时切换不同形态，以应对各种不同的复杂环境；软件上，Max 拥有敏锐的“神经系统”，可实现亚毫秒级的力控，大大降低了系统延迟，同时，其内部装载的鲁棒控制算法可使平均计算耗时小于

0.3 ms，使其在摔倒后可自行恢复，即使遭受大冲击摔倒，也能自行恢复正常运行状态。

同年 8 月，小米发布了一款仿生四足机器狗 CyberDog，如图 9-24 所示。它搭载了小米自研的高性能伺服电机，最大可提供 32 N·m 的输出扭矩、220 rpm 的转速以及 3.2 m/s 的行走速度。同时，其内置超感视觉探知系统和 AI 语音交互系统以及触摸传感器、摄像头、超声波传感器、GPS 模组等多个传感器，可实现自主识别跟随、SLAM 建图和导航避障功能，还能支持多种仿生动作姿态。

图 9-23　机器狗 Max

图 9-24　机器狗 CyberDog

9.5　机器人与社会：它会怎样影响就业

半个世纪以来，世界各国都对机器人领域的发展给予了高度重视，随着人工智能技术的发展，机器人已经走进了大众的日常生活，给劳动力市场也带来了巨大而深刻的变化。机器人产业的兴起使得机器人对就业的影响这一问题已经成为不可忽视的全球性议题，被越来越多的人讨论。

世界银行在 2016 年发布的《世界发展报告》中称，经济合作与发展组织国家 57%的就业岗位在未来 20 年有被自动化替代的风险。而在 2020 年，基于国际机器人联合会（IFR）的总体数据，MIT 的 Daron Acemoglu 与波士顿大学的 Pascual Restrepo 调查了 1990—2007 年间工业机器人对美国就业市场的影响，发现自动化是影响就业的主要因素——每千名工人中多一个机器人，就会使就业人口的比例减少约 0.2%，工资增长率减少 0.42%。因此，人们担忧，机器人会在越来越多的岗位上威胁“打工人”，提高社会的失业率。

其实，上述担忧是武断的。从古至今，随着科技的进步和社会的发展，每个时代的劳动力市场和就业结构都会发生变化，强依赖人力成本的岗位被科技取代，但同时会创造新的就业岗位，例如工业革命使得人力车夫被淘汰，但同时创造了出租车司机；信息革命使得文字处理工作被互联网和文字处理技术所替代，但同时创造了程序员等。同时，《经济学人》提出，目前全球人工智能与机器革命正处于发展中期，但 2019 年发达经济体的就业率飙升至历史最高水平，机器人使用率最高的日本与韩国的失业率也是最低的。因此，可以说，机器人是否会在人类的社会生活中威胁到就业率，仍有待商榷。

而实际上，纵观历史发展的长河，每一次的工业革命和信息技术革命都伴随着人们对新技术是否会冲击社会就业的担忧。19 世纪初，英国的棉纺织业快速发展，蒸汽机和纺织机械被大范围使用，导致手工业者的就业受到巨大冲击，失业现象明显；美国南北战争时期，改良的机器被大规模使用，纱锭的产量增加了，但工人却大幅减少，失业现象更严重，于是受到冲击的人们会普遍认为机器抢走了他们的工作。目前，人类正处于第三次工业革命的第六次技术革命浪潮之中，机器人的应用同样也使得人们开始担忧其对就业的影响。同时，机器人、人工智能技术的广泛利用，又使得这一次浪潮不同于以往的任何一次，如果说以前的机器替代的是人的体力劳动，那么这一次人工智能替代的就是脑力劳动，影响更为广泛。Alpha Go 击败世界围棋冠军、自动驾驶技术投入实际使用、智能推荐算法的广泛应用等，都是以前的人工时代所无法想象的，人们更加担忧机器人将全面替代人类。

但正如上文提到的，虽然机器人作业与自动化产线会替代工人产线，但也会带来新的工作机会并促进世界经济的转型与发展。2021 年，世界经济论坛曾给出如下结论：预计到 2025 年，人工智能技术将使 8500 万个工作岗位消失，但同时会创造出 9700 万个新的工作岗位。

最近，来自法国和英国研究机构的经济学家也提出了关于机器人的新观点：自动化的直接结果可能是在企业层面上增加就业，而不是减少就业。这听上去与现有的论调相悖，但该观点背后的逻辑符合微观经济学基础理论，即更多、更具效率的机器的使用，不仅极大地释放了生产力，而且增加了生产的迂回性，衍生出了数目众多的新产业，相应地创造了新的就业岗位。

越来越多的研究都支持这种观点。IDC 的新报告《中国工业机器人》中指出，劳动力需求减少和就业创造如同一枚硬币的两面。就中国而言，工业机器人的引入本身就是企业对劳动力不再无限供给做出的适应性反应，并不一定会造成严重失业。

美国麻省理工学院的研究人员在认真研究了芬兰企业的情况后发现，采用先进的技术后反而会雇佣更多的工人。美国斯坦福大学和英国伦敦政治经济学院的研究人员在一项研究中指出，“就业创造效应”可以解释美国 1980—2010 年一半左右的就业率增长（Acemoglu&Restrepo，2018），而人工智能和机器人技术的广泛应用无疑会创造出更多的新业态、新模式和新的就业岗位。

面对科技浪潮，不必悲观，社会必然一直处于不断发展的进程中，而社会的发展必然会提高对高技能劳动者的需求。因此唯有顺应科技发展的趋势，不断提高自身的竞争优势，才能抓住新一轮技术革命带来的发展机遇。

本章小结

本章介绍了人工智能领域关于智能机器人的基本知识，回顾了机器人的发展历程，介绍了机器人的基本构成及特点，进一步阐述了让机器人充满智慧的关键技术，在最后展示了目前流行的机器人产品，分析了机器人发展对社会发展的影响。

思考题

1. 在智能机器人技术的发展历程中，哪些技术突破是推动机器人进入 4.0 时代的关键？请结合具体实例进行说明。

2. 在多机器人系统的协同作业中，任务分配是一个重要问题。请比较基于行为的任务分配方法与基于规划的任务分配方法的优缺点，并讨论二者的适用场景。

3. SLAM 技术是机器人实现自主导航的重要基础。请解释 SLAM 技术的基本原理，并讨论多机器人 CSLAM 在实际应用中的挑战和优势。

第 10 章

CT

人工智能伦理与未来展望：波起微澜，拭目以待

人工智能（Artificial Intelligence，AI）是新一轮科技革命和产业变革的重要驱动力，正在改变几乎所有行业原有的发展路径，催生新的业态和新的商业模式的形成，对经济发展、社会治理、国际政治格局等方面产生着深远影响。毋庸置疑，人工智能正在改变我们的世界。

纵观人类发展史，人类持续不断地探索与创新，发明各类工具来帮助甚至是替代人类完成各种工作。人工智能是推动世界变革的强大引擎，前面章节提及的各种人工智能技术方法及智能系统无一例外地都扮演着这样的角色。同人类在不同发展阶段发明的每种工具一样，我们需要逐步理解人工智能是什么，了解和体会在日常学习和工作中接触到的一系列智能技术的先进性与局限性，在体验生活中广泛存在的各类智能系统所带来的便利的同时，也要清楚地认识到一旦人工智能技术被误用或滥用将会引发的严重危害。

10.1 机器伦理：人工智能助手还是人工智能杀手

【案例 1】2016 年 5 月，一位特斯拉 Model S 的车主在美国佛罗里达州高速公路开启自动驾驶模式，不幸发生车祸，车主当场死亡。同年 7 月，一位车主驾驶特斯拉 Model X 行驶在高速公路上时发生侧翻，撞到路边护栏，当时车辆也开启了自动驾驶模式。事实上，早在 2016 年 1 月，我国“法治在线”栏目就曾曝光一起发生在我国河北邯郸的特斯拉自动驾驶模式致人死亡事件，车主驾驶特斯拉在高速公路行驶，前车躲避障碍物，车主躲闪不及撞上道路清扫车，发生车祸，这是国内报道的首起特斯拉自动驾驶模式引发的有人员死亡的交通事故。

2022 年 6 月 16 日，美国联邦政府发布了两份新报告，首次披露了涉及自动驾驶汽车和配备先进驾驶辅助系统的汽车碰撞和死亡事故的统计情况。报告指出，从 2021 年 7 月 20 日到 2022 年 5 月 21 日，共有 273 起涉及开启自动驾驶模式的特斯拉汽车碰撞事故，数量占据了报告期间 392 起事故中的 70%。当然，客观上讲，占比高的原因之一是特斯拉销售的配备 L2 系统的车辆占比高。同时，特斯拉从客户处实时远程收集数据，从而加快了报告的流程，而其他汽车制造商通常必须等待现场收集的数据，有些甚至滞后几个月才能得到数据。从法律和道德责任认定的角度分析，多数自动驾驶事故中，涉事车辆的车主、特斯拉系统工程师、算法设计人员等均可能承担责任（尽管责任可能不均等）。

无人驾驶是自动驾驶的高级阶段，是人工智能技术应用的集大成者，无人驾驶系统最早可以追溯到 20 世纪 20 年代，美国 DARPA 持续投入资金，资助军方开展军用车辆的无人驾驶系统的研发。1987 年，奔驰公司与德国慕尼黑联邦国防大学联合开启了产学合作，开创了可运行的无人驾驶汽车先河。2013 年，特斯拉率先推出了特定环境下的无人驾驶汽车，2014 年开始销售具有避免碰撞和自动刹车功能的汽车，2015 年发布了特斯拉 7.0 软件升级包，在新软件的支持下，汽车可以自动控制速度和方向盘。2020 年 10 月，特斯拉发布了安装有“完全自动驾驶（FSD）”软件的车辆。同期，我国百度 Apollo 无人驾驶出租车在北京海淀、亦庄等城区全面开放了配备有安全员的无人驾驶服务业务。

人工智能应用于汽车驾驶要经历多个阶段，美国汽车工程师学会（Society of Automotive Engineers）将车辆的自动化进行了分级，包括从 0 级（L0）（无驾驶辅助）到 5 级（L5）（所有路况下的完全自动驾驶）等 6 个等级。目前，绝大多数的车辆只具备 L1 级自动驾驶水平，例如，车道保持辅助及自适应巡航控制。特斯拉的 AUTOPILOT 和通用汽车的 Super Cruise 两款系统目前达到了 L2 级自动驾驶的水平，该类系统允许车辆进行转向操作以及控制车速。如今，L4 级的自动驾驶系统在无人物流等限定道路和环境下已经实现全无人驾驶，例如，我国香港国际机场通过自动驾驶系统正在实现规模化的行李运送部署。我国针对自动驾驶功能的《汽车驾驶自动化分级》国家推荐标准（GB/T 40429—2021）于 2021 年发布，并于 2022 年 3 月 1 日正式实施，意味着中国已正式拥有自己的汽车驾驶自动化分级标准，为促进我国自动驾驶产业的发展以及后续相关法规的制定起到积极作用。

随着自动驾驶技术日益实用化、商业化，很多国家投入了巨额资金，相关开放道路测试实验的法律法规也相继出台。我国也出台了一系列无人驾驶相关的规范性文件，有些文件中也将无人驾驶汽车定义为智能网联汽车。2018 年，工信部、公安部和交通运输部联合发布了《智能网联汽车道路测试管理规范（试行）》文件。目前，法律对无人驾驶汽车的法律地位和行驶标准尚没有界定与要求，企业在做无人驾驶汽车上路测试时，不能为测试车辆悬挂牌照，报批程序上也不明确，具体实施层面的“路测合法化”问题仍悬而未决，处于灰色地带。虽然首批智能网联汽车测试号牌早在 2018 年 3 月 1 日就在上海发放，但目前无人驾驶测试车辆在路权和监管层面均存在漏洞与缺位。

案例 1 中的调查结果表明，事故原因之一是事故发生时特斯拉的自动驾驶系统和车主都没有采取刹车措施。车主无视系统提醒、超速行驶，而对于自动驾驶系统，设计者给出的理由是，自动驾驶系统的智能算法是用来避免前后相撞的，而非侧面碰撞，同时与之相撞的车辆由于车体颜色辨识度或车型高度等问题未能被正确识别。

实际生活中的路况非常复杂，因此安全性是自动驾驶技术落地于汽车产品的首要问题之一。如果一辆无人驾驶汽车没有保护乘客的伦理认知底线，无异于一个马路杀手。伴随着无人驾驶、解放双手愿景的实现，相关的安全事故频发，也引发了诸多思考，让大家看到了人工智能技术给汽车行业带来智能化发展的同时也带来了一系列问题与挑战。

首先，无人驾驶责任体系亟待重构。由于智能系统的介入，原本清晰的人–车主体结构发生了变化，无人驾驶的责任主体问题是人工智能+时代对法规、条例（如《侵权责任法》《道路交通安全法》《产品安全法》等）的制定、修订提出的新要求，现有法规、条例等均未能明确无人驾驶的责任体系，存在责任主体与责任形式不明的问题。

其次，新的风险监管问题浮出水面。无人驾驶需要集成各类软硬件平台，系统运行过程中，许多传感器需要不间断地进行数据获取与信息交互，控制系统需要实时通过传感器检测和感知周围环境控制方向盘和制动，潜在的信息安全风险、网络攻击风险不言而喻。《无人驾驶蓝皮书：中国无人驾驶产业发展报告（2020）》曾指出，网络安全是汽车智能化发展的核心要素，没有网络安全的保障，智能汽车就难以得到快速发展和普及。我国目前也尚未制定专门的法律条款对无人驾驶汽车安全风险予以规制。

最后是隐私保护问题。无人驾驶需要定位和导航技术的支持，势必涉及车主或者乘车人的行车轨迹、乘车时间，甚至用户信息等，这些数据如果保护不当，被泄露或非法利用，将对个人隐私造成危害，引发社会治理层面的严重后果。

【案例 2】 2015 年 2 月，英国首例机器人二尖瓣修复手术发生医疗事故，致使患者术后死亡。该手术使用了达·芬奇外科手术系统，该系统由美国直觉外科医疗器械公司 Intuitive Surgical（业内称其为直觉外科）研发生产。事故后的听证会表明，机器人在手术过程中戳穿了患者的大动脉，导致摄像头被血迹遮挡，从而引发了手术事故，手术现场还出现了机器人的机械臂“乱动”打到医生的手、机器人控制台传输信号弱、主机声音过于嘈杂导致医生交流不畅等问题。

达·芬奇外科手术系统（Da Vinci Surgical System）是一种高级机器人平台，其本质是一个手术机器人，设计的理念是通过微创的方法实施复杂的外科手术，由总部位于美国加利福尼亚州阳光谷的直觉外科设计、生产及销售。美国 FDA 已经批准将达·芬奇外科手术系统用于成人和儿童的普通外科、胸外科、泌尿外科、妇产科、头颈外科以及心脏手术中。在我国卫健委发布的大型医用设备配置规划名单上，达·芬奇外科手术系统的学名是内窥镜手术器械控制系统。

达·芬奇外科手术系统的作用是延伸外科医生的手、眼和大脑，帮助其更好地完成腔镜手术，而不是完全替代。其最直观的优势可分为三点：一是扩展医生的观察视野，传统内窥镜探入病人体内形成的是 2D 图像，而该系统可以形成 3D 立体图像；二是机械臂更加灵活，可以减轻医生手部震颤，病人体内空间相当狭小，因此要求外科医生操作更加精准，该系统通过算法有效滤除了人手的抖动；三是可以坐着进行手术，大幅减少了医生因长时间站立而导致的疲劳。

达·芬奇外科手术系统也是我国临床普及度最广的手术机器人，刚被引入我国时，在我国《大型医用设备配置许可管理目录》中属于甲 A 类器械，只有同时具备软、硬件相当资质的医院才能引进该手术机器人。2007 年，第一台达·芬奇外科手术系统在中国解放军总医院装机，并完成了首例机器人微创心脏手术。2018 年 4 月，达·芬奇外科手术系统从甲类调整为乙类，注册、审批与监管周期自此大幅缩短，其装机量在 2018 年之后明显上升，2019 年、2020 年和 2021 年连续三年的装机量都同比增长超过 40 台，2021 年一年的净增长更是超过了 90 台，截至 2021 年底，达·芬奇外科手术系统在中国的总装机量超过 270 台。据直觉外科官网报告，全球每年有 100 万台左右的手术采用达·芬奇外科手术系统进行，我国每年使用该系统完成各类术式手术的规模也相当可观，我国达·芬奇外科手术系统装机情况及预测如图 10-1 所示。

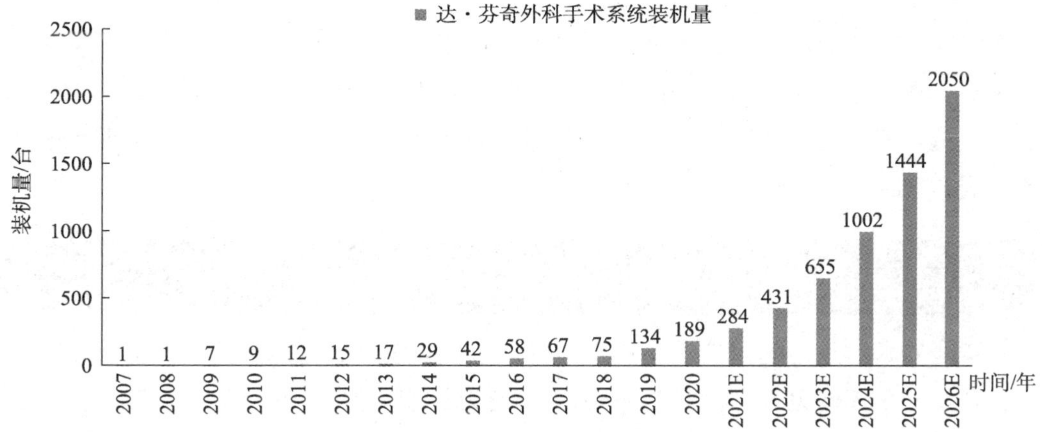

图 10-1 我国达·芬奇外科手术系统装机情况及预测（数据来源：Frost&Sullivan）

虽然上述案例中的医疗事故也存在诸多人为因素，如主刀医生没有足够经验、手术准备不充分等，但一场原本是尖端医疗人工智能技术展示的手术却变为一幕人间惨剧，也引发了各界的强烈反响和“如果机器人导致医疗事故，厂商、医院、医生到底谁该担责？”的疑问。其他医疗机器人（如情感陪护机器人）如果引发了患者不良的心理反应，甚至诱导其自杀，产生医疗纠纷责任如何判定?

随着机器人产业的不断发展，医疗机器人的发展也逐渐在全球受到更多关注，机器人在医疗系统的推广应用是人工智能+时代的一大特点。医疗机器人可以分为手术机器人、康复机器人、辅助机器人、服务机器人四大类，目前应用最广泛且最具前景的当属手术机器人。手术机器人的设计初衷是希望医生可以通过机器人远程为太空中的宇航员或战场上的伤员实施手术。手术机器人克服了传统外科手术精准度欠佳、手术时间长、医生疲劳和缺乏三维精度视野等问题，在为病人带来更好的临床转归的同时，也缩短了医生对于复杂手术的学习时间。

美国已经把手术治疗机器人、假肢机器人、康复机器人、心理康复辅助机器人、个人护理机器人、智能健康监控系统定为智慧医疗未来发展的六大研究方向。欧洲也计划建立“Robotics for Health-care”网络，促进医疗机器人在欧洲的发展和应用。2021 年 6 月，我国发布了《人工智能医疗器械注册审查指导原则（征求意见稿）》，以推动人工智能医疗器械行业，乃至智慧医疗领域的有序健康发展。

通过机器人开展高难度的手术时，需要医生和机器人高度配合，和普通手术一样，即使医生现场操作毫厘不差，也存在患者在手术过程中或者术后恢复期死亡的风险。如果发生了此类意外，由于机器人的介入，医患双方都没办法确定究竟是主刀医生的“直接人为错误”，还是机器人的设计者或者控制算法提供者的“间接人为错误”，又或者是智能算法自身缺陷所致的“机器错误”，甚至可能是医院一方管理不当产生的断网、断电等“行政错误”。无论是哪种错误，带来的后果都将使患者的生命安全无法得到保障，也正因为这些错误交织，使得人工智能在医疗领域的应用面临着更复杂的局面。

毫无疑问，机器人在为众多患者带来福音的同时，也面临着技术安全、责任认定、患者隐私泄露、公平受益等伦理风险与挑战。国内有相关法律文件对医疗侵害进行了责任划分，但是对于机器人导致的医疗事故，责任应由哪方来承担，目前法律尚无相关的明文规定。类似的责任认定难题，在其他国家也同样存在。

10.1.1 人工智能领域的伦理焦点问题

人工智能技术给人们的日常生活和工作带来了极大便利，但其自身的训练数据偏见、算法偏见、研发者主观偏见等“痼疾”所引发的负面效应也越来越被人们意识到。例如，人工智能算法被嵌入种族歧视的代码，某些人脸识别系统对白种人识别的准确率高达 99%，但对有色人种的识别准确率显著下降，特别是黑人女性识别的准确率不足 65%；某些自动招聘程序在运用深度学习技术之后产生了性别歧视、弱势群体歧视等问题。

人工智能系统开发的不同阶段，开发者的价值取向也很有可能有意无意地被引入系统设计中，产生不易觉察的偏见，这些带有偏见与设计歧视的算法很可能在自我学习和迭代过程中催生出更为严重的偏见，损害公平正义，扰乱伦理秩序，损害社会集体意志。人工智能时代，产生了越来越多的伦理困境，激发人们深入思考。

人工智能伦理风险及其治理具有高度复杂性，目前尚未形成完善的理论架构和治理体系。主要体现为人工智能伦理风险的构成因素具有多元化特点，包括人工智能算法的目标失范、算法及系统缺陷、受影响主体对人工智能的信任危机、监管机制和工具欠缺、责任机制不完善、受影响主体的防御措施薄弱等。就其治理而言，如今人工智能产业化应用的程度滞后于技术发展进步的速度，很多已经商用化的产品，不得不面临伦理约束缺乏导致的风险，需要不断升级软硬件去“补窟窿”，完善规避伦理风险的解决方案。

人工智能伦理问题往往发生在客观世界中人工智能技术的真实应用场景里。人工智能对人机交互中的法律、心理、服务等提出了诸多挑战。当人工智能技术危害到人类的人身安全、财产安全、信息安全、知识产权安全等一系列公民原有的基本权利时，应该如何进行责任判定？应该采取何种程度的处罚？在人工智能技术日益深度渗透、全方位介入人类原有的人际关系时，新的人工智能伦理问题也逐渐浮出水面，人工智能伦理学还处于萌芽阶段，上至国家政府职能机构，下到科学家、社会学家都意识到了问题的存在，也都在努力寻找解决方案。因此，制定人工智能伦理规范、出台人工智能法律法规也迫在眉睫。制定人工智能伦理规范就是要制定人工智能伦理准则、制定人工智能设计原则、约束从业人员职业行为等。

10.1.2 人工智能技术的伦理准则

发展科学技术的初衷是提升人类的生活水平和幸福指数，发展人工智能技术亦不例外，其出发点也是为了造福人类，改善民生。《中华人民共和国国民经济和社会发展第十四个五年规划和 2035 年远景目标纲要》中专门强调，要“探索建立无人驾驶、在线医疗、金融科技、智能配送等监管框架，完善相关法律法规和伦理审查规则”。

但技术的发展是一把双刃剑，具有双面性。例如，现有的人工智能技术主流方法大多是基于深度学习的算法，其本质是直接由模型或系统从海量数据中抽取原始特征，再利用隐藏层完成计算，并自主学习产生结果，而不是我们所熟悉的“数据输入→特征提取→特征选择→逻辑推理→结果预测”这种每个环节都清晰可查的研究模式。此类算法直接基于大数据训练产生输出，会导致“黑箱”问题，也就是人们无法认识到算法中隐藏的数据样本偏差所带来的偏见。此类算法如果被应用到日常的搜索推荐系统中，用户将只能看到由算法“告知”的、它认为与搜索需求相关的内容，长此以往，我们势必受到所推荐数据的约束，陷入“信息茧房”的桎梏之中。甚至，如果此类算法被应用于智能司法的文书判定或智慧金融的投资者风险评估等领域，则势必引发不公平决策的风险。

众所周知，当前很多人工智能技术不具有可解释性，导致基于该技术设计出的模型或研发出的系统（甚至是已经商业化的产品）出现问题，无法确定导致这一问题的真实原因。技术缺陷引发危机的同时，越来越多的智能产品逐渐具备了决策能力。例如，案例 1 中，事故是由于车主没有对方向盘进行足够的控制，但自动驾驶的优势之一就在于能够解放双手（特斯拉一度将这个优势作为该款车型的卖点之一），但与此同时，能否精准地反馈出驾驶员的真实行驶意愿（如事故发生的瞬间，驾驶员想要重新获得控制权，却因为算法设计不允许而被强行锁死）呢？

人工智能的安全可信与伦理治理日益受到世界各国政府、组织机构和知名企业的高度重视，欧盟先后出台了《可信人工智能伦理指南》《算法责任与透明治理框架》；美国国防创新委员会提出了军用人工智能伦理原则；我国很早就布局了人工智能安全治理的政策规范，在 2017 年的《新一代人工智能发展规划》中就强调“在大力发展人工智能的同时，必须高度重视可能带来的安全风险挑战，加强前瞻预防与约束引导，最大限度降低风险，确保人工智能安全、可靠、可控发展。”同时提出，到 2025 年，我国将初步建立人工智能法律法规、伦理规范和政策体系，形成人工智能安全评估和管控能力。2023 年 6 月，国务院办公厅印发的《国务院 2023 年度立法工作计划的通知》中，《人工智能法》的草案已经预备提请全国人大常委会审议，这意味着我国关于人工智能的立法工作已经启动。

我国相关机构和行业组织也积极参与人工智能伦理的相关讨论，并提出了自己独到的观点及实现思路。2018 年 1 月，中国电子技术标准化研究院发布了《人工智能标准化白皮书（2018

版）》，提出将人类利益原则和责任原则作为人工智能伦理的两个基本原则。2019 年 5 月，中国人工智能学会在全球人工智能技术大会上举行了“全球视野下的人工智能伦理”论坛，在国际上首次提出了人工智能伦理体系规划问题，明确指出了任何伦理准则都不可能自我执行，都必须借助伦理体系中的一系列相互配合的运作机制才能得到落实，如同法律条文制定得再好，也不可能自我执行，必须在完整的法制体系中才可以得到落实一样。同时强调了人工智能伦理准则的场景落地问题，其中指出，现有的人工智能伦理准则讨论大部分属于反映普世价值的准则，把这些准则应用于具体的实际场景时，需要细化为可操作的具体规定，否则必然停留在口号层面上无法落地。例如，无人驾驶可以有两种本质不同的应用场景，一种是完全无人驾驶交通系统，这种交通系统中只有无人驾驶汽车，没有有人驾驶汽车，行人必须严格遵守与普通道路交通完全不同的规则。另一种应用场景是混合交通系统，无人驾驶汽车和有人驾驶汽车同时存在，行人遵守普通道路交通规则。这两种交通系统虽然都是无人驾驶的应用场景，它们所面临的技术和伦理风险却大不相同。

2023 年 4 月，科技部就《科技伦理审查办法（试行）（征求意见稿）》公开征求意见。2022 年，中共中央办公厅与国务院办公厅颁布的《关于加强科技伦理治理的意见》落地，也标志着人工智能等科技的伦理审查制度已经初具雏形。

10.1.3 人工智能伦理规范

随着人工智能技术的快速发展及其与产业应用的迅猛融合，全球对于人工智能治理与安全监管给予了高度关注，将抽象的治理原则落实到人工智能的全生命流程已经成为世界各国未来关注的重点方向，包括中国在内的世界各国纷纷加速出台围绕安全可信人工智能发展态势的各类规制。

为加强人工智能领域标准化顶层设计，推动人工智能产业技术研发和标准制定，促进产业健康可持续发展，2020 年 7 月，国家标准化管理委员会、中央网信办、国家发展改革委、科技部、工信部联合发布了《国家新一代人工智能标准体系建设指南》。该指南中，人工智能标准体系结构包括“A 基础共性”“B 支撑技术与产品”“C 基础软硬件平台”“D 关键通用域技术”“E 关键领域技术”“F 产品与服务”“G 行业应用”“H 安全/伦理”等 8 个部分，如图 10-2 所示。

其中，H 安全/伦理标准位于人工智能标准体系结构的最右侧，贯穿其他部分，为人工智能建立合规体系。具体到伦理标准，主要是由于人工智能服务冲击传统道德伦理和法律秩序而产生的要求，重点研究领域为医疗、交通、应急救援等特殊行业，重点开展基于人工智能技术的医疗、应急等涉及伦理道德的标准研制。

图 10-2　人工智能标准体系结构

2021 年 9 月 25 日，国家新一代人工智能治理专业委员会发布了《新一代人工智能伦理规范》，该规范旨在将伦理道德融入人工智能全生命周期，为从事人工智能相关活动的自然人、法人和其他相关机构等提供伦理指引，对于增强全社会的人工智能伦理意识与行为自觉、促进引导负责任的人工智能研发与应用活动及人工智能健康发展具有重要指导意义。具体地，《新一代人工智能伦理规范》提出了增进人类福祉、促进公平公正、保护隐私安全、确保可控可信、强化责任担当、提升伦理素养 6 项基本伦理要求。同时，提出了人工智能管理、研发、供应、使用等特定活动的 18 项具体伦理要求。

2023 年 3 月，全国信标委人工智能分委会、国家人工智能标准化总体组联合发布了《人工智能伦理治理标准化指南》，对人工智能伦理的概念范畴、准则的内涵外延进行了明确和细化，同时分析了人工智能风险的分类分级，并提出了人工智能伦理治理技术框架，给出了引导人工智能伦理治理工作健康发展的标准体系。

《联合国教科文组织人工智能伦理建议书》在经历了 193 个联合国教科文组织成员国共同的长时间磋商后，也于 2021 年 11 月 23 日正式通过。同年 6 月 28 日，世界卫生组织也发布了第一份关于在医疗卫生领域中使用人工智能的指南《医疗卫生中人工智能的伦理和管制》，旨在保障人工智能技术为全球所有国家的公共利益服务。

尊重人类尊严与自由、保护人类权利、维护环境与生态系统的繁荣发展、确保多元性和包容性是国际社会共同的价值观，应体现于人工智能技术生命周期的每个环节，确保人工智能治理机制的包容性、透明性、跨专业性、多边性。我国近几年颁布的各类涉及人工智能伦理与安全的文件与联合国教科文组织的人工智能伦理建议书的本质是一致的，主要体现为，未来要加强人工智能伦理和法律等基础理论研究，对人工智能服务加强监管与充分评估，设立应急机制和补偿机制等。

10.2 机器人行为的“有法可依”

10.2.1 何谓机器人

“机器人”一词源于科学幻想，最早是由捷克剧作家卡雷尔·恰佩克（Karel Capek）于 1920 年根据捷克语的“苦力”和波兰语的“工人”两个词创造出来的。而人类工程师对于机器人的研究则是在 30 年后的 20 世纪中期才开始。科幻小说中对机器人行为的描述，最为著名的是科幻小说家以萨·艾西莫夫（Isaac Asimov）在小说《我，机器人》中提出的“机器人三定律”。艾西莫夫为机器人提出的三条“定律”，程序上规定所有机器人必须遵守：第一定律，机器人不得伤害人类，且确保人类不受伤害；第二定律，在不违背第一定律的前提下，机器人必须服从人类的命令；第三定律，在不违背第一及第二定律的前提下，机器人必须保护自己。

“机器人三定律”的目的是保护人类不受伤害，但艾西莫夫在小说中也探讨了在不违反定律的前提下伤害人类的可能性，甚至在小说中不断地挑战定律，在看起来完美的定律中找到许多漏洞。在现实中，“机器人三定律”成为机械伦理学的基础。

1967 年，日本召开了第一届机器人学术会议，会议上提出了两个较具有代表性的定义。一是机器人是一种具有移动性、个体性、智能性、通用性、半机械半人性、自动性、奴隶性 7 个特性的柔性机器；另一个是将具有脑、手、脚等三要素，具有非接触传感器（用眼、耳接收远方信息）和接触传感器，具有平衡觉和固有觉的传感器三个条件的机器称为机器人。我国科学家对机器人也给了相应的定义：机器人是一种自动化的机器，不同的是这种机器具备一些与人或生物相似的智能能力，如感知能力、规划能力、动作能力和协同能力，是一种具有高度灵活性的自动化机器。

目前，国际上对机器人的概念已经逐渐趋近一致。联合国标准化组织采纳了美国机器人协会对机器人的定义：一种可编程和多功能的操作机，或是为了执行不同的任务而具有可用电脑改变和可编程动作的专门系统。

10.2.2 如何绳“机”以法

如果说如今人工智能时代已经悄然而至，大多数人都不会反驳。如果更进一步地讨论人工智能时代的到来是否会给人类社会在法律、商业、服务等诸多民生领域带来巨大挑战，几乎所有人都会给出肯定的答案。在可预见的将来，交通运输、医疗看护、服务业等诸多领域的各式各样的智能机器或者智能机器人将成为社会中司空见惯的事物。与此同时，智能机器人行为的法律定位、法律责任（包括民事、刑事乃至行政责任）将成为不容回避的问题。例如，自动驾驶汽车导致车祸，责任应该归咎于谁？消费者购买了具有潜在风险的智能产品，如果个人隐私、财产，甚至生命安全无法得到保障，不仅会引起法律纠纷，也会导致不良的社会问题。

在智能机器人民事立法方面，欧盟表现最为积极。2015 年 1 月，欧盟议会法律事务委员会决定成立一个工作小组，专门研究与机器人和人工智能发展相关的法律问题。2016 年 5 月，该委员会发布了《就机器人民事法律规则向欧盟委员会提出立法建议的报告草案》，同年 10 月又发布了《欧盟机器人民事法律规则》。在这些研究和报告的基础上，2017 年 2 月 16 日，欧洲议会投票通过《就机器人民事法律规则向欧盟委员会的立法建议［2015/2103（INL）]》，其中最引人注目之处是对于最复杂的自主智能机器人，可以考虑赋予其法律地位，在法律上承认其为“电子人”（Electronic Person）；针对具有特定用途的机器人和人工智能系统（主要包括自动驾驶汽车、护理机器人、医疗机器人、无人机、人类修复和增强等）出台特定规则，进行特殊监管。不过，就是否承认智能机器人具有法律人格，仍存在激烈的争论。随后，2018 年和 2020 年先后发布了《可信人工智能伦理指南》和《人工智能白皮书——通往卓越和信任的欧洲路径》。特别是 2021 年 4 月 21 日，欧盟公布了《人工智能法》草案，这是全球范围内首部系统化规制人工智能的法律，细化了人工智能四级风险框架，并提出了较完善的监管措施。这一举措标志着全球人工智能治理从伦理原则等柔性约束，迈向了具有具体可操作性的法律规制阶段，也表达了欧盟希望引领全球人工智能监管规则的决心。该草案于 2023 年 12 月以《人工智能法案》之名正式发布，成为全球首部针对人工智能进行全面监管的法案。

美国交通部于 2016 年 9 月出台了《联邦自动驾驶汽车政策》，其中虽未涉及责任问题，但提出的自动驾驶汽车安全标准可以为举证产品责任提供必要的参考。此外，佛罗里达州、密歇根州等涉及自动驾驶的立法均规定车辆在被第三方改造为自动驾驶汽车后，原始制造商不对自动驾驶汽车的缺陷负责，除非有证据证明车辆在被改造为自动驾驶汽车前就已存在缺陷，此项规定在具体操作上是有利于厘清各方法律责任的。

德国 2017 年就推出了《自动驾驶伦理准则》，相关监管机构已经开始出台新规，2021 年 5 月通过了《自动驾驶法》草案，要求汽车厂商在自动驾驶汽车中安装黑匣子，以便在事故发生后判定法律责任，开展保险理赔工作，这表明德国已经开始关注自动驾驶汽车的透明性、可解释性以及可追溯性问题。

英国自动驾驶汽车中心（Centre for Connected and Autonomous Vehicles，CCAV）曾发布两份报告，对保险和产品责任提出建议。报告提议，将强制性的机动车保险延伸到自动驾驶汽车中，以便将产品责任纳入其中。新的保险框架旨在保护自动驾驶汽车事故中的受害者，受害者将可以直接向汽车保险人请求赔偿，而保险人将有权向负有法律责任的主体进行追偿。

我国的《侵权责任法》《产品质量法》《消费者保护法》等法律对产品责任做出过明确规定。因产品存在缺陷造成他人损害的，被侵权人可以向产品的生产者或者销售者请求赔偿。产品责任属于无过错的严格责任，只要产品存在缺陷，生产者就应当承担侵权责任，无须证明其存在过错。虽然被侵权人可以选择向生产者或者销售者请求赔偿，但这两个主体之间实际上不构成真正连带责任，向被侵权人承担侵权责任的一方可以向有过错的另一方进行追偿。因此，当无人进行操作的自动驾驶汽车等智能机器人造成人身或者财产损害时，被侵权人可以向缺陷产品的制造商主张产品缺陷责任，需要证明产品有缺陷和损害事实的存在，以及产品缺陷和损害事实之间存在因果关系。我国关于产品缺陷的认定标准体现在《产品质量法》的第 46 条，包括“不合理危险”标准和产品质量标准。此外，《产品质量法》还为产品生产者提供了免责事由，包括未将产品投入流通、产品投入流通时引起损害的缺陷尚不存在，以及将产品投入流通时的科学技术水平尚不能发现缺陷的存在。只要产品生产者能够证明存在免责事由，就不承担赔偿责任。在法律考虑赋予自动驾驶汽车等智能机器人法律地位之前，其在法律上的地位依然是物，落入产品的范畴是不存在问题的，产品责任自然也就有适用的余地，只要被侵权人可以证明产品缺陷责任即可。

随着未来人工智能技术的发展，完全独立自主的自动驾驶汽车等智能机器人的出现将完全成为可能，那么证明缺陷尤其是人工智能系统层面的缺陷将变得异常困难。同时，事故的发生可能无法合理归因于智能机器人的设计或者制造缺陷，这将给产品责任的认定带来直接的挑战。面对自主智能机器人，人类将需要审视既有的产品责任制度是否能在制造商利益和消费者利益之间实现平衡。此外，智能系统所有决策能力都存在于“算法黑箱”中，自动驾驶汽车等智能机器人也不例外，虽然深度学习算法可以是公开和透明的，但它产生的模型可能不是，因为机器学习模型的内部决策逻辑的可解释性不足，即使是研发人员也无法确切知晓系统是如何进行决策的。行为和决策的不透明性和不可解释性带来的直接结果就是，当自动驾驶汽车造成交通事故时，人们很难查明事故背后的原因。即使法律要求算法必须公开、透明，或者可以在法庭上对智能机器人的算法系统及其决策进行交叉询问，当事人也会面临技术性障碍。当自动驾驶汽车等智能机器人发生事故、造成损害时，如果事故本身难以解释，或不能合理追溯到设计缺陷或制造缺陷，又或损害是设计者难以预测到的特殊原因造成的，那么简单粗暴地让设计者承担责任是不公平和非正义的，但无人担责又会导致被侵权人难以获得赔偿。

因此，人工智能时代，法院将面临巨大的挑战，为了保证被侵权人能够得到赔偿，必须解决人工智能系统的可解释性、可预见性以及因果关系等问题。这也是越来越多的国家面对人工智能的快速发展，开始积极探索相关立法和监管的原因。人工智能时代来临，必须“绳机器以法”。

10.2.3 机器道德

人类社会的文明进步，除了法律的约束，还有道德规范的制约。但拥有学习能力的智能机器（人），无论是研发者还是销售者都很难精准预测其机器行为。现有的基于深度学习框架的智能系统原则上更是几乎不能实现这种预测，对不良行为的控制也就无从谈起。这就导致传统意义上适用于人类的道德责任归属事实上不适用于智能机器。

同时，人类的道德体系也不是与生俱来的，是通过后天所处环境的熏陶建立的，也就是说，一个有德行的人，其成长经历过道德内化的过程，这也为我们赋予人工智能道德主体地位提供了一个可行的方案（至少是目前可行的），即将道德行为准则量化成机器可识别的数据输入，借助机器自身的学习能力实现自我学习和迭代进化。简单说，在机器没有具备真正的智能之前，我们只能通过人类的道德标准，赋予机器（训练模型）实现一定程度的道德选择的能力。即便如此，实现起来也会步履维艰，例如，自动驾驶面临“电车难题（Trolley Problem）”时该怎么做？这个答案人类自己也没有“最优解”。电车难题是伦理学领域最著名的思想实验之一，1967 年由菲利帕·福特首次提出。假设在一个电车轨道上绑了 5 个人，而它的备用轨道上绑了 1 个人，有一辆失控的电车飞速驶来，而你身边正好有一个摇杆，你可以推动摇杆来让电车驶入备用轨道，杀死 1 个人，救下 5 个人；你也可以什么也不做，杀死 5 个人，救下 1 个人。你要如何选择？

越来越多的人工智能产品具备了一定的“决策”能力，当机器做决策时是否具有自我意识？机器具备的是“自主决策”能力吗？可以认为，“自我意识”是机器智能发展高级阶段所必须具备的能力，没有自我意识的机器即便再复杂、再精妙，也仅是一台纯粹的机器而已。例如，AlphaGo 能够通过算法和强大的计算能力打败人类世界冠军，但是它不能从围棋的得失之间感悟出什么，如果它能够感悟出某些道理，则必须拥有它现存的围棋之外的更多更高级的知识体系才行。尽管“具有自主意识”的“强人工智能”是未来人工智能发展的高级目标，但目前机器如何高效地获取新知识，无论从知识表示还是知识运用层面都还有待进一步的研究。

机器感知世界的方式也许不同于人类，人类现有的研究尚不能确知机器获得感知智能的“内在”途径，但能确信的一点是，蛮力计算不是真正的智能，虽然如今许多智能系统在“感知智能”方面的表现似乎能媲美甚至远超人类的水平。感知是自我意识的必要条件，但不是充分条件，一个机器只有具备了可以媲美人类的认知能力，才有可能实现真正意义上的高级人工智能（强人工智能）。因此，可以看到很多人工智能技术在感知智能上远超人类，但其认知能力甚至不如一个幼龄孩童。

技术本身没有善恶之分，技术的背后是人为控制的，这个人应该时刻保证工具或创新在危险可控的范围内，现在更多的是从人类自身的道德层面进行引导，把人工智能作为工具，而不是主体，赋予人类印记的机器道德。同时，社会也要进行集体的监督，将伦理准则嵌入人工智能产品与系统研发设计中。人工智能的发展要建立“道德红线”，例如，对于人工智能的恶意滥用、造假、个人隐私泄露等，尤其是关系国家安全、生命安全的领域一定要建立相关红线，相应的惩罚规定一定要非常清晰，且执行到位，这是人工智能不触犯人类利益的基本保障，也是确保“以人为本”的第一伦理准则。

10.3 人工智能的安全可信

随着人工智能深入赋能社会各个行业、领域，人工智能也给人类带来了诸多安全、隐私、公平等多方面的风险和挑战。人工智能安全涉及三个主要方面。一是技术安全，包括数据安全、网络安全、算法安全和隐私安全等；二是伦理安全，涵盖伦理规范和法律法规；三是应用安全，包括国家安防、舆情监测、金融风险管控等。全国信息安全标准化技术委员会等机构早在 2019 年就在其发布的《人工智能安全标准化白皮书》中给出了一个关于人工智能安全标准体系的说明。如图 10-3 所示。

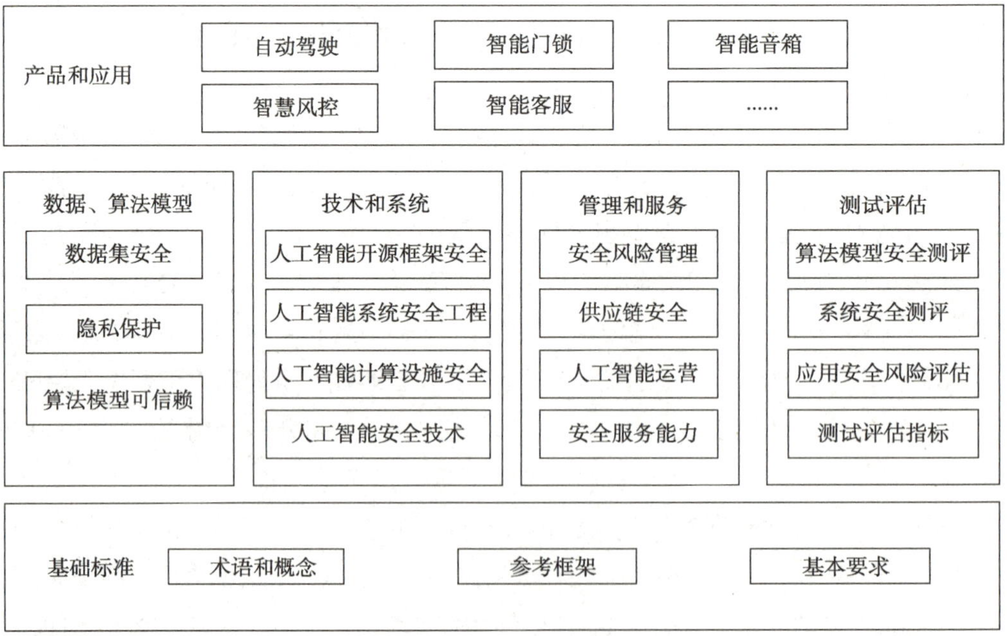

图 10-3 人工智能安全标准体系的说明（数据来源：全国信息安全标准化技术委员会）

与此同时，有效实现数据可信、算法可信、网络可信、应用可信等多方面值得信赖的人工智能是推进人工智能产业持续健康发展，避免陷入安全失控、伦理失常、法律失准等困境的有效解决方案。我国的专家学者率先提出了可信人工智能（Trustworthy AI）概念，并在G20会议上被各国所认可。

《可信人工智能白皮书》给出了一个可信人工智能总体框架，如图10-4所示。

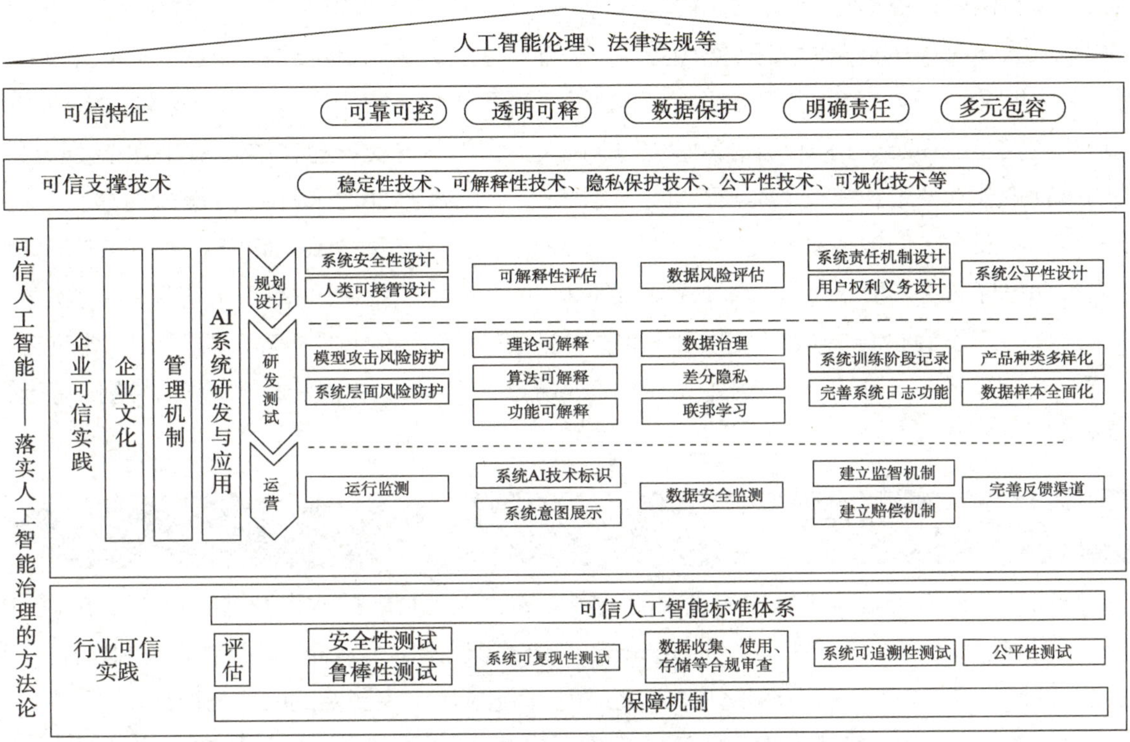

图10-4　可信人工智能总体框架（数据来源：中国信息通信研究院）

10.3.1　数据安全风险

现有的人工智能算法几乎都是由数据驱动的，人工智能模型的生成与优化需要海量数据进行训练，这就涉及隐私和数据保护与治理的问题，如人们网购时的消费记录、个人偏好等行为的数字化轨迹，包括年龄、性别、家庭住址甚至宗教信仰等用户数据都面临着泄露的风险。毫无疑问，隐私和数据保护在人工智能的整个生命周期都必须得到保障，并且确保每个人对自己的数据拥有完全的控制权，不会因隐私数据受到伤害、歧视或者攻击。

2018年，欧盟通过了《通用数据保护条例》，对个人数据与隐私数据的采集、管理和使用进行了严格保护；2021年4月出台的《人工智能法》草案更是将人脸识别纳入高风险分类等级；同年10月，欧洲议会投票通过了关于全面禁止基于人工智能生物识别技术的大规模监控的提案；2021年9月，英国发布了《新兴技术宪章》，明确提出了要合法地使用人脸识别等技术；2020年，美国参议院发布了《国家生物识别信息隐藏法案》，在原有的个人隐私数据保护的基础上，针对人脸等生物信息识别进行了隐私保护；2021 年 8 月，我国最高人民法院出台的人脸识别相关司法解释，连同 11 月开始实施的《个人信息保护法》针对性地规制了人脸信息处理。为了促进我国可信人工智能产业的健康发展，需要持续在数据采集、数据存储、授权访问、安全标注、质量控制、模型训练、智能决策的全链条、闭环上全面提升可信等级，实现相关技术突破。2023 年 7 月，国家网信办、国家发改委、教育部等七部门联合公布《生成式人工智能服务管理暂行办法》（简称暂行办法），并于 2023 年 8 月 15 日起施行。为了促进生成式人工智能的健康发展和规范应用，该暂行办法被认为是全球首部生成式人工智能立法，其中明确要求人工智能应当遵守法律法规，尊重社会公德和伦理道德，保障人工智能技术应用的安全、可靠、可控，并提出对生成式人工智能服务实行包容审慎和分类分级监管，同时鼓励生成式人工智能技术在各行业、各领域的创新应用。2023 年 10 月，美国白宫发布《关于安全、可靠和可信地开发和使用人工智能的行政命令》，将建立人工智能安全和安保新标准作为行动目标之一，要求基础模型公司与联保政府共享关键信息，以保障人工智能安全。

此外，很多有价值的数据资源自身也要求严格管控，不局限于个人数据监管的范畴，而是上升到国家安全的角度，例如某一族裔的不同年龄群体的血液样本数据、遗传基因数据等。

10.3.2 网络安全风险

网络是助力人工智能技术快速发展的关键支撑，人工智能技术也为网络安全赋予了新内涵。国内网络安全企业多次发现 TensorFlow、Caffe 等机器学习软件架构、人工智能工具等存在安全漏洞，这些漏洞被用于网络攻击，给人工智能应用带来了新的威胁与挑战。

为了防范人工智能的新型攻击威胁与网络安全隐患，需要对传统网络安全的保密性、完整性、可用性、可控性和不可否认性等安全属性进行扩展。网络安全可信包括智能安防、舆情监测、金融风控等诸多方面。我国拥有数量庞大的用于智能安防的摄像头，但非常容易被攻破，网络安全风险给用户带来的利益损失屡见报道，一些云端存储的个人数据遭受非法入侵和病毒攻击的例子也屡见不鲜。近年来，“谣言视频”“虚假新闻”“机器人水军”助推舆情升级发酵的事件频发，舆论操控与数据滥用问题也层出不穷。2018 年，原 Facebook 公司（现 Meta 公司）的 5000 万用户信息被第三方公司窃取，用于大数据分析，预测其政治倾向，间接影响总统大选走向；国内一些电商与互联网公司利用人工智能技术“杀熟”。人工智能算法导致的信息茧房效应与算法偏见问题，也冲击着网络舆情的良好生态。

10.3.3 算法安全风险

人工智能算法直接定义了智能系统中智能“行为”可能的模式与性能。现有以深度学习为代表的典型人工智能算法在可靠性、鲁棒性、可解释性及透明性等方面存在显著的技术漏洞，直接导致输出结果（决策）具有不可预知、不可验证的风险，具体计算过程难以溯源，也存在安全风险。

可信人工智能要求智能系统所采用的算法必须具有可靠性和安全性，要求人工智能能够抵御来自外部的各种攻击和干扰，包括公开的网络攻击行为和隐藏的试图操控算法的行为，并有能力对人工智能运行过程中的意外和错误进行最小化处理，针对各种可能的潜在风险，能够事先予以披露，并建立相应的评估机制。

2019 年，美国提出了《算法问责法案》，要求对具有高风险的自动决策系统进行影响评估；2021 年 5 月出台了《算法公正与在线平台透明度法案》，明确了监管部门、用户和公众不同主体的算法透明义务与要求；2021 年 7 月又发布了人工智能问责框架，进一步确保人工智能公平、可靠、可追溯和可治理。我国虽然目前尚未出台统一的法律，但 2021 年 11 月正式开始实施的《个人信息保护法》《数据安全法》以及《网络安全法》也奠定了后续人工智能法律体系的基础。

10.3.4 国家安全风险

一些关键的人工智能技术或者核心算法（如关乎国家安全、生命安全、公共健康、社会稳定的人工智能技术），应及时制定相关法律法规予以保护，防止其泄露，造成无法挽回的损失。尖端人工智能技术属于国家重要的战略资源，拥有和使用这些技术的机构和组织应纳入国家意志的监管。每个国家都应有关键技术出口管制的法律法规。

如果人工智能用于构建新型军事打击力量，将对国防安全造成威胁。自主系统和机器人在军事上的应用，能够提升战斗力量，加快战斗速度。例如，具备精准打击目标能力的人工智能武器、通过 GAN 制造局势伪装与诱饵、定制传播信息、产生情报干扰等。从人类伦理学的角度来说，任何纯粹的攻击性武器的研制与使用都是“反人类的”，但针对性地毁灭敌方军事设施与武装人员，又似乎比无差别杀伤更有效。因此，如果有一方开始基于某种理由开展人工智能武器的研制，其他利益相关方均不得不被“拖下水”，否则国民安全就可能处于“被动挨打”的风险中，进而导致以人工智能技术为支撑的军备竞赛变得不可避免。某种意义上讲，人工智能武器比核武器更可怕，因为核武器的部署重在威慑，敌我双方均不会轻易使用，以避免被同时毁灭，但人工智能武器一旦常规化（如无人机），可能会危及每个无辜者。我们坚持认为人工智能本质上是“向善”的，即人工智能的发展是朝着造福人类、满足人民对美好生活的向往的方向前进的。在人工智能的研发和应用过程中，在尚未出现真正具有自主意识的智能系统前，我们应当以人类的伦理规范和道德标准为借鉴，不断探寻可验证的机器智能伦理边界，在人工智能发展中不断认识和解决涌现出来的人工智能伦理与安全问题，避免人工智能技术的滥用，保障人工智能更好地帮助人类、服务人类社会。

10.4 人工智能伦理与安全的关系

事实上，所有技术工具本质上都存在伦理与安全问题，只要这些工具能造成的危险和危害是人类可以控制的，或者通过人类的学习与培训可以规避与消除的，就不足为惧。例如，锄头可以作为耕种的工具，也可以是伤人的武器，但对其的使用是人类可以控制的。

当今世界，新一轮科技革命和产业变革突飞猛进，以人工智能为代表的新兴科技快速发展，人类正在进入一个“人–机–物”三元融合的万物智能互联时代，人工智能伦理与安全是值得普遍关注和深入思考的时代命题，尤其需要引起每位人工智能技术或智能系统研究人员的高度关注。

10.4.1 人工智能伦理规范和安全治理初期引导

中国很早就开始针对人工智能伦理规范和安全治理布局，保障我国人工智能健康有序地发展。2017 年颁布的《新一代人工智能发展规划》中旗帜鲜明地指出，我国发展人工智能的目的是“造福社会”，这一特点显著区别于其他国家的人工智能发展规划，规划中多次提及人工智能伦理，提出的六条保障措施中有三条涉及人工智能的伦理与安全问题的具体保障。

1）制定促进人工智能发展的法律法规和伦理规范

加强人工智能相关法律、伦理和社会问题研究，建立保障人工智能健康发展的法律法规和伦理道德框架。开展与人工智能应用相关的民事与刑事责任确认、隐私和产权保护、信息安全利用等法律问题研究，建立追溯和问责制度，明确人工智能法律主体以及相关权利、义务和责任等。重点围绕自动驾驶、服务机器人等应用基础较好的细分领域，加快研究制定相关安全管理法规，为新技术的快速应用奠定法律基础。开展人工智能行为科学和伦理等问题研究，建立伦理道德多层次判断结构及人机协作的伦理框架。制定人工智能产品研发设计人员的道德规范和行为守则，加强对人工智能潜在危害与收益的评估，构建人工智能复杂场景下突发事件的解决方案。积极参与人工智能全球治理，加强机器人异化和安全监管等人工智能重大国际共性问题研究，深化在人工智能法律法规、国际规则等方面的国际合作，共同应对全球性挑战。

2）建立人工智能技术标准和知识产权体系

加强人工智能标准框架体系研究。坚持安全性、可用性、互操作性、可追溯性原则，逐步建立并完善人工智能基础共性、互联互通、行业应用、网络安全、隐私保护等技术标准。加快推动无人驾驶、服务机器人等细分应用领域的行业协会和联盟制定相关标准。鼓励人工智能企业参与或主导制定国际标准，以技术标准“走出去”带动人工智能产品和服务在海外推广应用。加强人工智能领域的知识产权保护，健全人工智能领域技术创新、专利保护与标准化互动支撑机制，促进人工智能创新成果的知识产权化。建立人工智能公共专利池，促进人工智能新技术的利用与扩散。

3）建立人工智能安全监管和评估体系

加强人工智能对国家安全和保密领域影响的研究与评估，完善人、技、物、管配套的安全防护体系，构建人工智能安全监测预警机制。加强对人工智能技术发展的预测、研判和跟踪研究，坚持问题导向，准确把握技术和产业发展趋势。增强风险意识，重视风险评估和防控，强化前瞻预防和约束引导，近期重点关注对就业的影响，远期重点考虑对社会伦理的影响，确保把人工智能发展规制在安全可控范围内。建立健全公开透明的人工智能监管体系，实行设计问责和应用监督并重的双层监管结构，实现对人工智能算法设计、产品开发和成果应用等的全流程监管。促进人工智能行业和企业自律，切实加强管理，加大对数据滥用、侵犯个人隐私、违背道德伦理等行为的惩戒力度。加强人工智能网络安全技术研发，强化人工智能产品和系统网络安全防护。构建动态的人工智能研发应用评估评价机制，围绕人工智能设计、产品和系统的复杂性、风险性、不确定性、可解释性、潜在经济影响等问题，开发系统性的测试方法和指标体系，建设跨领域的人工智能测试平台，推动人工智能安全认证，评估人工智能产品和系统的关键性能。

10.4.2 大模型安全与伦理问题

大模型是人工智能领域迄今为止最“耀眼”的技术突破，得益于深度学习的发展与计算机算力的显著提升，大模型能够在自然语言处理、计算机视觉等领域展现出非凡的能力。然而，原有通用的数据安全问题和传统模型安全问题给大模型带来相似风险的同时，大模型自身特点所导致的安全和伦理风险也亟待形成妥善可行的解决方案。

我国高度重视大模型安全问题，国家网信办等七个部门联合公布的《生成式人工智能服务管理暂行办法》中明确提出了一系列约束规范。2024 年 1 月，腾讯研究院在其发布的《大模型安全与伦理研究报告 2024》中提出了一个包含五个维度的大模型安全目标，即数据安全稳定、算法可解释、模型决策可信、应用合法合规、环境安全可靠。

随着大模型像人类一样（甚至超过人类水平）开始逐渐“胜任”语言理解和内容生成任务，一个极具挑战的问题日益凸显，那就是如何让大模型的能力和行为与人类自身价值、真实意图和伦理道德准则相一致，并确保人类与人工智能的交互是安全的。业界称其为“价值对齐（Value Alignment）”或者“人机对齐（AI Alignment）”。

为了实现大模型价值对齐，需要在模型层面就让人工智能理解和遵守人类的价值偏好和伦理准则，尽可能地防止有害输出，阻止滥用行为的发生。目前已经有了一些积极的进展，如采用基于人类反馈的强化学习方法（RLHF），此类方法在减少模型偏见、增强模型安全性、提高模型性能及适应性方面具有显著优势。在真实性测试中也能够显著减少“大模型幻觉”问题的发生。

虽然基于人类反馈的强化学习方法在一定程度上为大模型建立了必要的安全防护，但也存在着可扩展性差、难以保证长期价值对齐等诸多问题，同时，采用这个方法也面临着更大规模的资源投入和更高的时间成本，因此一种非“人类监督”的“人工智能监管”的大模型价值对齐方式也在被推崇。例如，著名的大模型公司 Anthropic 提出了一种称为“原则型人工智能”的方法，该方法基于“可扩展监督”策略研制一个用于评估主模型的输出是否遵循特定的、事先确定的原则的从属模型，用来优化主模型，创建诚实的、无害的人工智能系统。

毫无疑问，人工智能安全和伦理已经成为人工智能无害发展的关键挑战之一，系统化地构建面向大模型的人工智能安全评估体系与标准是未来的重要发展方向，需要各国（或地区）、全球产学各界携手探索。

10.5 人工智能，未来可期

人工智能伦理与安全问题，究其本质，不是对技术自身的约束，而是对技术背后使用者的约束。从这个意义上讲，人工智能技术是中性的，既可以用于造福人类，也可能被用来危害他人。科学技术是不断发展进步的，人工智能技术也不例外，为了确保人工智能技术进步是可持续健康发展的，必须兼顾其伦理规范，进行安全可信的保驾护航。

智能机器人的“自我意识”是赋予智能机器人取得法律人格的必要条件，其“人性化”的程度将直接影响甚至决定其法律人格化的可能性。未来机器可能会具有自我意识，并建立起更高级的机器伦理体系，但在这个“未来”到来之前，我们要和众多在人类伦理规范和准则约束下构建的人工智能（系统）共存。强人工智能时代可能出现具有拟制法律人格或类法律人格的智能机器人，当下的我们一方面应该致力于人工智能领域的探索，研发出具备更高级智能的产品与服务，另一方面需要积极做好传统法律制度将面临颠覆性变革的准备。

人工智能大浪来袭，没有任何一个人、一个国家可以置身事外。联合国教科文组织的《人工智能伦理问题建议书》的正式发布使全球初步达成共识。部分更严格执行的法律（如欧盟人工智能法案）也在欧盟范围内取得重要进展。中国外交部发布的加强人工智能伦理治理方面的立场文件也为国际共识的形成贡献了中国智慧。但从某种意义上讲，联合国教科文组织的《人工智能伦理问题建议书》本身是不具有约束力的。因此，如何把高级别的原则转化成具体政策，具体到每个国家，需要全人类共同努力。第一，共同寻求一种全球协作的方式，解决现在过于“各自为政”的碎片化建设与管理现状；第二，充分考虑国别、东西方文明差异，对人工智能的政策制定有多视角、多边的机制道路；第三，全球的努力形成互补，每个国家所做出的努力都应该为达成跨文化的人工智能伦理与治理国际协作贡献出独特的观点与力量，各国如何在自身经验基础上交流互鉴应该是未来重要且长期被广泛讨论和协商的国际议题。

人工智能治理的理想状态是人工智能技术能做到可知、可信、可控、可用。而在现实中，人工智能技术手段虽然非常强大，但是离完美仍有相当的距离。任何技术或系统的进步同时也是对人类智力水平极限的考量。毫无疑问，未来人工智能将帮助我们更好地了解人类自己，如果我们能像人类自身的发展一样，在法律与伦理道德的双重约束下，正视人工智能的发展演化，推动其进步，我们相信无论是人工智能自身还是人类自己都将迎来无比光明与灿烂的未来。

参考文献

[1] 于江生. 人工智能伦理[M] . 北京 : 清华大学出版社. 2022.

[2] 沈寓实，徐亭，李雨航. 人工智能伦理与安全[M] . 北京 : 清华大学出版社. 2021.

[3] 方滨兴. 人工智能安全[M] . 北京: 电子工业出版社. 2020.

[4] 帕特里克·林，瑞安·詹金斯，基思·阿布尼. 机器人伦理学 2.0 : 从自动驾驶汽车到人工智能[M]. 毛延生，刘宇晗，田野译. 上海 : 上海交通大学出版社，2023.

[5] David J.Gunkel. The Machine Question: Critical Perspectives on AI, Robots, and Ethics[M]. Cambridge: MIT press. 2012.

[6] Max Tegmark . Life 3.0: Being Human in the Age of Artificial Intelligence[M]. New York: Knopf. 2017.8.

[7] 温德尔·瓦拉赫，科林·艾伦. 道德机器: 如何让机器人明辨是非[M]. 王小红译. 北京 : 北京大学出版社. 2017.

[8] 迈克尔·J.奎因. 信息时代的伦理学[M]. 8 版. 熊璋，荣文戈，译. 上海 : 上海科技教育出版社，2022.

[9] 郭锐. 人工智能的伦理和治理[M]. 北京 : 法律出版社，2020.

[10] 张兆翔，张吉豫，谭铁牛. 人工智能伦理问题的现状分析与对策[J]. 中国科学院院刊，2021，36(11): 1270-1277.

[11] 陈小平. 人工智能伦理体系: 基础架构与关键问题[J]. 智能系统学报，2019，14(4): 605-610.

[12] 张文显. 构建智能社会的法律秩序[J]. 东方法学，2020，(5): 4-19.

[13] 司晓，曹建峰. 论人工智能的民事责任: 以自动驾驶汽车和智能机器人为切入点[J]. 法律科学(西北政法大学学报)，2017，35(5): 166-173.

[14] 孙占利. 智能机器人法律人格问题论析[J]. 东方法学，2018(3): 10-17.

[15] 未来论坛. 人工智能伦理与治理: 未来视角[C]. 北京 : 人民邮电出版社，2023.

思考题

1. 你在学习或者生活的环境中是否存在人工智能产品？你认为，其中是否存在人工智能伦理问题？如果存在，举例说明。

2. 你是如何判断一项技术（如从网上搜索到的信息）的可信度的？请简要说明你的判定依据。

3. 如果某些机器能够从事一些创造性的工作，如写诗、作曲、绘画等。你认为，由机器创作的作品是否应该得到知识产权保护法的保护？请简要说明原因。

4. 如果上一题你的答案是肯定的，你认为，现有的知识产权保护法在哪些方面提供了这样的保护？请举例说明。

5. 很多用于训练人工智能模型的数据集存在偏差。例如，人脸识别中的训练集多为某种肤色的人，这会导致该模型在其他肤色人群中的识别出现显著偏差，甚至产生关联错误。你认为，其中是否涉及人工智能伦理问题？请简要说明原因。